飞行技术专业系列教材

飞 机 系 统

龙江　周斌　庞杰　编

西南交通大学出版社
·成　都·

内 容 简 介

本书共分 11 章，主要介绍了现代民用飞机结构、液压系统、飞行操纵系统、起落架系统、飞机燃油系统、气源系统、座舱环境控制系统、氧气系统、防火系统、飞机除/防冰与风挡排雨系统的基础知识。该书可作为民航高等院校飞行技术专业方向的教材，也可作为相关专业方向学生和航空器驾驶人员的学习参考资料。

图书在版编目（CIP）数据

飞机系统 / 龙江，周斌，庞杰编. —成都：西南交通大学出版社，2017.4（2025.2 重印）
飞行技术专业系列教材
ISBN 978-7-5643-5375-9

Ⅰ. ①飞… Ⅱ. ①龙… ②周… ③庞… Ⅲ. ①飞机系统－教材 Ⅳ. ①V221

中国版本图书馆 CIP 数据核字（2017）第 065479 号

飞行技术专业系列教材

飞 机 系 统

龙江　周斌　庞杰　编

责 任 编 辑	孟苏成	
封 面 设 计	刘海东	
出 版 发 行	西南交通大学出版社 （四川省成都市金牛区二环路北一段 111 号 西南交通大学创新大厦 21 楼）	
营 销 部 电 话	028-87600564　028-87600533	
邮 政 编 码	610031	
网 　 　 址	http://www.xnjdcbs.com	
印 　 　 刷	四川森林印务有限责任公司	
成 品 尺 寸	185 mm × 260 mm	
印 　 　 张	17	
字 　 　 数	383 千	
版 　 　 次	2017 年 4 月第 1 版	
印 　 　 次	2025 年 2 月第 11 次	
书 　 　 号	ISBN 978-7-5643-5375-9	
定 　 　 价	49.80 元	

总　序

　　民航是现代综合交通运输体系的有机组成部分，以其安全、快捷、通达、舒适等独特优势确立了独立的产业地位。同时，民航在国家参与经济全球化、推动老少边穷地区发展、维护国家统一和民族团结、保障国防和经济安全、加强与世界不同文明沟通、催生相关领域科技创新等方面都发挥着难以估量的作用。因此，民航业已成为国家经济社会发展的战略性先导性产业，其发达程度直接体现了国家的综合实力和现代化水平。

　　自改革开放以来，我国民航业快速发展，行业规模不断扩大，服务能力逐步提升，安全水平显著提高，为我国改革开放和社会主义现代化建设做出了突出贡献。可以说，我国已经成为名副其实的民航大国。站在新的历史起点上，在 2008 年的全国民航工作会议上，民航局提出了全面推进建设民航强国的战略构想，拉开了我国由民航大国迈向民航强国的序幕。

　　要实现民航大国向民航强国的转变，人才储备是最基本的先决条件。长期以来，我国民航业发展的基本矛盾是供给能力难以满足快速增长的市场需求。而其深层次的原因之一，便是人力资源的短缺，尤其是飞行、空管和机务等专业技术人员结构不合理，缺乏高级技术、管理和安全监管人才。有鉴于此，国务院在《关于促进民航业发展的若干意见》中明确指出，要强化科教和人才支撑，要实施重大人才工程，加大飞行、机务、空管等紧缺专业人才的培养力度。

　　正是在这样的大背景下，作为世界上最大的航空训练机构，作为中国民航培养飞行员和空中交通管制员的主力院校，中国民航飞行学院以中国民航可持续发展为己任，勇挑历史重担，结合自身的办学特色，整合优势资源，组织编写了这套"飞行技术专业系列教材"，以解当下民航专业人才培养的燃眉之急。在这套教材的规划、组织和编写过程中，教材建设团队全面贯彻落实《国家中长期教育改革和发展规划纲要（2010—2020年）》，以培养适应民航业岗位需要的、具有"工匠精神"的应用型高素质人才为目标，创新人才培养模式，突出民航院校办学特色，坚持"以飞为主，协调发展"的方针，深化"产教融合、校企合作"，强化学生实践能力培养。同时，教材建设团队积极推进课程内容改革，在优化专业课程内容的基础上，加强包括职业道德、民航文化在内的人文素养教育。

由中国民航飞行学院编写的这套教材，高度契合民航局颁布的飞行员执照理论考试大纲及知识点要求，对相应的内容体系进行了完善，从而满足了民航专业人才培养的新要求。可以说，本系列教材的出版恰逢其时，是一场不折不扣的"及时雨"。

由于飞行技术专业涉及的知识点多，知识更新速度快，因此教材的编写是一项极其艰巨的任务。但令人欣喜的是，中国民航飞行学院的教师们凭借严谨的工作作风、深厚的学术造诣以及坚韧的精神品质，出色地完成了这一任务。尽管这套教材在模式创新方面尚存在瑕疵，但仍不失为当前民航人才培养领域的优秀教材，值得大力推广。我们相信，这套教材的出版必将为我国民航人才的培养做出贡献，为我国民航事业的发展做出贡献！

是为序。

中国民航飞行学院教材
编写委员会
2016 年 7 月 1 日

前　言

根据民用航空器驾驶技术岗位的工作性质以及中国民用航空局飞行标准司颁布的私用驾驶员、商用驾驶员以及航线运输驾驶员执照理论考试大纲和知识点的要求，"飞机系统"是民用航空器飞行技术专业知识体系中的重要组成部分。本书以 B737 和 A320 等典型民航运输机为主，兼顾中小型通用飞机，介绍现代民用飞机的结构特点与使用安全，以及飞机液压系统、飞行操纵系统、起落架系统、飞机燃油系统、气源系统、座舱环境控制系统、氧气系统、防火系统、飞机除/防冰与风挡排雨系统的基本组成、功能与工作原理，介绍各系统的工作控制与基本操作方法。

在本书编写过程中，编者依据飞行技术专业的培养目标以及"飞机系统"课程教学大纲，参考中国民航规章《航线运输驾驶员执照理论考试大纲（飞机）（DOC NO. FS-ATS-004AR3）》《航线运输驾驶员执照理论考试知识点（飞机）（DOC NO. FS-ATSR-004AR1）》《商用驾驶员执照理论考试大纲（DOC NO.FS-ATS-002AR1）》《商用驾驶员执照理论考试知识点（DOC NO.FS-ATSR-002AR1）》《私用驾驶员执照理论考试大纲（飞机）（DOC NO.FS-ATS-001AR1）》以及《私用驾驶员执照理论考试知识点（飞机）（DOC NO. FS-ATSR-001A）》，结合民用航空器驾驶技术岗位工作的知识需要确定编写内容，同时强调内容编排的逻辑性，以方便读者理解。考虑到飞行技术专业的特点，本书注重知识的应用性，尽量避免复杂的数学推导和理论分析，力求做到知识的多而不繁、宽而不深。

本书可作为民航高等院校飞行技术专业方向的教材，使学生了解现代航空技术在民用飞机系统中的发展与应用，为学生掌握现代飞机结构与系统专业知识，取得私用、商用以及航线运输驾驶员执照，从事民用航空器驾驶专业技术工作并成长为合格的民用航空器机长奠定良好的理论知识基础。本书也可为其他相关专业方向的学生和航空器驾驶人员提供参考。

本书共分 11 章，其中第 1~2 章由周斌编写，第 3~4 章由庞杰编写，第 5 章由周斌和庞杰合作编写，第 6~11 章由龙江编写，郝劲松、蒋维安、黄传勇等同志对全书进行了审校。

本书在编写过程中，参考了许多专家的著作，并得到中国民用航空飞行学院教务处、航空工程学院等部门的大力支持，飞行器制造工程教研室的全体教师对本书的编写也提出了宝贵意见，在此表示诚挚的感谢。

　　由于编者水平所限，资料搜集不够全面，书中难免存在疏漏和不足之处，恳请各位专家、读者批评指正，以便再版时修订完善。

编　者

2017 年 2 月

目　录

1　绪　论 ·· 1

　1.1　民航飞机发展概述 ··· 1

　1.2　飞机分类 ·· 6

　1.3　对客机的要求与飞行安全 ·· 8

　1.4　现代民用运输机的基本组成 ··· 10

　　思考题 ··· 12

2　飞机结构 ··· 13

　2.1　结构及其基本要求 ··· 13

　2.2　飞机的外载荷 ·· 14

　2.3　机体结构的变形 ··· 21

　2.4　机　翼 ··· 25

　2.5　机　身 ··· 33

　2.6　飞机结构使用限制 ··· 40

　2.7　飞机结构安全 ·· 45

　　思考题 ··· 49

3　飞机液压系统 ··· 51

　3.1　飞机液压系统概述 ··· 51

　3.2　航空液压油 ··· 55

　3.3　液压系统的典型元件及功用 ·· 58

　3.4　液压源系统的工作与指示 ·· 72

　　思考题 ··· 76

4　飞机飞行操纵系统 ·· 78

　4.1　飞机飞行操纵系统概述 ·· 78

　4.2　无助力机械式主操纵系统 ·· 83

　4.3　液压助力式主操纵系统 ·· 93

　4.4　飞行辅助操纵系统 ·· 104

　4.5　飞行操纵警告系统 ·· 112

　　思考题 ··· 114

5　飞机起落架系统 ··· 115

5.1　起落架系统概述 ··· 115

5.2　起落架减震系统 ··· 124

5.3　起落架收放系统 ··· 129

5.4　起落架刹车系统 ··· 142

5.5　起落架转弯系统 ··· 158

　　思考题 ··· 166

6　飞机燃油系统 ··· 168

6.1　飞机燃油系统概述 ··· 168

6.2　航空燃油 ··· 168

6.3　飞机燃油系统的组成 ··· 168

6.4　飞机燃油供给系统 ··· 179

6.5　飞机地面加油/抽油系统 ·· 182

6.6　飞机空中应急放油系统 ·· 185

　　思考题 ··· 186

7　飞机气源系统 ··· 187

7.1　气源系统概述 ··· 187

7.2　高压气源系统 ··· 187

7.3　中压气源系统 ··· 190

7.4　低压气源系统 ··· 194

　　思考题 ··· 195

8　飞机座舱环境控制系统 ·· 196

8.1　座舱环境控制系统概述 ·· 196

8.2　座舱空调系统 ··· 201

8.3　非气密座舱通风加温系统 ······································ 215

8.4　座舱增压控制系统 ··· 217

　　思考题 ··· 225

9　飞机氧气系统 ··· 227

9.1　飞机氧气系统概述 ··· 227

9.2　机组氧气系统 ··· 228

9.3　旅客氧气系统 ··· 231

9.4　便携式供氧设备 ··· 232

9.5　氧气系统使用注意事项 ·· 233

　　思考题 ··· 234

10　飞机防火系统 ……………………………………………… 235

　10.1　防火系统概述 …………………………………………… 235

　10.2　火警探测系统 …………………………………………… 236

　10.3　飞机灭火系统 …………………………………………… 240

　　思考题 ………………………………………………………… 245

11　飞机除/防冰与风挡排雨系统 …………………………… 246

　11.1　飞机除/防冰概述 ……………………………………… 246

　11.2　飞机除/防冰系统 ……………………………………… 250

　11.3　飞机地面除/防冰 ……………………………………… 255

　11.4　飞机除/防冰注意事项 ………………………………… 256

　11.5　飞机风挡排雨系统 ……………………………………… 257

　　思考题 ………………………………………………………… 260

参考文献 ……………………………………………………… 261

1 绪 论

1.1 民航飞机发展概述

1903 年 12 月 17 日上午 10:35，莱特兄弟完成了第一次载人动力飞行（见图 1-1），持续飞行了 12 s，120 ft（1 ft≈0.305 m）。尽管此次飞行的距离非常短，但它是世界公认的首次成功的动力飞行，实现了人类飞翔的梦想，标志着人类全新航空时代的来临。世界各国的航空爱好者和学者都开始争相研制飞机，掀起了席卷全球的航空热潮。

由于处于探索发展阶段，此时的飞机并不太安全，飞机可控性也差，操纵飞机飞行需要非凡的勇气和对飞行的热爱。莱特兄弟在完成首次飞行后，仍积极改进，在 10 多年间先后设计制造了多架飞机，并亲自操纵飞行。1908 年 9 月 17 日，奥维尔·莱特驾驶的飞机坠毁，奥维尔和他的乘客（托马斯·E·塞尔弗里奇中尉）受伤。塞尔弗里奇后来死于脑震荡，是第一个因乘飞机飞行而丧生的人。

在之后的几年内，航空相关科学的研究蓬勃开展，航空试验室、研究所先后在法、俄、德等国出现。

在这一段时期，中国航空也蹒跚起步。在美国的冯如参考莱特兄弟飞机的构型，经过 3 年多的努力，终于在 1909 年 9 月制造并成功试飞了中国人的第一架飞机（见图 1-2）。1911 年，冯如带领其助手携带设备回国，在广州燕塘建立了广东飞行器公司，并于 1912 年 3 月制成中国生产的第一架飞机，冯如成为中国近代航空事业的创始人。但由于中国近代社会、经济秩序混乱，工业技术水平落后，航空业一直停滞不前。

图 1-1 "飞行者号"飞机

图 1-2 "冯如号"飞机

从 1903 年到第一次世界大战爆发的十余年间，飞机从早期的发动机后置式双翼机逐渐转型成为发动机前置式双翼机，安全性和操纵性都不断提高。此时，单翼飞机的设计已经出现，但仍然比较少见。这期间，人们曾经尝试将飞机用于航空邮件服务，但持续时间较短。飞机性能的提升，使得飞机已经能够进行长时间、远距离的飞行。第一次世界大战爆发时，欧洲各大国已经普遍拥有上百架军用飞机。在战争的刺激下，各国积极发展飞机制造技术，极大地推动了军事用途飞机的设计。

第一次世界大战之前，飞机结构通常为木质结构和织物蒙皮，德国人容克斯（Hugo Junkers）于 1915 年设计制造了世界上第一架全金属飞机 J1（见图 1-3），它的机身钢管结构外部覆盖薄铁片，机翼安装在机身中间（中置式），翼根很厚，逐渐向翼尖收薄。该飞机质量大，受到很多人质疑，容克斯不断改进，最后在飞机结构中使用铝铜合金，并设计出波纹金属蒙皮，使用在其设计的 J4 飞机中。

图 1-3　J1 飞机

随着航空技术的发展，飞机的安全性、操纵性有了长足的进步。1915 年投入使用的著名战机福克 Dr-I 采用三机翼方案（见图 1-4），取消了机翼之间的拉力钢索，外形更为整洁，飞行性能优良。另外，由于战争需要，4 个引擎重型轰炸机被研制出来，如图 1-5 所示，重型轰炸机的生产制造为第一次世界大战后设计民用运输机提供了较好的技术储备。到第一次世界大战结束时，现代飞机常见的很多成熟设计方案已经出现。例如，为了增加升力，机翼已经采用较厚的非对称双凸翼型；较厚的机翼，便于使用较高的翼梁，增加了机翼的强度和刚度，甚至出现了无拉力钢索机翼；金属材料也取代木材，逐渐成为飞机结构的主要材料。

图 1-4　福克 Dr-I

图 1-5 齐柏林斯塔根 R.Ⅵ

第一次世界大战期间及结束之后，军用航空技术转向了民用航空，航空运输时代开始了。最初，各国将军用飞机改为民用，通常载客量为几人到十几人，成立了很多航空公司。1919 年，法国采用法曼航空制造的军用轰炸机 F60 哥利亚（Farman F 60 Goliath，见图 1-6）重新布置机舱后飞行巴黎—伦敦航线，载客量 12 ~ 14 人；同年，英国建立了定期的伦敦—巴黎航空运输服务，英国飞机运输旅行公司采用德·哈维兰公司的 DH16 飞机（见图 1-7）执飞该航线。此外，德国、美国等也成立了多家航空公司，民用运输开始在世界范围内蓬勃兴起。

图 1-6 法曼 F60 哥利亚

图 1-7 德·哈维兰 DH16

此后，各个航空制造商也逐渐将目光投向民用运输市场，世界航空进入了稳定持续的发展时期，在 20 世纪的 20、30 年代，美国就出现了几百家飞机制造商。此时，航空发动机功率越来越大；飞机的气动外形及布局方案日趋成熟，气动性能更好；单翼机、半硬壳式机身越来越广泛，结构安全性越来越好；同时，座舱仪表及领航设备、陀螺导航技术等开始应用，自动驾驶仪也已出现。这些都显著改善了飞机性能，促进了民用航空的发展。

波音公司1933年首飞的波音247飞机（见图1-8），被认为是第一种真正的当代航线客机，载客10名，巡航速度265 km/h。该飞机采用了半硬壳式机身单翼机，同时创造性地采用了配平调整片、可收放起落架，机翼和尾翼前缘装备了除冰套等新技术。1936年，美国道格拉斯公司生产出著名的DC-3客机（见图1-9），该飞机巡航速度可达333 km/h，航程2 400 km。该飞机采用金属结构，安全可靠，维护方便，舒适性好，成为了第一种可以赚钱的航线飞机。到1939年，各种运输机及轻小型通用机的大量出现又为军用机的发展奠定了基础。

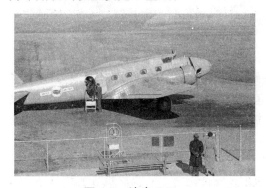 

图1-8 波音247　　　　　　　　　图1-9 道格拉斯公司DC-3飞机

第二次世界大战中，交战各方都积极发展军用航空技术，发动机、雷达等技术不断提升。各国飞机制造商都设计出了多种飞机，积累了大量的设计、制造经验，航空技术飞速进步。大战结束后，这些新技术都逐步应用于民用航空，促进了民用航空的迅猛发展。其中，最著名的技术进步是涡轮喷气式发动机的出现。

1952年，英国德·哈维兰公司制造出四发喷气客机"彗星"号（见图1-10），巡航速度788 km/h，是世界上第一架涡轮喷气式航线运输机。但由于该飞机结构疲劳问题造成多次事故，最终被其他公司的优秀机型抢占了市场。

图1-10 "彗星"I型飞机

在其后的发展过程中，航线运输机载客量、航程、速度都得到了迅速提升。1955年，苏联设计出图-114，1961年6月投入航线使用，载客达220人，最大巡航速度854 km/h。

20 世纪 50 年代末，美国生产的波音 707、DC-8 相继进入世界民航市场。波音 707 设计着重考虑了材料的疲劳特性，航程超过 5 000 km。现代航空通常将喷气式航线运输机分为四代，第一代以彗星、DC-8、波音 707 为典型代表。

20 世纪 60 年代，喷气式运输机进入第二代发展时期，其机型代表为波音 727、三叉戟、L1011、图-154 等机型。其典型特点是逐渐采用经济性能更好的涡扇发动机，普遍配备 3 个发动机。英国生产的三叉戟中程客机载客 60 ~ 100 人，巡航速度达 925 km/h，60 年代末，喷气式客机时代已经来临。

第三代飞机采用了完善的飞行管理系统，飞行自动化程度越来越高，安全性越来越好。典型飞机为波音 737、波音 747、空客 A310、MD11、MD80、MD90 等。

第四代飞机经济性能更好，普遍采用电传飞行操纵系统，主动控制技术使飞行保护功能日益强大，飞机安全性进一步提高。典型飞机为空客 A320、A330、波音 777、波音 787 等机型。

无论是作为战争的武器，还是作为空中运输的工具，不断提高飞行速度和飞机载重量都是飞机发展的重要方向。通过不断改善飞机气动性能，增大升阻比，优化飞机结构，提高动力装置性能，采用新型材料，民用运输机的飞行速度呈指数上升。但基于经济性的考虑，大部分现代民用运输机仍然将速度控制在高亚音速范围内（见图 1-11）。Tu-144（见图 1-12）飞行速度高达 2 494 km/h，它和"协和"飞机是曾经投入航线正式运行的两种超音速航线运输飞机。另外，现代民用运输机的装载能力也不断提高，图 1-13 为典型民用运输机最大起飞重量的发展趋势。空客公司设计生产的 A380-800 飞机最大起飞重量可达 575 t，是世界上最大的航线运输机。

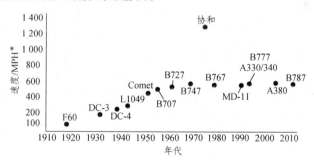

图 1-11　典型民用运输机巡航速度发展趋势

图 1-12　超音速民用运输机 Tu-144

注：MPH——每小时英里（1 MPH ≈ 1.609 km/h）。

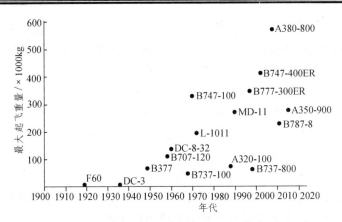

图 1-13　典型民用运输机最大起飞重量发展趋势

　　世界民用航空的蓬勃发展，为飞机制造商提供了广阔的发展空间。研制更安全、经济和舒适的飞机是飞机制造商间永不停止的竞赛项目。战后众多的飞机制造商通过竞争、重组、合并，组建形成了更为庞大的飞机制造公司。目前，民用运输机市场主要由波音公司和空中客车公司占有，此外庞巴迪、巴西航空工业公司在支线运输市场占有较大份额。中国商飞公司于 2008 年 5 月在上海成立，致力于我国的大型运输机设计和制造，目前成功投入市场的机型为 ARJ21，而定位为 150 座级的中型运输机 C919 正在研制阶段。

1.2　飞机分类

　　在地球大气层内外空间飞行的器械统称为飞行器。飞行器分为航空器、航天器及火箭与导弹三大类。在大气层内飞行的飞行器称为航空器；主要在大气层外空间运行的飞行器称为航天器；火箭与导弹是以火箭发动机提供动力并在大气层内外空间飞行器的飞行器。

　　如表 1-1 所示，轻于空气的飞行器又称为空气静力飞行器，该类飞行器升力由空气的浮力产生；重于空气的飞行器又称为空气动力飞行器，升力由飞行器相对空气运动产生；按气动升力的产生方式，飞行器又分为定翼飞行器与动翼飞行器。定翼飞行器的升力由固定机翼产生，有动力装置的称为飞机，无动力装置的则称为滑翔机。

　　对于常见的有人驾驶固定翼飞机，根据用途可以分为民用飞机、军用飞机和研究机。民用飞机可以分为旅客机、货机、通用飞机等类型。所谓通用飞机是指从事通用航空活动的飞机，而通用航空是指除军事、警务、海关缉私飞行和公共航空运输飞行以外的航空活动，包括从事工业、农业、林业、渔业、矿业、建筑业的作业飞行和医疗卫生、抢险救灾、气象探测、海洋监测、科学试验、遥感测绘、教育训练、文化体育、旅游观光等方面的飞行活动。

　　飞机按构造形式分类如图 1-14 所示，按不同的机翼、机身、尾翼、动力装置、起落架装置等又分为若干种形式。民用运输机多采用后掠下单翼、单机身、单垂尾（高或低平尾）、前三点轮式起落架，涡桨式或涡扇式发动机吊装于机翼下或机身尾部。

表 1-1 航空器分类

轻于空气的飞行器	气球	自由气球	冷气球（氢气球、氮气球）、热气球		
		系留气球			
	飞艇	软式、硬式、半硬式			
重于空气的飞行器	有翼飞行器	定翼飞行器	飞机	有人驾驶飞机	军用机	歼击机、强击机、轰炸机、侦察机、运输机、教练机、预警机

表 1-1 航空器分类

轻于空气的飞行器	气球	自由气球	冷气球（氢气球、氮气球）、热气球		
			系留气球		
	飞艇		软式、硬式、半硬式		
重于空气的飞行器	有翼飞行器	定翼飞行器	飞机	有人驾驶飞机	军用机	歼击机、强击机、轰炸机、侦察机、运输机、教练机、预警机
					反潜机 陆上反潜机、水上反潜机
				民用机	旅客机、货机、农业机、林业机、教练机、运动机、多用途轻型飞机
				研究机	
			无人驾驶飞机	靶机、无人侦察机、遥控格斗机	
			滑翔机	无动力滑翔机、动力滑翔机	
		动翼飞行器	旋翼飞行器	旋翼机	
				直升机	单桨直升机
					双桨直升机 纵列式、并列式、共轴式
					多桨直升机
			扑翼机、可转动机翼飞机		
	无翼飞行器	气垫飞行器、飞行平台、火箭、弹道式导弹			

根据空中交通管制要求，在最大允许着陆重量下，根据仪表进近程序规定的进近速度将航空器分为 A、B、C、D、E 五类，该速度是着陆形态下失速速度的 1.3 倍，其分类依据及常见机型如表 1-2 所示。

表 1-2 ICAO 按飞机进近速度分类的标准及常见机型

类别	进近速度	常见机型
A	< 169 km/h(91 kt)	Cessna 172，Cessna 208，DA-20，Li-2，IL-14，DCH-6，TB20，TB200
B	169 km/h(91 kt) ~ 224 km/h(121 kt)（不含 224 km/h）	AN-24，Y-7，AN-30，BAe-146，Dash-8-400 Cessna CJ1，夏延 3A，Metro-23
C	224 km/h(121 kt) ~ 261 km/h(141 kt)（不含 261 km/h）	AN-12，B707，B737-700，B757，B767，B747SP，A300，A310，A320，MD-82，MD-80，CL-600，A380-800
D	261 km/h(141 kt) ~ 307 km/h(166 kt)（不含 307 km/h）	B737-900，B747-8，B747-400，Tu-154M，IL62，A340-600
E	307 km/h(166 kt) ~ 398 km/h(210 kt)	Tu-144，协和

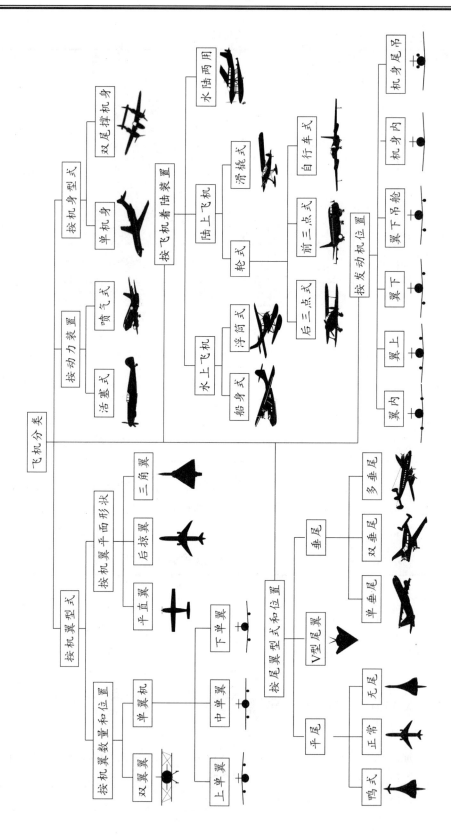

图 1-14　飞机按构造分类

1.3 对客机的要求与飞行安全

    飞机的种类及用途虽然各异，但各类飞机应满足以下基本要求：良好的气动外形；足够的强度、刚度而质量最轻；制造工艺性与经济性好；使用维护方便。此外，对旅客运输机还要求安全、经济、舒适。

    现代客机采用半宽与宽机身方案，座舱自动调温、调压，并配备了电子娱乐设备。此外，现代民航运输通过高效的运行缩短空中飞行时间，服务水平不断提升，使乘客的飞行体验越来越好。

    经济性是世界各民用航空公司特别重视的指标。现代客机为提高经济性采取了一系列措施：进一步加大单机载客量；进一步降低油耗，采用油耗低、噪声小、排污少的大涵道比或超大涵道比的大推力涡扇发动机；采用翼剖面增厚的大展弦比超临界翼型提高升阻比与巡航马赫数等；采用新材料，进一步降低飞机结构重量，增加商载。

    飞行安全对民用运输机尤为重要，是民用运输的生命线，航线营运的永恒主题。灾难性飞行事故常使航空公司或飞机制造商陷入窘迫的局面。飞行安全总是与飞行事故密切相关，事故率低则飞行安全性好，防止飞行事故发生则保证了飞行安全。飞行事故是飞机发生灾难、遇险和破损情况的总称。灾难为机毁人亡的一等事故；遇险则为机损人伤的二等事故；破损则为飞机局部严重损坏的三等事故。

    飞机起飞、着陆是事故的多发阶段。根据波音公司2015年发布的统计报告，飞机发生的重大事故绝大部分发生在起飞、爬升、进近和着陆阶段，如图1-15所示。针对起飞、着陆阶段多发事故的情况，现代客机加强了飞行前的检查，机组人员必须详细掌握空中交通管制中心提供的起飞信息，包括飞机起飞重量、场高、气温、风向及离地临界速度等，以降低起飞阶段的事故率。与此同时，飞机上安装进近警告及引导系统，机场安装辅助装置，向机组提供着陆信息，引导飞机安全降落，以降低着陆阶段的事故率。

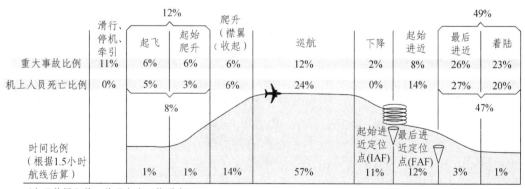

（由于数据取整，总百分比可能不为100%。）

图 1-15 世界范围内商用喷气式飞机重大事故统计（2006—2015）

    飞行事故的影响因素很多，飞行安全是一个复杂的系统工程。发生飞行事故的主要原因可分为三类：人、飞机和环境。其中，飞机所处的自然环境通常是超出人的控制能力而不能消除的，只有回避、限制或采取有效措施，保证飞机在恶劣环境下的飞行安全。而人、飞机的因素，可以通过规范设计、制造过程，提高安全管理来避免造成飞行安全事故。

　　根据某网站对 1960 至 2015 年的已知原因的 1 104 例航空事故进行的统计分析，发现目前引发航空事故的主要原因是人的因素和飞机，如图 1-16 所示。机组和飞机故障是超过七成飞行事故的主要原因，其中，机组对飞行安全的影响最大，约 60% 的飞行事故与机组有直接关系。

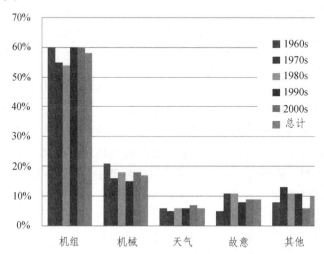

图 1-16　1960—2015 飞机事故的主要原因统计（该统计为 1960 年 1 月 1 日～2015 年 12 月 31 日，去除了原因未明、乘客数量小于 10 人、死亡人数小于 1 人的事故）

　　据统计，大约有 18% 的飞行事故是由于飞机结构、设备等等不正常造成的。

　　航空运行相关人员（包括机组、维护、空管等）了解飞机各个系统的功能、基本组成及工作原理，掌握飞机故障对飞行安全的直接影响，有利于保障飞机运行安全。对于飞行员，熟悉飞机系统组成及工作原理不但能促进其对飞机操作程序的深入理解，还有助于飞行员在飞机非正常和紧急情况下采取应对措施，提高飞行安全性。

　　国际民航组织根据各方面的研究成果，全面分析航空安全信息，结合世界各航空公司的经验教训，提出了进一步改善航空安全记录的建议：安全优先，事故预防为有效策略；完善安全法规和系统管理；设计、适航与使用部门真诚合作；关键是通过培训，全面提高人-机-环境系统相关人的素质等。同时进一步指出，要在飞行安全上取得大的改善，必须更好地处理人的失误。飞机驾驶舱是所有谋求安全努力的焦点，飞机设计采用新技术提高安全性，法规、条例、程序、检查单与运营政策制定，飞行员的选拔与训练，导航设备与空管等，所有这些方法与途径都通向最终共同之路——机组对驾驶舱可用资源的管理能力，一切安全措施都由此决定其成功与失败。

1.4　现代民用运输机的基本组成

　　早期飞机构造简单，安全性差。随着航空工业的飞速发展，现代飞机已经越来越安全，同时由于飞机功能的强化，飞机的组成也越来越复杂。图 1-17 所示为现代飞机的基本组成,从功能上看,飞机主要包含如下系统:机体、通信导航、电源、仪表、飞行操纵、燃油、液压、空调、防冰、排雨、起落架、气源、氧气、设备设施和水系统等。每个系统实现特定的功能,对于现代民用运输机,它们都不可少,但对小型通用飞机,由于其飞行条件不同,其中部分系统不再需要或者被极度简化。

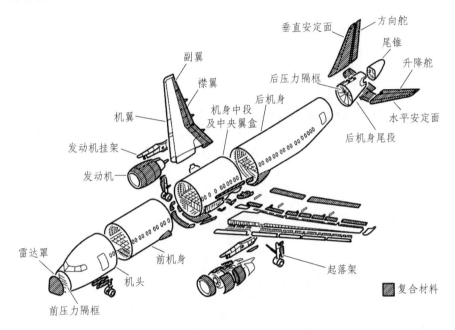

图 1-17 典型民用运输机的基本组成

机体包括机身、机翼与尾翼,属飞机承力结构。机身主要装载人员、货物与设备,连接机翼、尾翼等部件为一整体;机翼主要产生升力,装载燃油,安装发动机、起落架等;尾翼与机翼操纵面一起保证飞机的安定性与操纵性。

飞行操纵系统包括主操纵系统与辅助操纵系统。主操纵系统主要操纵飞机副翼、升降舵、方向舵的偏转,改变飞机横侧、俯仰与方向姿态;辅助操纵系统包括配平主操纵系统,操纵襟翼、缝翼与减速板等,改善飞行性能,特别是飞机起飞、着陆性能。

起落架系统的主要功能是支持飞机停放,保证飞机地面灵活运动,减小飞机着陆撞击,保证滑跑刹车减速与起落架的收放等。

飞机动力装置包括发动机与燃油、滑油等子系统,操纵控制与显示仪表等,其功能主要是将燃料的热能转变为机械能,产生拉力或推力,确保飞机飞行的速度性能。

此外,飞机燃油系统为飞机提供储油、供油、加油、放油功能;液压系统为飞机运动部件提供驱动力;空调系统为飞机乘员提供安全舒适的环境;氧气系统可在飞机紧急情况下向机组和旅客供氧;防冰系统为机翼前缘、发动机前缘等部位提供防冰措施;灭火系统为发动机、APU舱、货舱等区域提供火情监控、灭火等功能。

思 考 题

1. 第一架世界上公认的飞机何时试飞成功？
2. 现代商用喷气式客机的主要型号有哪些？
3. 世界上主要的喷气式客机制造商有哪些？
4. 简述飞机按用途与构造形式的分类。
5. 根据 ICAO 的标准，民用客机按进近速度怎样分类？
6. 简述对旅客机的要求。
7. 简述飞行事故的主要原因及阶段特点。
8. 简述民用运输机的基本组成及功用。

2 飞机结构

2.1 结构及基本要求

"结构"是一个工程上的常用术语，常说的"飞机结构"或"机体结构"，是指"能够承受和传递载荷的系统"，即"受力结构"。它通常可由成千上万个零件结合在一起，相互之间没有相对运动，共同承受指定的外载荷，满足一定的强度、刚度、寿命、可靠性等要求。通俗地讲，飞机中用于承受载荷的系统称为飞机结构。例如，机身用于装载货物、设备等，即用于承受货物、设备等的重力。而机翼用于产生升力，也必须承受这些升力并传递给机身。而起落架用于着陆减震和支撑飞机，也就是用于承受飞机重力及地面反作用力。飞机中有很多不是以承力为目的的材料体系，它们就不能称为结构。譬如，旅客舱内的装饰板等仅起装饰作用，不承受载荷，因此不是飞机结构元件。典型飞机结构如图 2-1 所示。

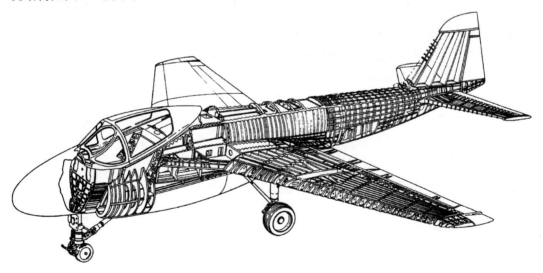

图 2-1 典型飞机结构图

结构抵抗破坏的能力称为结构强度；结构抵抗变形的能力则称为结构刚度；结构保持原有受力平衡状态的能力称为结构稳定性。强度、刚度、稳定性是飞机结构承受载荷能力的主要标志。飞机结构是否满足基本的使用要求，关键要看结构在要求的载荷作用下是否发生失效，这直接关系到飞机安全。飞机结构失效是指飞机结构在外载荷作用下变形超过规定或失去承载能力。

保证飞机结构安全，需要飞机结构在各种载荷情况下都满足强度、刚度和稳定性等要求。因此，判断飞机的结构是否满足使用的基本要求，需要先明确飞机结构在不同飞行状态下承受的最大载荷，才能进一步评估结构强度、刚度和稳定性等属性。

2.2   飞机的外载荷

飞机的外载荷是飞机在运行中所受的空气动力、重力、推（拉）力和地面反作用力等外力的总称。外载荷的大小取决于飞机质量、飞行性能、气动外形、起落架减震性能、座舱增压特性与操纵控制等因素。

2.2.1   外载荷的分类

根据外载荷作用面积的相对大小，可以分为分布载荷和集中载荷。典型的分布载荷是气动载荷，该载荷作用在整个飞机的外表面。典型的集中载荷为设备通过螺栓、销钉等传递给机身或机翼的载荷，例如发动机的重力、推力通过几根销钉传递给机翼或机身，其作用面积和机体结构相比非常小，因此这些载荷就是集中载荷。

根据载荷随时间的变化规律，飞机外载荷可以分为静载荷和动载荷。静载荷基本不随时间改变，例如作用在机翼结构上的发动机重力。随时间不断变化的载荷称为动载荷，例如着陆冲击载荷。动载荷对结构造成振动、冲击和疲劳。

疲劳破坏是结构在交变载荷作用下，当载荷循环次数达到一定数值时发生的断裂行为。交变载荷又称为疲劳载荷，就是大小、方向随时间周期性或不规则变化的载荷。飞机结构承受的许多载荷都是不断变化的，都会造成疲劳损伤。例如，飞行中偶然遭遇的突风载荷；机翼尾流的周期性漩涡在尾翼上产生的周期性载荷；发动机引起的周期性振动；副翼、舵面受到的反复载荷；起落架在多次起飞、着陆时受到的冲击、振动载荷；座舱的重复增压载荷。图 2-2 为飞机某结构在运行中所承受载荷的变化历程，其中每一次载荷变化都可能造成疲劳裂纹的扩展，直到该结构破坏。

疲劳破坏与静载荷破坏不同，它是一个长期积累的过程，在交变载荷作用下首先在局部形成微小的疲劳裂纹，然后该微小裂纹在交变载荷作用下逐渐扩展，当裂纹扩展到某临界值时，结构就会发生突然断裂。结构发生疲劳断裂时所经历的交变载荷次数或时间，称为疲劳寿命。由于疲劳裂纹在发生突然断裂之前通常较小，不易发现，因此疲劳破坏具有突然性。

随着航空事业的不断发展，飞机性能不断提高，使用寿命越来越长，运输机寿命一般达到 20 年左右，疲劳损伤累积会达到非常大的量级；为了减轻飞机质量，飞机上大量使用高强度材料，而这类材料对疲劳裂纹非常敏感；另外，结构设计越来越精确，造成结构承载余量下降。基于这些原因，现代飞机结构疲劳问题越来越突出，疲劳破坏成为现代飞机结构失效的最主要形式之一。为了保证结构安全，设计、制造和使用维护过程中都必须采取多种措施，提高结构的疲劳强度。

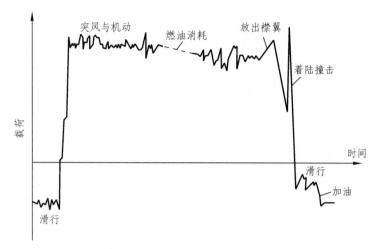

图 2-2　某结构在一次飞行中的载荷变化历程

根据载荷产生的运行阶段不同，飞机外载荷可分为飞行载荷、地面载荷。飞行载荷包括飞行中的升力、重力、阻力、拉力或推力。此外，对于高空飞行的民用运输机，还要承受座舱增压载荷。地面载荷除了上述载荷外，还包括飞机着陆、滑跑、滑行与停放时所受的地面反作用力。

使用载荷是飞机使用中其结构可能承受的最大载荷，也是结构使用中允许承受的最大载荷，又称为限制载荷。设计载荷是飞机结构设计时所设定的载荷，又称为极限载荷。为了提高结构安全性，要求设计载荷比使用载荷大，安全系数就是设计载荷与使用载荷的比值。安全系数越大，设计出的结构越安全，当然结构也越重。确定结构安全系数时，既要保证结构有足够的强度、刚度，又要使结构重量轻。CCAR25 部规定，通常飞机中铝合金结构的安全系数可取 1.5，对于特别关键的结构（如接头等），安全系数可以取更高。

实际承载时，由于飞机结构通常有多条传力路径，因此，当飞机结构承受的载荷达到极限载荷值时，结构中单个零件或构件出现塑性变形或破坏，但整个结构仍然具有一定的承载能力。整个结构破坏时结构承受的最大载荷称为破坏载荷，它应大于设计载荷。剩余强度系数就是结构破坏载荷与设计载荷的比值。剩余强度系数规定太大，则强度剩余太多，结构重量增加，一般规定破坏载荷稍大于设计载荷，剩余强度系数一般为 1.03 ~ 1.1。

安全系数和剩余强度系数是飞机结构承载余量的两个主要指标。飞机设计与试验阶段必须选择合适的安全系数和剩余强度系数，才能充分保证飞机的安全性能和经济性能。

2.2.2　飞行载荷

飞机在飞行过程中，外界作用于飞机的载荷主要有升力 L、阻力 D、发动机推力 P 和重力 G。

飞机的升力为

$$L = \frac{1}{2} C_l \rho v^2 S \tag{2-1}$$

式中，C_l 为升力系数；ρ 为空气密度；v 为相对气流速度；S 为机翼面积。

升力主要由机翼产生；重力 G 包括飞机结构、装载与设备的重量；推力或拉力 P 由发动机功率决定。机翼产生的阻力为

$$D = \frac{1}{2} C_d \rho v^2 S \tag{2-2}$$

式中，C_d 为阻力系数。

升力和阻力的大小主要与飞行高度、速度、翼型、迎角和机翼大小有关。公式（2-1）描述了影响机翼升力的因素，要增大升力，则必须要增大飞行速度、迎角（影响 C_l）、机翼面积等。

升力的变化会影响飞机的飞行状态。改变飞行状态有时是飞行必需的，例如转弯、爬升、下降等机动动作，它由飞行员主动操纵飞机实现。有时，飞机状态改变是由外界环境造成的，例如飞机遭遇突风时，风的存在会使机翼升力改变，造成飞机上下颠簸。

2.2.2.1 匀速直线飞行时飞机的外载荷

运输机在巡航状态主要为匀速直线飞行，飞机所受总升力 L、重力 G、推力 P（或拉力）、阻力 D 满足平衡关系，即合力为零，合力矩也为零，如图 2-3 所示。此时飞机总升力 L 与重力 G 满足

$$L = G \tag{2-3}$$

飞机重量已知时，通过式（2-3），可以估计飞机匀速直线平飞时机翼所受升力的大小。

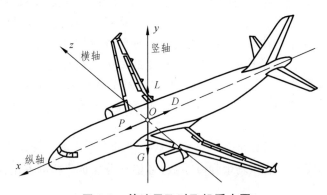

图 2-3　等速平飞时飞机受力图

从结构使用安全上来看，要想飞机安全地匀速直线飞行，则要求机翼结构能够承受与飞机重力相等的升力而不发生断裂、严重变形等失效。但飞机做俯冲拉起、转弯等飞行动作时，飞机机翼需要承受的升力更大，则结构必须更强。

2.2.2.2 机动飞行时飞机的外载荷

飞行状态（速度、高度和飞行方向）随时间变化的飞行动作称为机动，飞行员通过操纵系统操纵飞机完成必需的机动动作。由于机动飞行航迹为曲线，又常称为曲线飞行。机动飞行中，飞机仍受升力 L、重力 G、推力 P 和阻力 D 的作用，但它们不再平衡。此时，升力不仅要克服重力，而且要提供曲线飞行的向心力，因此，机动飞行时机翼所受升力 L 与平飞状态有很大差别。

1. 垂直机动时的飞行载荷

飞机在垂直平面内做机动飞行时，其曲线轨迹部分可以简化为圆周运动。图 2-4 所示为飞机下降改平时的曲线飞行过程，取曲线航迹上任一位置 a，此时飞机纵轴线与水平面夹角为 θ。根据牛顿定律，升力应为

$$L = G\cos\theta + m\frac{v^2}{r} \tag{2-4}$$

在航迹最低位置 b，此时角 $\theta = 0$，则升力为

$$L = G + m\frac{v^2}{r} \tag{2-5}$$

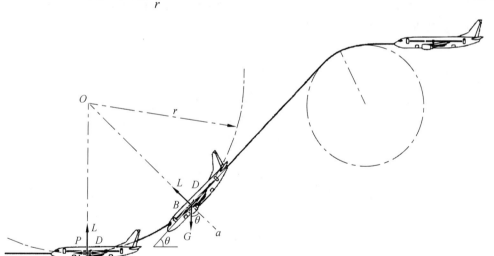

图 2-4 飞机俯冲后拉起时的受力状态

可见，飞机在下降改平的飞行中，升力 L 都应大于重力 G，在曲线轨迹的最低处，升力 L 达到最大值，为机翼结构在该过程中受力最严重状态。结构必须满足此载荷情况下的强度要求，不能失效。升力与重力的差值与飞机质量 m、速度 v 和曲线轨迹半径 r 有关。控制速度、加大曲率半径可减小升力 L 的需求。

运输机对机动性能要求不高，通常不允许在垂直平面内作剧烈机动。但是在退出紧急下降过程或紧急拉升时升力较大，如果速度过大，拉杆（盘）过多与过急，升力可能

超过结构承载能力。因此，在退出紧急下降或紧急拉伸过程中，应注意柔和带杆并适当加油门，切不可动作粗猛。

2. 水平机动时的飞行载荷

民用运输机水平机动主要是水平转弯或盘旋。为了提供飞机转弯时的向心力，飞机必须滚转一个角度 γ，即坡度（见图 2-5），由飞机升力 L 的水平分量 $L\sin\gamma$ 提供向心力。升力的垂直分量 $L\cos\gamma$ 克服重力，要想保持飞机高度不变，必须满足如下关系

$$G = L\cos\gamma \tag{2-6}$$

则升力应该满足

$$L = \frac{G}{\cos\gamma} \tag{2-7}$$

可以看出，飞机水平转弯时，应尽量减小坡度，从而减小转弯所需升力的大小，保证结构安全。当机翼结构受损时，应更柔和转弯，防止结构失效。飞机转弯时能采用的最大坡度受发动机最大推力、临界迎角、机翼面积的限制。飞行中决不能任意压大坡度（增大升力）转弯，这容易因超过临界迎角而导致失速，这是多次飞行事故的教训。民用运输机通常只做坡度小于 30° 的盘旋。对不允许做特技飞行的通用机、运输机，使用中转弯坡度一般限制在 20° ~ 40°，设计能力可达 60° 左右。

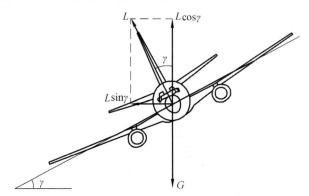

图 2-5　飞机右转弯时的受力状态

需要注意，公式（2-5）和（2-7）仅给出了飞机垂直机动和水平转弯时需要升力的大小，而飞机怎样产生如此大的升力仍然由式（2-1）决定，即飞行员必须调整飞机迎角、发动机推力（影响飞机速度）来实现要求的机动飞行。

2.2.2.3　遇突风时飞机的外载荷

机动飞行时，飞行员调整飞机迎角、推力等，改变升力大小，实现飞机曲线飞行。但在实际飞行中，升力可能由于气流变化而改变，造成飞机不必要甚至有害的颠簸运动。这种速度方向、大小变化的不稳定气流称为突风，又称为紊流。根据突风方向，又分为水平突风、侧向突风和垂直突风。飞机在突风时产生的附加气动力称为突风载荷。突风

载荷不受飞行员操纵改变，在实际飞行中却又不可避免，因此必须关注突风载荷对结构的影响，防止因突风载荷过大而发生结构失效。

　　水平突风（又称航向突风）包括逆风或顺风，它只改变飞机相对气流的速度，使升力或阻力变化。但由于水平突风速度 u 比一般飞机的平飞速度 v_0 小得多，故产生的附加气动力不大，结构设计中常忽略不计。但在飞机起飞、着陆时，决不能忽视顺风产生的负升力增量，它可能导致飞机下俯着地。

　　侧向突风将使飞机产生侧滑，同时作用于垂直尾翼上而产生附加气动力，这是民用运输机垂尾强度设计时应考虑的问题。侧向突风会影响飞机的着陆过程，飞行训练中应专门针对侧风情况进行训练。

　　垂直突风不仅改变相对气流速度的大小，而且改变相对气流的方向，影响迎角变化，故升力改变量大。如图 2-6 所示，飞机以速度 v_0 平飞遇到速度为 w 的垂直向上突风作用时，其升力为

$$L = \frac{1}{2}\rho v^2 C_l S = \frac{1}{2}\rho v^2 (C_{l,0} + C_l^\alpha \cdot \Delta\alpha)S \tag{2-8}$$

式中，$C_{l,0}$ 为原飞行状态下的升力系数；C_l^α 为升力线斜率，在临界迎角范围内，C_l^α 为常数，因此升力系数 $C_l = C_{l,0} + C_l^\alpha \cdot \Delta\alpha$，如图 2-7 所示。通常飞行速度 v_0 远大于突风速度 w，可以近似认为 $v \approx v_0$，$\Delta\alpha \approx \tan\Delta\alpha = w/v_0$，则附加升力可以表示为

$$\Delta L = \frac{1}{2}\rho v_0 w C_l^\alpha S \tag{2-9}$$

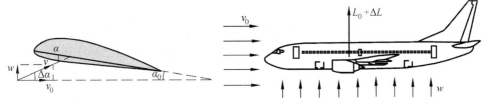

图 2-6　平飞遭遇垂直向上突风时的受力情况

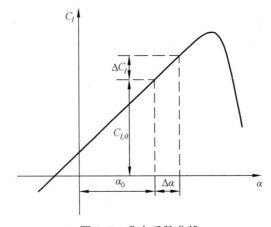

图 2-7　升力系数曲线

可见，垂直突风造成的附加升力 ΔL 与飞行速度 v_0、突风速度 w 成正比。飞行中遇到向上的垂直突风作用时，飞机升力可能显著增大。

不作特技飞行的大型运输机对机动性能要求不高。在缓和的机动状态下，作用在这类飞机结构上的载荷不会太大，因此考验结构性能（强度、刚度、稳定性等）的飞行情况就是飞行中偶然遇到的严重突风，特别是机动飞行时遇到的严重突风情况。因此，民用飞机结构设计应先评估飞机飞行过程中可能遇到的最大突风载荷，然后按此载荷来校核飞机结构，可以保证飞机结构在遭遇突风时不会发生失效。

在实际飞行中，飞行员应根据气象雷达或空中交通管制的指令避开较强的紊流。如果必须穿越紊流区域，为了防止结构损坏，应尽量减小突风时产生的附加升力。根据上述分析发现，减小空气密度 ρ、飞行速度 v_0、突风速度 w、升力线斜率 C_l^α、机翼面积 S 都可以减小飞机的附加升力。

对于已经定型的飞机，在某一特定飞行阶段，C_l^α、S 都不可改变，属于飞行中无法控制的因素。而突风速度 w 也是不能控制的自然因素，设计时常采用统计中出现的最大突风速度作为结构强度设计的依据。但为了保证安全，飞机应避开过于强烈的颠簸区域。

此外，减小空气密度 ρ 来降低附加升力也不可取，因为降低空气密度需要上升高度，则需要提高飞机的升力，与降低飞机总升力的要求相矛盾。

对飞行机组而言，在紊流中飞行时，适当降低飞行速度 v_0 可以减小附加升力，防止飞机结构受损。但是，降低速度需要增大迎角，如果飞机在接近临界迎角 α_c 飞行时，垂直向上的突风造成的实际迎角增大可能造成超过 α_c 而失速，因此飞行速度也不能减小得太多。运输机的飞行手册中都对强突风飞行速度作了明确规定，一般都比正常情况的巡航飞行速度小。

在遇到垂直向下突风作用时，附加升力方向为负，使总升力也减小，应防止巡航中掉高度；在低空飞行或起飞、着陆遇突发性下洗气流作用时，因升力减小过快而掉高度，可能导致飞机下俯着地。

2.2.3 载荷系数

载荷的大小可以直接由绝对数值表示，如 1 000 N。但采用载荷的绝对数值无法表征出特定结构受载的严重性。例如，同样承受 1 000 N 的载荷，与大型民用运输机比较，由于小型通用飞机结构更小，所以通用飞机就比大型民用运输机受载更为严重。飞机的载荷系数通常定义为飞机在某飞行状态下的升力与重力的比值，又称为过载系数，简称过载，用 n 表示。即

$$n = \frac{L}{G} \tag{2-10}$$

由公式可知，载荷系数可以客观反映飞机受载的严重程度。对于确定的飞机（G 确定），载荷系数也直接反映了结构受载的绝对值大小。由于不同飞行状态下，飞机所受升力不同，故载荷系数与飞行状态（机动）和外界环境（突风）有关。例如，飞机平飞时，

$n=1$；飞机倒飞时，$n=-1$（升力为负方向）；盘旋时 $n=\dfrac{1}{\cos\gamma}$。

飞机结构强度设计时规定的过载称为设计过载 $n_{设计}$（又称为最大使用过载 $n_{使用最大}$）。飞机设计过载大小表明该飞机结构的强弱。设计过载越大，则表示结构可以承受更大的载荷，结构越强；设计过载越小，表明结构越弱，但是质量更轻。典型民用运输机设计过载范围为 $-1.5 \sim +3.5$，而军用飞机为了实现更好的机动性能，设计过载更大。

飞机设计过载大小表明其机动性好坏。机动性主要指飞机曲线飞行的快速灵活性。飞机过载值大，则可承受垂直平面内大速度小半径的曲线飞行，水平盘旋则可压大坡度小半径转弯。

运输机设计过载大小也表明飞机经受强突风的能力。运输机受强突风作用时的过载往往比水平转弯时大。由突风过载公式得出，在其他条件不变时，设计过载值越大，能经受的突风速度越大，飞机结构经受突风能力越强。

飞行时允许的最大过载称为使用过载 $n_{使用}$。使用过载表明飞行中的受载限制。飞行中应严格按规定的速度、坡度等性能限制柔和操纵飞机，防止飞机实际过载超过 $n_{使用}$。

2.3 机体结构的变形

2.3.1 结构基本变形与内力

在载荷作用下，结构的尺寸和形状改变称为变形。工程结构中有 5 种基本变形：拉伸、压缩、扭转、剪切和弯曲，如图 2-8 所示。拉伸的变形特征是结构沿着载荷方向伸长，在垂直于载荷的方向收缩；压缩的变形特征是结构沿着载荷方向压短，在垂直于载

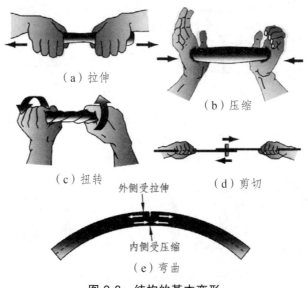

（a）拉伸　　　（b）压缩　　　（c）扭转　　外侧受拉伸　　（d）剪切　　内侧受压缩　　（e）弯曲

图 2-8　结构的基本变形

荷的方向膨胀；扭转的变形特征是结构横截面绕扭转轴线发生相对旋转滑动；剪切的变形特征是结构沿某一平面发生相对滑动；弯曲变形是拉伸与压缩变形的组合，结构一侧受拉伸，另一侧受压缩，结构变弯。

当构件在载荷作用下发生变形时，构件材料分子之间会产生反抗变形并力图使其恢复原形的力，这就是内力。内力与引起内力的外载荷大小相等、方向相反。对应 5 种变形形式，内力的基本形式有：拉力、压力、扭矩、剪力和弯矩。

为了描述结构中某一点处材料受载的严重程度，工程中引入应力的概念。应力是结构件某截面上单位面积上的内力，其单位与压强单位一致，国际单位为 Pa。根据截面上内力的方向不同，应力可分为正应力和剪应力，分别用 σ 和 τ 表示。正应力表示内力垂直于横截面，而剪应力表示内力平行于横截面。如果某截面上内力是均匀分布的，则应力等于内力除以横截面面积。如果内力分布不均匀，则材料截面上各点处的应力不再相等。

结构在不同变形特征下，结构内部内力分布各不相同。

结构承受拉伸和压缩载荷时，内力在截面内基本均匀分布，主要承受拉伸和压缩的构件常采用等截面杆。

结构承受弯曲载荷时，结构中拱起的一侧材料承受拉伸应力；而凹入的一侧材料承受压缩应力；中间不伸长也不缩短的某层应力为零，称为中性层。其他位置的应力大小与距离中性层的距离成正比，如图 2-9 所示。这说明在中性层附近的材料基本没有发挥承载作用，而离中性层最远的上下表面内力最大，材料的受载最严重。因此，要想减轻结构重量（这对飞机来说非常重要），应将中性层附近的材料减少，同时为了保证结构承载能力，应确保远离中性层位置的材料足够多。机翼翼梁采用"工"字形横截面就是综合考虑了承载能力与重量特性后得出的优秀设计方案。

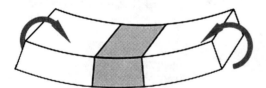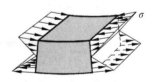

图 2-9　受弯曲结构中的应力分布

受扭转载荷结构中的应力分布如图 2-10 所示，整个圆柱体表面处所受应力最大，轴线位置所受应力为 0，表明此处的材料不承受扭转载荷，为了减轻结构重量，可以采用空心结构承受扭转。机身结构为典型的空心圆筒状结构，能够很好地承受扭转载荷。

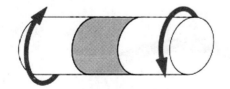

图 2-10　受扭转结构中的应力分布

结构承受剪切载荷时，横截面中的应力与横截面平行，应力为剪应力。图2-11（a）

所示为受竖直剪切载荷的结构中的应力分布，其分布为上下两侧最小，中间最大。这表明结构承受剪切时中间部分起主要作用。"工"字梁结构中的腹板就是主要用来承受剪切载荷的部分，而缘条几乎不承受剪切载荷，如图2-11（b）所示。

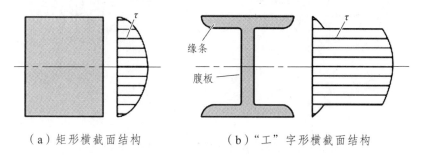

（a）矩形横截面结构　　　　　　（b）"工"字形横截面结构

图 2-11　受竖直剪切结构中的应力分布

2.3.2　机翼与机身整体变形

飞机处于平衡状态时，机翼可以看作是固定在机身的悬臂梁结构，其受力如图 2-12 所示，其中 $q_{气动}$ 为飞机气动力分布，表示单位长度机翼所受的气动力大小。而 $q_{机翼}$ 为机翼重力，$P_{部件}$ 为机翼上部件（如发动机）的重力。机翼的气动升力 $q_{气动}$ 大于 $q_{机翼}$ 和 $P_{部件}$，剩余部分向机身提供升力。为适应从翼尖到翼根逐渐增大的外载荷，现代运输机机翼结构从翼尖到翼根逐渐变宽增厚。

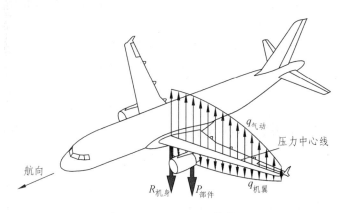

图 2-12　机翼所受载荷

图 2-13 比较了发动机安装在机翼下与机身尾部时机翼的受力差别。其中 G 为机身重力，G_1 为发动机重力，F_a 和 F_b 为机翼传递给机身结构的升力，当发动机采用翼下吊装时，机翼向机身传递的载荷更小。将部件安装于机翼，支持部件的这部分升力就不会经过部件内侧的机翼段，这样就会减小这部分机翼结构的受力，称为部件的卸载作用。现代大中型运输机常将发动机布置于机翼上，就是利用其卸载作用减小机翼结构受力，从而可以设计出结构更轻的机翼。

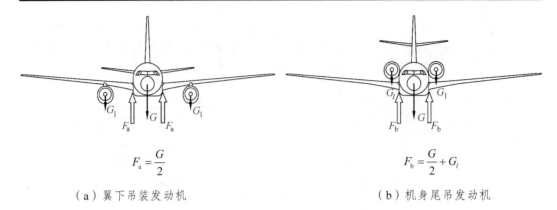

$$F_a = \frac{G}{2}$$ 　　　　　　　　　　$$F_b = \frac{G}{2} + G_l$$

（a）翼下吊装发动机 　　　　　　　　（b）机身尾吊发动机

图 2-13　翼下吊装发动机对机翼结构的卸载作用

　　将机翼看作一个整体，在气动力、重力等外载荷作用下，机翼主要有 3 种变形：垂直方向的剪切、垂直方向的弯曲以及绕机翼刚轴的扭转。在机翼横截面某位置上作用垂直于机翼的外力，如果该力仅使机翼产生弯曲而不产生扭转，则该点称为机翼该截面的刚心，所有横截面的刚心连线称为刚心线或刚轴。机翼刚心线位置与机翼内部结构布置有关，而飞机气动力作用中心（压力中心线）只与机翼翼型有关，因此气动力通常不通过刚心，则机翼产生扭转变形。

　　与机翼相比，机身载荷的主要特点是：机身以承受装载及部件传给的集中力为主，机翼则主要承受分布气动力；机身截面形状近乎对称，水平方向与垂直方向载荷都较大，须同时考虑两个方向的载荷与变形，而机翼水平方向载荷小刚度却很大，只考虑承受垂直载荷的情况。

　　飞行中机身的受力如图 2-14 所示，其主要载荷为机身、乘员及设备重力、机翼升力、尾翼气动力的作用。如果外力关于机身对称面对称，则称为对称载荷，否则为非对称载荷。对称载荷对机身形成剪切与弯曲变形，而非对称载荷会产生剪切、弯曲与扭转变形。同理，如图 2-15 所示，平尾产生的升力是机身的对称载荷，只会使机身弯曲；而方向舵偏转在垂尾上产生的侧向力为非对称载荷，将使机身产生侧向弯曲，同时也会产生扭转。同理，操纵副翼产生的非对称升力使机身产生扭转变形。

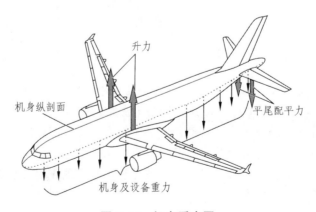

图 2-14　机身受力图

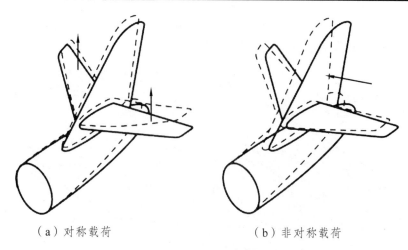

（a）对称载荷　　　　　　　　　　　（b）非对称载荷

图 2-15　尾翼产生的对称载荷与非对称载荷

座舱增压载荷是机身特有的外载荷，它是由飞机空调系统对座舱增压产生的。气密座舱内外的压差使座舱膨胀，对座舱壁产生周向和纵向拉伸。

可见，机身与机翼在飞行中都会发生弯曲、剪切、扭转变形。机身、机翼中的结构元件必须能够高效抵抗上述 3 种整体变形，才能保证结构既满足承载要求，质量又轻。

2.4　机　翼

2.4.1　机翼功能及机翼结构元件

飞机机翼的主要功用是产生升力，并使飞机获得横向稳定性和操作性，同时它还可用于安装起落架、发动机和储存燃油等。

早期的飞机采用布质蒙皮机翼，在该类机翼中，所有整体载荷全部由机翼内部骨架承受，蒙皮只承受局部气动载荷，不承受任何机翼整体载荷。

现代飞机主要采用金属蒙皮机翼，蒙皮与内部骨架共同承受机翼整体载荷，内部骨架元件包括翼梁、纵墙、桁条、翼肋。

翼梁是机翼结构中重要的展向受力构件。翼梁采用"工"字形横截面结构，由上、下缘条和腹板组成，如图 2-16 所示。翼梁的上、下缘条承受弯矩引起的拉伸、压缩内力；翼梁腹板承受剪力。部分机翼结构中的翼梁缘条非常弱，基本不能承受弯曲变形引起的拉伸压缩应力，这种结构常被称为纵墙。

桁条是机翼中沿展向布置的细长构件，除支撑蒙皮外，该结构还有将局部气动载荷传递给翼肋，并承受由总体弯矩引起的部分拉伸、压缩载荷。

翼肋是机翼的弦向构件，分为普通翼肋和加强翼肋两类。普通翼肋的主要作用是维持机翼的剖面形状；把蒙皮和桁条传给它的局部气动载荷转化为总体载荷：剪力、弯矩和扭矩，分别传递给翼梁腹板、承弯构件和封闭翼盒；支持蒙皮、桁条和翼梁腹板，提高它们的稳定性。加强翼肋除了有与普通翼肋相同的作用外，还要承受翼肋平面内较大的集中载荷。典型机翼翼肋的构造如图 2-17 所示。

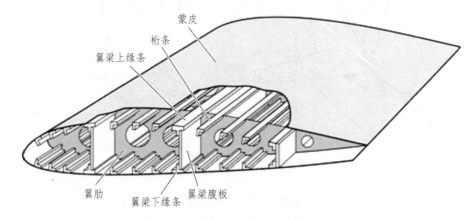

图 2-16 机翼结构元件

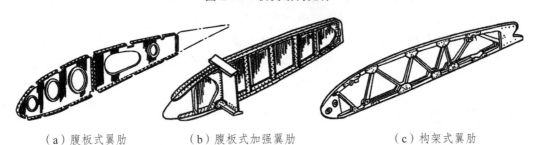

（a）腹板式翼肋　　　　（b）腹板式加强翼肋　　　　（c）构架式翼肋

图 2-17 翼肋的构造

机翼蒙皮主要用于封闭机翼，形成流线型外表面，同时它还直接承受机翼局部气动力。金属蒙皮与翼梁腹板形成封闭的盒式结构承受机翼的整体载荷——扭矩；另外，还与桁条一起组成壁板，承受机翼弯曲变形引起的拉伸压缩载荷。

高速飞机要求机翼蒙皮具有更大的刚度，为了制造出刚度大、质量轻的蒙皮，现代飞机可采用夹层机翼结构。该蒙皮由两层很薄的内、外面板中间夹很轻的蜂窝、泡沫或波形板制成，如图 2-18 所示。这种蒙皮结构不仅提高了结构刚度，减轻了结构重量，而且表面质量好、内部空间大，有利于做整体油箱。但夹层结构不适宜大开口，工艺也比较复杂。

很多飞机的操纵面，如副翼、扰流板等，常采用全高度夹层结构（见图 2-19），既可保证刚度、质量的要求，又可简化生产工艺。

飞机高速飞行不仅对气动外形提出了更高要求，而且气动热也可能使薄蒙皮软化而降低刚度。现代高速飞机通常采用整体壁板制造机翼（见图 2-20），整体壁板是由整块铝或镁合金板材加工而成的蒙皮、桁条、缘条的合并体，再与纵墙连接，其强度、刚度大，表面光滑，能承受较高气动热。部分较新型的飞机采用复合材料整体壁板［见图 2-20（c）］，使得结构重量轻，刚度大。但整体结构机翼加工困难，材料损耗大，成本较高，通常只在高速飞机上采用。

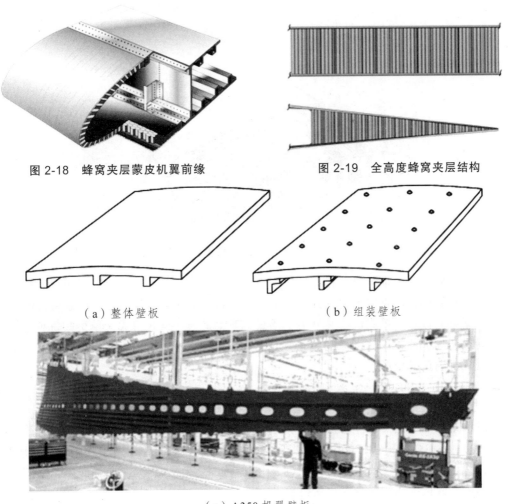

图 2-18 蜂窝夹层蒙皮机翼前缘　　　图 2-19 全高度蜂窝夹层结构

（a）整体壁板　　　　　　　　　（b）组装壁板

（c）A350 机翼壁板

图 2-20 机翼壁板

2.4.2 机翼的结构形式

根据机翼结构中各元件参与受力的不同，可以将机翼分为梁式机翼、单块式机翼、多腹板式机翼等。

2.4.2.1 梁式机翼

梁式机翼的结构特点是翼梁强、蒙皮薄、桁条少而弱，如图 2-21 所示。梁式机翼的结构特点决定其受力分配如下：翼梁腹板承受绝大部分垂直方向的剪力（及升力）；翼梁缘条承受大部分弯曲变形引起的轴向力，蒙皮和桁条则承受较少部分，当翼尖向上弯曲时，机翼上部的构件承受压缩应力，机翼下部的构件承受拉伸应力；蒙皮与翼梁腹板构成的闭合框承受全部扭矩。

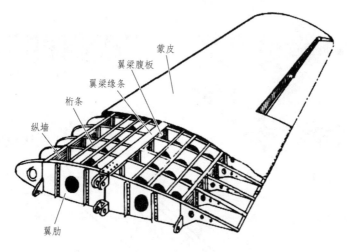

图 2-21　梁式机翼

　　梁式机翼的翼梁损坏时生存力较弱，也不适于作成结构油箱，但各机翼段和机身之间的连接较简单，检查维护比较方便，也适于开口。梁式机翼常用于小型通用飞机。

　　根据梁的数量，梁式机翼又分为单梁式、双梁式与多梁式机翼。单梁式机翼通常在前、后缘增加纵墙，纵墙可承受部分剪力，并与翼梁腹板、蒙皮等构成封闭翼盒，可以有效抵抗机翼扭转变形。

2.4.2.2　单块式机翼

　　单块式机翼的主要构件有桁条、蒙皮、翼肋及纵墙（双墙或多墙）。单块式机翼的结构特点是，多而强的桁条与较厚蒙皮组成壁板，再与纵墙和肋相连而成，如图 2-22 所示。其受力特点是，纵墙主要承受剪力，机翼上下壁板承受绝大部分弯曲轴向力，蒙皮与翼梁（纵墙）腹板组成的闭合框承受扭矩。

　　单块式机翼生存力较好，也适合作结构油箱，但不适合大开口，各机翼段及与机身间的接头较多，检查维护不太方便。

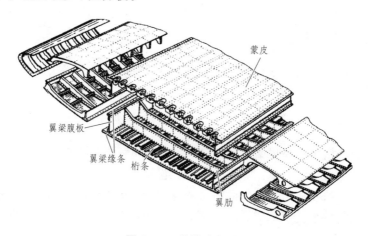

图 2-22　单块式机翼

2.4.2.3 多腹板式机翼

如图 2-23 所示，多腹板式机翼（又称为多墙式机翼）无梁，翼肋少，一般布置 5 个以上纵墙，蒙皮厚（一般为几毫米到十几毫米），其受力与单块式机翼类似。该类结构形式主要用于马赫数较大的超音速战斗机中，民用运输机较少采用。

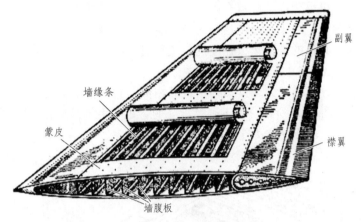

图 2-23　多腹板式机翼

现代运输机可利用梁式、单块式、多腹板式机翼的优点，采用复合式机翼。机翼外段常采用单块式机翼或者多墙式机翼，保证了较大的刚度。机翼根部采用梁式结构，便于开起落架舱等较大开口，也可简化与机身连接。在单块式到梁式的过渡区则采用加强传力结构。

2.4.3　机翼操纵面

为了保证飞机操纵性，机翼上布置副翼、扰流板和增升装置等操纵面。机翼上操纵面的典型布置如图 2-24 所示。

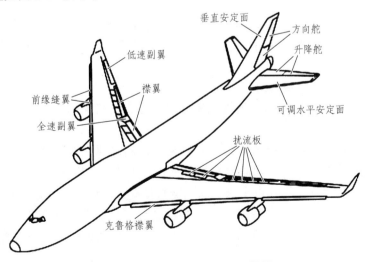

图 2-24　典型民用运输机飞行操纵面

2.4.3.1 副 翼

副翼的主要功用是保证飞机的横侧操纵性，它常位于机翼后缘外侧。横滚操纵时，两侧副翼向相反方向偏转。为了避免副翼在飞行中因机翼较大的弯曲变形造成转动轴线变弯而卡阻，翼展较大飞机常采用分段副翼。

部分大型运输机采用内、外混合副翼。外副翼又称低速副翼，飞机低速飞行时操纵内、外副翼同时偏转；当飞行速度达到一定马赫数时外副翼锁定，由内副翼与扰流板保证飞机横侧操纵。其目的是防止大速度巡航飞行时，气动力引起机翼结构扭转变形过大而导致副翼反效（见2.6.2.2节）。

副翼主要承受分布气动力，其结构与机翼相似，它通常由翼梁、翼肋、蒙皮和后缘楔形元件构成，如图2-25所示。由于副翼承受的弯矩不大，通常做成没有桁条的单梁式结构。为保证性能，后缘通常为全高度蜂窝夹层结构。

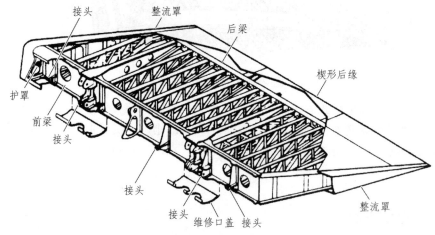

图 2-25 典型副翼结构图

2.4.3.2 增升装置

飞机的增升装置是为了增大低速时的升力，从而降低起飞、着陆速度，这样不但可以缩短飞机滑跑距离，还可减小对起落架的冲击。增升装置包括前缘增升装置和后缘增升装置。

前缘增升装置主要有前缘缝翼（见图2-26）、克鲁格襟翼（见图2-27）等形式。它们通过改善机翼前缘气流状态，延缓气流分离，提高飞机失速迎角来实现增加升力的目的。

飞机后缘襟翼分为简单襟翼、开裂式襟翼、富勒襟翼、双开缝襟翼与三开缝襟翼等多种类型，如图2-28所示。简单襟翼用于低速小型飞机，操纵时襟翼偏转一定角度，改变机翼弯曲度，造成飞机升力系数增加。富勒襟翼操纵时，襟翼向后退且向下旋转，增大机翼面积和弯曲度，从而增加升力。双开缝与三开缝襟翼则在放下不同角度时，在机翼后缘分别形成一道、两道或三道气流缝隙，现代运输机常采用富勒襟翼和开缝襟翼。

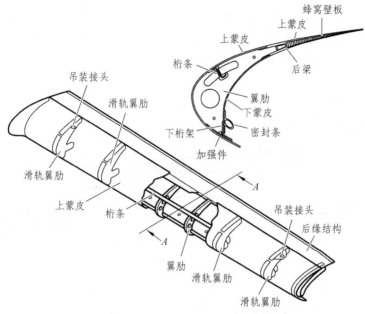

图 2-26　典型前缘缝翼构造

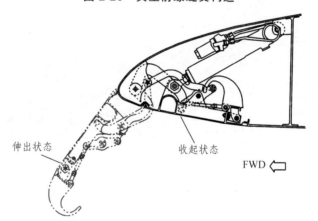

图 2-27　克鲁格襟翼

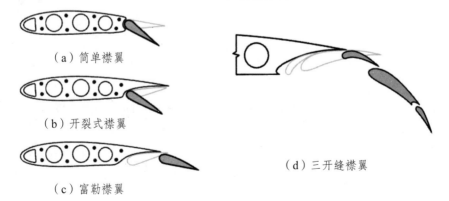

（a）简单襟翼

（b）开裂式襟翼

（c）富勒襟翼

（d）三开缝襟翼

图 2-28　后缘襟翼的类型

　　后缘襟翼的结构与机翼类似，主要结构元件包括梁、桁条、翼肋、蒙皮等，如图 2-29 所示。富勒襟翼与开缝襟翼收放时，需要将襟翼向后驱动，这依赖于机翼后梁上的驱动机构和弧形滑轨来完成（见图 2-30）。

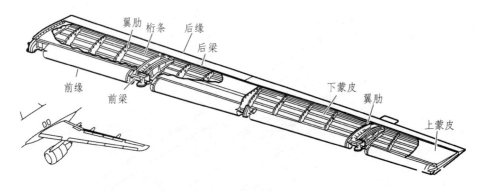

图 2-29　典型后缘襟翼结构

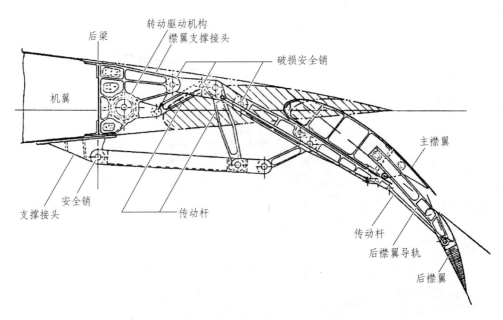

图 2-30　典型襟翼驱动机构

2.4.3.3　扰流板

　　扰流板位于机翼上表面襟翼之前，其主要功用为增阻、卸升。扰流板为薄板结构，通常由梁、增强结构、蜂窝夹层结构组成，如图 2-31 所示。

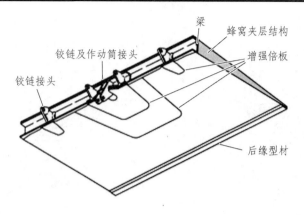

图 2-31　典型扰流板结构

2.5　机　身

2.5.1　机身功能及机舱设备

机身是飞机的主要结构，用来装载人员和货物，安装各种系统、设备和附件，并将机翼、尾翼、发动机和起落架等连接为整体。为了满足机身功用，要求机身：外形呈流线型且表面光滑，以减小空气阻力；横截面呈圆形或椭圆形，以保证具有高效的装载空间；运输机还要具有良好的气密性，以保证增压效果；必须具有足够的强度，且质量轻。

根据机身功能，现代民用客机机身主要分为如下区域（见图 2-32）：驾驶舱、旅客舱、电子设备舱、货舱、起落架舱、辅助动力装置舱（Auxiliary Power Unit，APU）等。其中，除起落架舱外，前后压力隔框之间的机身在飞行中需要增压。

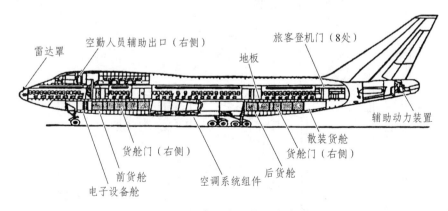

图 2-32　大型客机舱位布置图

依据其功能来分，机舱内设备/设施可分为正常设备和应急设备两种。

正常设备主要包括飞行员座椅（见图 2-33）、观察员座椅、旅客座椅（见图 2-34）、客舱乘务员座椅、衬里和装饰盖、储物箱、乘客服务组件（PSUs）、厨房、洗手间及辅助设备，等等。

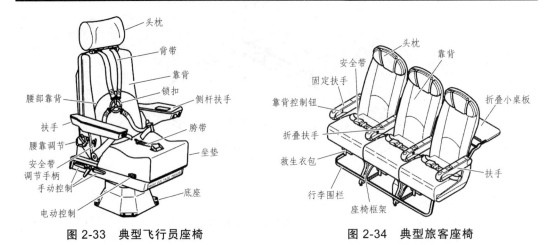

图 2-33　典型飞行员座椅　　　　　　　图 2-34　典型旅客座椅

飞机上的应急设备和设施用于紧急情况下保证乘员安全。应急设备和设施分布在整架飞机上，通常接近出口，主要有应急出口及滑梯、应急出口灯、救生绳、救生衣、救生筏、消防斧、便携式灭火瓶、防烟面罩、急救药箱、便携式氧气瓶、扩音喇叭、应急定位发射机（Emergency Locator Transmitter，ELT）等。机舱内的应急设备和正常设备根据需要分布在整个座舱内，驾驶舱典型杂项设备布置如图 2-35 所示。

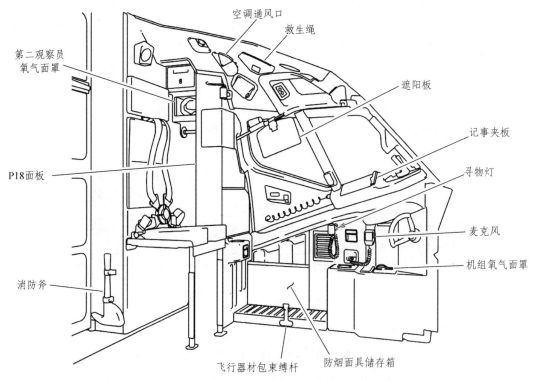

图 2-35　某飞机驾驶舱左侧杂项设备位置图

现代运输机上可作为应急出口使用的包括旅客登机门、勤务门、翼上应急出口、驾驶舱侧窗户等。应急出口灯分布于整个客舱内部和外部，为许可的应急出口提供照明。消防斧在舱门变形打不开时用于破门。救生绳用于帮助机组从驾驶舱侧窗户滑到机外地面。

急救药箱用于帮助机组成员抢救急症病人或在紧急情况下抢救乘客。扩音喇叭方便机组成员在紧急情况下指挥旅客快速撤离危险区。应急定位发射机用于帮助营救人员查找降落在机场外的飞机位置。

滑梯供在陆地着陆的飞机乘员在紧急情况下快速撤离飞机使用。滑梯处于预位状态下打开舱门将导致滑梯放出并自动充气鼓胀。典型滑梯如图 2-36 所示。

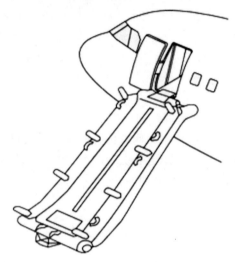

图 2-36　飞机典型滑梯

救生筏用于迫降水上的机上乘员撤离飞机使用。有些飞机有专用的水上救生筏，有些飞机把充气正常的滑梯作为救生筏使用，称为滑梯/救生筏。

2.5.2　机身结构形式

机身结构有构架式、硬壳式和半硬壳式 3 种典型形式。

2.5.2.1　构架式机身

构架式机身主要用于早期低速飞机。该类机身是主要由杆件连接组成的空间立体框架。机身的所有弯曲、剪切和扭转整体载荷都由框架内的杆件以拉伸或压缩的方式来传递。

为了减小飞机的阻力，在承力框架外面，固定有整形用的隔框、桁条和蒙皮，这些构件只承受局部空气动力，不参与整个结构的受力。蒙皮的主要作用是整流以减小飞行阻力，并承受机身表面较小的局部气动力。典型构架式机身结构如图 2-37、图 2-38 所示。

构架式机身结构简单，制造方便，但抗扭刚度差，气动性能不好，质量大，其内部容积也不易得到充分利用。该类机身仅仅在部分低速飞机中仍有应用，且已经越来越少。

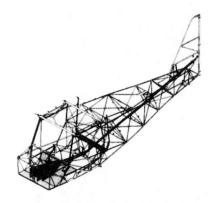

图 2-37　构架式机身

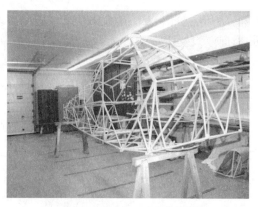

图 2-38　PA-18 机身框架

2.5.2.2　硬壳式机身

　　硬壳式机身采用较厚的蒙皮结构，而内部仅有维持横截面外形的环形骨架（隔框），而没有纵向加强元件，如图 2-39 所示。该类机身的蒙皮承受机身的所有弯曲、剪切和扭转载荷，又称为蒙皮式机身。洛克希德公司 20 世纪 30 年代设计的"织女星（Vega）"飞机就采用硬壳式机身结构，如图 2-40 所示。

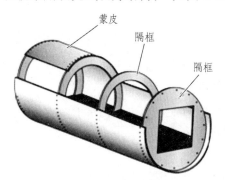

图 2-39　硬壳式机身

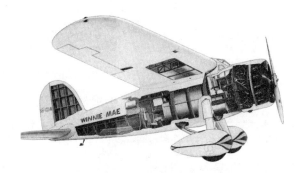

图 2-40　洛克希德公司的"织女星"

　　硬壳式机身结构采用厚蒙皮保证机身的强度、刚度，但机身质量特性差，开口困难，因此，该类结构不适合较大的飞机采用，一般用于直径较小的机身或气动载荷较大、要求蒙皮局部抗变形能力强的机身段。

2.5.2.3　半硬壳式机身

　　半硬壳式机身是在硬壳式机身的基础上减小蒙皮厚度，同时增加纵向加强构件而形成的。半硬壳式机身的主要承力构件是桁条、大梁、隔框和蒙皮，又称为薄壳式机身，如图 2-41 所示。其中隔框和桁条通过铆钉、角片等连接成为机身骨架，金属蒙皮铆接在骨架上。此类机身结构中，骨架与蒙皮共同承受机身的总体载荷：剪力、弯矩和扭矩。

　　半硬壳式机身结构中的桁条和大梁的主要作用是与隔框形成骨架支持蒙皮，提高蒙皮的稳定性，另外，它们还可以承受部分机身弯曲产生的拉伸或压缩应力。隔框可分为普通隔框和加强隔框，其主要功用是维持机身横截面外形，支撑蒙皮，此外加强隔框还能承受非常大的集中载荷。蒙皮的主要功用是承受机身的剪切和扭转载荷，此外还可封闭机身完成增压并减小气动阻力。

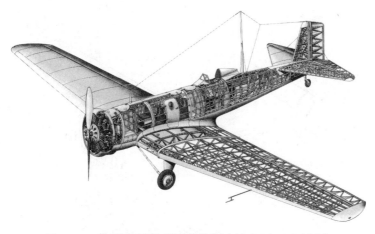

图 2-41　典型半硬壳式机身结构（波音 Model 221）

　　根据机身结构中蒙皮、桁条参与承受弯曲载荷的程度，半硬壳式机身又分为桁梁式机身和桁条式机身。

　　桁梁式机身典型结构如图 2-42 所示。桁梁式机身的结构特点是，较强的 4 根大梁、较弱的桁条、较薄的蒙皮与隔框连接而成。受力特点是，机身水平与垂直方向的弯曲轴向力主要由梁承受，与机翼"工"字形梁相比，机身梁没有腹板，其截面主要为盒形与槽形；蒙皮与桁条刚度小，只承受很小一部分弯曲轴向力；机身的垂直剪力由机身两侧蒙皮承受，水平剪力则主要由上、下蒙皮承受；扭矩由蒙皮围成的封闭框承受。桁梁式机身适于大开口，但生存力较差，除小型通用飞机外，有炸弹舱的轰炸机及开大舱门的货机常用。

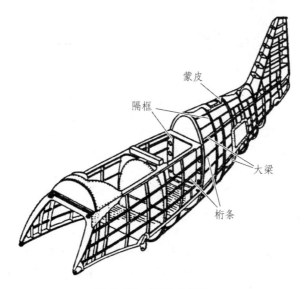

图 2-42　桁梁式机身

桁条式机身如图 2-43 所示，与桁梁式机身相比，该类结构中大梁较弱，甚至无大梁。蒙皮较厚，桁条数量较密且强度较高，它们构成的机身壁板承受大部分甚至全部弯矩。剪力与扭矩载荷的承受与桁梁式机身完全相同。

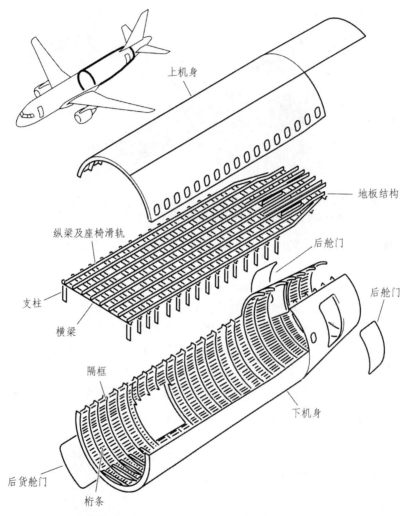

图 2-43 A320 机身结构

桁条式机身壳体刚度较大，生存力强，高亚音速飞机大量采用。现代客机机身结构以桁条式为基础，增加了承载能力强的地板。夹层地板由隔框、地板横梁及地板纵梁组成的骨架支持。

2.5.3 尾翼结构

飞机的尾翼安装在机身后部，主要由水平尾翼和垂直尾翼两部分组成，它和机翼一样主要承受分布气动力，其结构也与机翼类似。水平尾翼包括水平安定面和升降舵，垂直尾翼包括垂直安定面和方向舵，如图 2-44 所示。大多数飞机尾翼采用梁式结构，其基本元件包括梁、肋、桁条和蒙皮。

尾翼的功用是使飞机具有满足要求的俯仰和方向稳定性与操纵性。与其他机体结构一样，尾翼也应具有足够的强度、刚度且质量轻，此外对机身的扭矩应尽可能小。

典型垂直安定面结构如图 2-45 所示。飞机方向舵通常为一块，部分大型客机方向舵由上下两块组成，主要目的是防止垂直安定面变形引起卡阻。

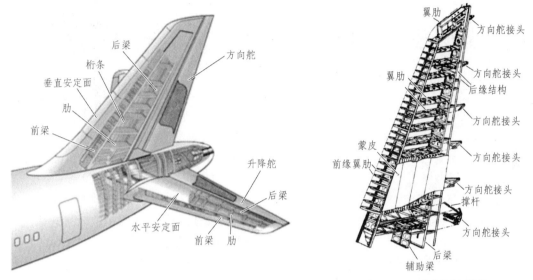

图 2-44 尾翼组成   图 2-45 垂直尾翼结构

现代运输机普遍采用可调水平安定面，起飞前可根据重心位置调整水平安定面的位置，保证起飞时的俯仰操纵性；飞行中也可以调整以实现俯仰配平。左右水平安定面结构与机翼结构类似，它们连接于水平安定面中段，成为一个整体，如图 2-46 所示。一般飞机升降舵为左右各一块，有的大型客机为了减小变形提高俯仰操纵效率，左右各采用两块升降舵。

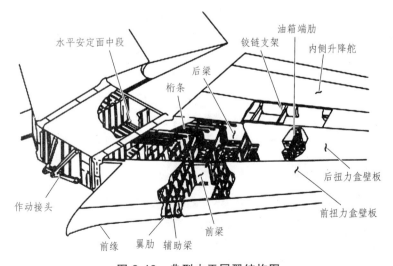

图 2-46 典型水平尾翼结构图

为了提高飞机的俯仰操纵性、局部激波产生时的俯仰操纵效率并减轻结构重量，低速飞机和超音速飞机可采用全动平尾，它将水平安定面和升降舵合成一个整体，如图 2-47 所示。全动平尾通过转轴与机身连接，飞行员可通过推拉驾驶杆/盘操纵整个平尾偏转。

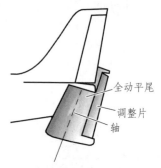

全动平尾
调整片
轴

图 2-47 全动平尾

2.6 飞机结构使用限制

2.6.1 过载限制

为保证飞机飞行安全，在飞行中飞机承受的过载应在正限制过载和负限制过载之间。它们分别是飞机飞行中预期出现的最大正过载和最大负过载。限制了最大使用过载的范围，也就限制了飞机在飞行中承受的正升力的最大值和负升力的最大值，确保不会超过飞机结构的承载能力，从而保证了飞机结构安全。

CCAR-25 部规定：正限制机动过载不得小于 2.5，不必大于 3.8；在直到 v_c（最大巡航速度）的各种速度下，不得小于 – 1.0。对于大、中型民用飞机来说，突风过载往往比机动过载更加严重。这时，突风过载就是确定飞机结构强度的重要依据。CCAR-25 部规定了飞机在平飞时可能遇到的垂直突风速度的确定方法和突风过载的计算公式，以确定突风过载的大小。

正限制过载和负限制过载都是在开始设计飞机时，必须按照飞机使用要求确定的重要技术数据，也是对飞机结构进行总体强度设计的主要依据。一旦飞机投入使用，这些条件又成为飞机运行中的使用限制。

2.6.2 速度限制

飞机最大运行速度除了与飞机外形及发动机推力大小直接相关外，还受到许多其他因素限制。其中，飞机结构对速度的限制主要体现在机翼蒙皮局部承受气动载荷的能力以及副翼反效、翼面颤振等气动弹性限制。产生气动弹性问题的主要原因是结构具有一定的弹性，在气动力作用下结构发生弹性变形，而弹性变形又反过来影响气动力的大小，从而再次影响弹性变形，这种弹性变形与空气动力相互耦合的现象称为气动弹性现象。气动弹性对飞行器的操纵性和稳定性会产生显著影响，严重时会使结构破坏或造成飞行事故。因此，气动弹性问题是飞行器设计和使用中都需要特别关注的问题。

2.6.2.1 局部气动载荷限制

机翼结构除了升力过大造成结构整体失效之外，局部气动力过大可能造成蒙皮鼓胀或凹陷，甚至蒙皮损坏，最终影响气动性能，威胁飞行安全。局部气动载荷对机翼蒙皮的影响与飞行速度有关。

图 2-48 所示为机翼在不同速度下飞行的气动力分布情况：小速度飞行时，迎角较大，

机翼上蒙皮受吸力，下蒙皮受压力；大速度飞行时，迎角较小，机翼上、下蒙皮均受吸力，前缘受压。

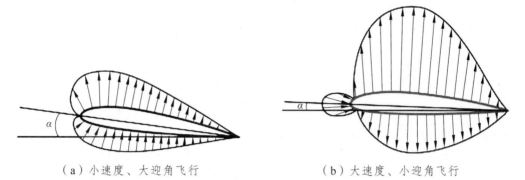

（a）小速度、大迎角飞行　　　　　　　（b）大速度、小迎角飞行

图 2-48　机翼蒙皮所受局部气动力分布

在不同速度下做匀速直线平飞时，尽管两种平飞状态的总升力相同，但由于气动力分布不同，使得大速度、小迎角飞行时，机翼上表面将承受更大的吸力。如果飞机结构相同，则在高速飞行时，机翼上表面更容易在吸力作用下发生鼓胀变形，前缘也更容易下陷，最终导致机翼外形改变，升力降低。严重时，甚至可能会使铆钉拉脱，蒙皮撕裂，造成飞行事故。需要注意的是，俯冲可能使飞机产生比最大平飞速度更高的速度，此时的局部气动载荷比最大平飞时更为严重，在设计和使用中都应特别注意。

飞机设计时，应根据飞机速度要求来确定机翼上表面的蒙皮刚度及连接强度。对于高速飞机，机翼蒙皮应增厚或采用蜂窝夹层结构以提高刚度，才能承受高速飞行时产生的局部气动吸力。反之，对于已经定型的飞机，飞行员应严格按照速度限制来飞行，否则会使机翼蒙皮产生残余变形或损坏。

2.6.2.2　副翼反效

副翼是操纵飞机滚转的操纵面。正常操纵飞机滚转时，左压驾驶盘，则左侧副翼上偏，该机翼升力减小，右侧副翼下偏，该机翼升力增大。不对称升力形成左滚转力矩，飞机左横滚。但是，当飞机超出飞机要求的特定速度范围时，可能会出现如下异常情况：左压驾驶盘，左侧副翼上偏，右侧副翼下偏，但飞机右横滚，即出现副翼反效现象。

副翼反效产生的原因与速度有关。低速时，飞机处于大迎角状态，操纵横滚时，副翼下偏的一侧更容易发生失速现象，从而造成副翼下偏一侧升力急剧下降，最终形成了反向滚转力矩。高速飞行时出现的副翼反效和结构弹性变形有关，图 2-49 所示为高速飞行中横滚时，副翼上偏一侧机翼的受力情况。由于副翼偏转时形成的附加气动力 $\Delta L'$，对于刚性机翼，该附加气动力形成的力矩驱动飞机正常横滚。实际机翼有一定的弹性，附加气动力 $\Delta L'$ 会对机翼形成扭转，机翼迎角的改变会形成反向的附加气动力 ΔL，该力减小了飞机的横滚力矩。随着飞行速度提高，机翼扭转变形增大，副翼效应则降低。当飞行速度足够大时，附加气动力 $\Delta L > \Delta L'$，会对飞机形成反向横滚力矩，即副翼反效。副翼开始出现副翼反效的飞行速度称为反效临界速度。

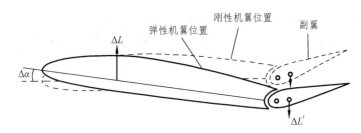

图 2-49　高速飞行时的副翼反效原理

从结构上分析，高速时副翼反效的出现主要与机翼扭转刚度有关，如果机翼抗扭刚度较低，则机翼容易发生扭转变形，容易造成副翼反效现象或者副翼反效临界速度低。因此，设计时为了防止副翼反效，抗扭刚度更大的单块式机翼比梁式机翼更适合高速飞机。此外，现代飞机还可以采用混合副翼来防止高速飞行时发生副翼反效（参见 2.4.3.1节）。

从使用上分析，防止副翼反效的出现必须保证机翼具有足够的抗扭刚度，且应在设计速度范围内飞行。当机翼结构受损并造成抗扭刚度显著降低时，则应适当减小飞行速度，防止出现副翼反效现象。

2.6.2.3　翼面颤振

颤振是弹性体在气流中发生的不稳定振动现象，是弹性结构在均匀气（或液）流中受到空气（或液体）动力、弹性力和惯性力的耦合作用而发生的大幅度振动。它可使飞行器结构破坏，造成重大飞行事故。

当机翼受到干扰而发生上下弯曲振动时，机翼相对于空气产生上下运动（类似于突风），因此将产生与机翼振动方向相反的附加升力 ΔL，该附加升力对机翼做负功，将消耗机翼的振动动能。该附加升力称为阻振力，如果只有该力作用，机翼振动幅度将逐渐减小。参考 2.2.2.3 节，可以发现该阻振力与飞行速度 v 近似成正比。

如果机翼结构在振动过程中产生了与振动方向相同的附加升力 ΔL，由于该附加升力对结构做正功，会增大机翼的振动能量，该附加升力称为激振力。在该附加升力作用下，机翼振动幅度会逐渐增加，直到结构失效，这就是颤振现象。颤振现象是否发生，主要看机翼弯曲振动过程中激振力与阻振力的关系，如果激振力大于阻振力，则颤振发生；如果激振力小于阻振力，则颤振不发生。

根据激振力的产生原理不同，机翼颤振包括机翼弯-扭颤振和机翼弯曲-副翼偏转颤振。

1. 机翼弯-扭颤振

机翼弯-扭颤振激振力产生的原因是翼剖面的焦点、刚心、重心不重合。亚音速飞行时，典型翼剖面的焦点通常在弦长的 28% 处，刚心在弦长的 38%~40% 处，而重心在 42%~45% 弦长处。

如图 2-50 所示，当机翼受到干扰往下偏离平衡位置后，作用于刚心位置的弹性回复力指向上方（平衡位置），在回复力的作用下从下往上运动。由于重心位于刚心后侧，在惯性作用下，机翼产生迎角增加的扭转，即 $\Delta\alpha > 0$，由迎角增大产生向上的附加升力与振动方向一致，为激振力。

当机翼从最上方往下振动时，同样由于回复力作用在刚心上，而且重心位于刚心后，惯性作用使机翼产生迎角减小的扭转，即 $\Delta\alpha < 0$，由迎角减小产生向下的附加升力与振动方向一致，仍然为激振力。

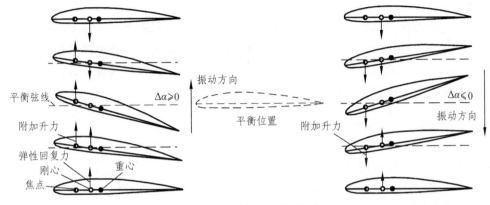

图 2-50 弯扭颤振原理图

可见，由于机翼重心与刚心不重合，机翼在弯曲振动过程中引起扭转振动，这种弯曲和扭转耦合在一起的振动形式称为弯扭振动。如果机翼扭转产生的附加升力比阻振力大，则机翼引起剧烈的弯扭自激振动，称为机翼弯-扭颤振。机翼弯-扭颤振时，使机翼挠度及扭转角的幅值迅速增大，频率不断提高，不仅使机翼气动性恶化，而且可能造成机翼的永久变形，甚至造成机翼折断等灾难性事故。

振动的强弱主要取决于振动系统的能量，能量逐渐消耗则使振动减弱，能量增大则使振动加剧。机翼弯扭振动过程中，弯曲振动产生的阻振力近似与飞行速度呈线性关系，而机翼扭转引起的激振力与飞行速度的平方成正比，如图 2-51 所示。当速度低于 $v_{临界颤振}$ 时，阻振力大于激振力，机翼振动收敛；速度大于 $v_{临界颤振}$ 时，阻振力小于激振力，机翼振动发散，形成颤振现象。

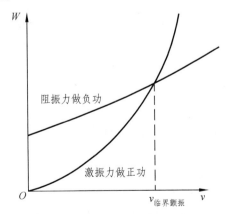

图 2-51 激振力与阻振力做功与速度的关系

现代飞机可以从设计与使用两方面采取措施来防止颤振的发生。

从设计的角度看,应增大机翼扭转刚度,例如采用厚蒙皮的单块式机翼;调节机翼重心前移,尽量靠近刚心,使飞机弯曲振动引起的扭转变形更小,激振力更低。为此可采取加厚机翼前缘结构、减轻后缘,沿弦向合理分布配重或燃料、设备等措施,靠翼尖前缘配重可取得显著的效果。

从使用的角度看,当飞机结构确定时,颤振临界速度 $v_{临界颤振}$ 确定,只要保证飞机在低于 $v_{临界颤振}$ 的速度下飞行,弯-扭颤振就不会发生。一般飞机要求将飞行中允许的最大速度比 $v_{临界颤振}$ 小 20% 左右,足以保证飞行安全。需要注意的是,飞行中如果蒙皮遭到意外损伤,如鸟击、冰雹等,则 $v_{临界颤振}$ 会下降,此时应适当降低飞行速度。另外,维护中必须加强检查,使蒙皮处于良好状态。

2. 机翼弯曲-副翼偏转颤振

飞机副翼安装在机翼后缘外侧,由于具有弹性,即使未操纵副翼,受外载荷作用时也会发生一定的偏转变形。

如图 2-52 所示,当机翼受到干扰往下偏离平衡位置后,弹性回复力指向上方(平衡位置),驱动机翼从下往上运动。

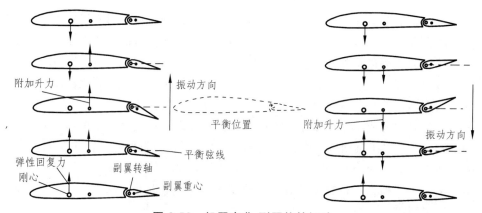

图 2-52 机翼弯曲-副翼偏转振动

机翼向上振动时,机翼通过转轴带动副翼上行,由于副翼重心与转轴不重合,则副翼在惯性作用下将向下偏转,机翼产生向上的附加升力,为激振力。反之,机翼向下振动时,副翼在惯性作用下向上偏转,机翼产生向下的附加升力,也为激振力。在此激振力作用下,机翼弯曲振动与副翼偏转振动耦合在一起,当激振力大于阻振力时,飞机发生机翼弯曲-副翼偏转颤振。

与机翼弯-扭颤振类似,机翼弯曲-副翼偏转颤振也具有一个临界速度,当高于此速度飞行时,颤振发生;低于此速度飞行时,颤振不发生。试验和计算表明,机翼弯曲-副翼偏转颤振临界速度小于机翼弯-扭颤振临界速度。因此,飞机最大飞行速度也必须小于机翼弯曲-副翼偏转颤振临界速度。

从设计上分析,机翼弯曲-副翼偏转颤振的内因除机翼为弹性结构体外,还因副翼重心位于转轴之后,副翼操纵与传动机构具有弹性变形等。因此,防止副翼偏转颤振的结构措施主要是增大副翼传动机构的刚度，同时尽量使副翼重心前移靠近转轴，必要时在副翼前缘适当配重。

另外，降低飞行速度仍然是使用中有效的防范措施。

2.7　飞机结构安全

为了保证飞行安全，飞机首先要具备相应的适航性，为此，世界各国民航当局对飞机的设计、生产、使用和维修都制定了适航标准，规定或审定发证及实施检查监督。民用航空器的适航管理是以保障民用航空器的安全性为目标的技术管理，是政府适航部门在制定了各种最低安全标准的基础上，对民用航空器的设计、制造、使用和维修等环节进行科学统一的审查、鉴定、监督和管理。因此，满足适航要求的飞机具有非常高的安全性能。

2.7.1　飞机设计规范与适航标准

飞机设计规范是在飞机设计实践过程中逐步形成的。最初的飞机设计工作没有什么规范和条例，具有一定的盲目性，设计出来的飞机时有损坏。为了保证飞机安全，使用经过验证的更为规范和科学的设计方法和流程来提高结构的性能，这种规范和科学的设计方法和流程就是设计规范。经过多年努力，规范随着飞机设计思想的不断发展，演变成目前对飞机研制给出全面要求的指令性技术文件，通常由国家权威部门制定和颁发。

飞机设计规范和适航标准是飞机设计工作的通用性技术文件，对各类飞机作了许多指令性规定，包括设计情况、安全系数、载荷系数、重量极限、重心位置、重量分配、操纵性、稳定性、配平、飞行载荷、飞行包线、突风载荷、着陆与起飞、强度与变形、结构试验、飞行试验、飞行品质、使用极限、起落装置、动力装置、飞机设备、操纵系统、安全预防措施等，在飞机设计时，必须遵守这些有关的规定。适航标准是国家法规的一部分，它是为保证实现民用航空器的适航性而制定的最低安全标准，必须严格执行。

飞机结构的强度规范经历了一系列演变过程。

静强度设计阶段：静强度设计始于 20 世纪 30 年代，主要保证飞机结构在静载荷作用下不发生破坏。静载荷指大小、方向不变或由零缓慢增大到一定值的载荷，如结构重力与机翼上的气动力。

静强度、刚度设计阶段：20 世纪 40 年代，随着飞行速度的提高，曾多次发生机翼、尾翼颤振而导致飞机破坏的事故。为此，要求飞机结构不仅应有足够的静强度，而且应有足够的刚度，于是补充了刚度设计准则，通过提高结构整体刚度并限制飞行速度，保证机翼、尾翼结构不发生颤振等气动弹性问题。

强度、刚度、安全寿命设计阶段：20 世纪 50 年代初，世界上连续发生多起飞机结构疲劳破坏事故，于是提出了疲劳安全寿命设计准则，以保证结构在使用寿命期间承受交变载荷不发生疲劳破坏。

强度、刚度、损伤容限、耐久性设计阶段：20 世纪 60 年代末，大量飞行实践表明，疲劳安全寿命的强度设计准则并不能完全保证飞机结构在各种使用条件下的安全，于是在安全寿命设计基础上增加了破损安全设计准则和破损安全要求。由此保证结构能在疲劳破损或单个主要构件明显损坏后不发生灾难性破坏事故。

到了 20 世纪 70 年代，对飞机使用经济性提出了较高要求，于是出现了经济寿命/损伤容限设计，其设计准则除破损安全、安全裂纹扩展限制外，增加了经济寿命要求。以此确保飞机结构到维修已不经济为止的使用寿命期内，经受疲劳、腐蚀或意外损伤未测出前，剩余结构仍有足够的剩余强度。现代运输机一般都采用此种强度设计准则。

可靠性设计阶段：目前正在发展的新强度准则，将疲劳安全寿命设计、安全寿命/破损安全设计、经济寿命/损伤容限设计三准则，用可靠性理论和分析方法统一为可靠性设计，同时提高飞机结构的安全可靠性与经济性。

2.7.2 飞机结构的试验要求

为保证飞机安全，设计规范和适航标准明确规定了飞机在研制、定型的过程中需要进行多种试验。特别是飞机在定型及适航取证过程中，需要通过规定的试验证明飞机安全性并达到计划的性能指标要求。试验主要包括结构的地面强度试验和飞行试验。

民用运输机的地面强度试验主要包括静力学试验、疲劳试验、动力学试验等。

静力学试验主要检查飞机及部件在使用载荷、设计载荷和破坏载荷作用下的应力状态、安全系数与剩余强度系数，并测量变形，校核刚度，从而判断结构是否满足静强度的设计要求。图 2-53 所示为波音 787 全机静力试验场景。

图 2-53 B787 飞机全机静力学实验

疲劳试验是为了保证飞机在整个使用过程中承受环境和重复载荷的安全性，给出飞机结构在特定交变载荷作用下，结构的应力分布变化、裂纹的形成寿命、扩展寿命和剩余强度数据。飞机机身增压疲劳试验场景如图 2-54 所示，该实验通过反复向密闭座舱注水来检查座舱反复增压后结构的疲劳破坏规律及寿命。

动力学试验包括结构动力学特性试验和动强度试验，主要包括结构刚度试验、地面振动试验及起落架落振和摆振试验。此外还包括离散源撞击试验、飞机机体结构适坠性试验、机载设备和结构部件振动环境试验及油箱晃荡试验等。该类试验可以检查受动载荷的强度和载荷频率、结构变形与损伤情况，并得出部件的冲击强度、交变应力特性和试验寿命等。

图 2-54　彗星 I 机身水压试验

除了完善的地面强度试验之外，飞机在取证中还需要完成全面的功能/性能试验。国外大型客机的飞行试验一般由 5 架飞机持续一年左右时间，试验飞行达 1 000～2 000 h，试验费用占新机型研制费的 25% 以上。飞行试验的内容由制造厂遵照适航条例确定，主要有以下几方面：

（1）气动试验——检查飞机低速与高速性能颤振临界速度范围操纵性与稳定性等。

（2）动力装置与飞机管理试验——验证发动机空中工作特性、各种飞行状态的控制及飞机地面制动能力。

（3）飞行载荷试验——用精密的应变仪和加速度计测量飞行载荷与突风载荷强度及对结构的影响，得出飞行载荷随航线飞行时间的变化规律，即随机载荷谱。与真实飞行接近的载荷谱用于疲劳试验，可以得到更为准确的疲劳性能参数。

（4）飞机各系统功能可靠性试验——检查在各种环境条件下，飞机连续长时间飞行过程中各系统的工作状态。

例如，飞机在投入运营之前需要进行高速滑跑试验，检查飞机地面操纵品质及反推力工作情况，并测定飞机在各种重量和最不利重心位置组合下的起飞特性，其中包括测定各种起飞速度（抬前轮速度、离地速度、起飞安全速度等）、起飞滑跑距离、起飞距离和加速—停止距离及起飞航迹（从起飞线滑跑、抬前轮、离地，直到飞机处于 450 m 高度的整个航迹）。此外，通常还需要测量起飞滑跑时的机场噪声等级、低速操纵特性，检验起落架、减速板、前缘缝翼、后缘襟翼在最小飞行速度时的操纵情况和主要系统的功能；测定失速速度和颤振特性；检验操纵性、稳定性及巡航性能；测定单发性能和最小离地速度；检验溅水滑跑特性（见图 2-55）；作航线验证飞行等。

图 2-55　空客 A321 进行溅水滑跑试验

2.7.3　飞机结构的使用要求

当飞机投入运行后，应该保证结构处于完整状态，与此直接相关的是飞机使用和维护。当飞机交付用户，飞机结构的最大承载极限已经确定。因此在使用过程中，应尽量保证结构不受损伤或者保证损伤在要求的范围内，否则会由于载荷超过结构强度而造成飞行事故。

可能造成飞机损伤的因素主要是非正常情况下的大载荷、疲劳、腐蚀等。

某些非正常情况下的大载可能造成飞机结构损伤，在飞行中应注意尽量避免。这些非正常情况包括：重着陆或超重着陆，起落架非正常接地，穿越严重颠簸气流或遭雷击，遇强烈的垂直向上突风，发动机停车或工作超过限制，因故障迫降以及外来物撞击等。上述情况可能导致结构损伤，而要机组在飞行中做好详细记录，便于航后维护人员根据飞行记录本的记载认真检查相关结构，确保后续飞行的安全。

此外，虽然飞行中的很多载荷不足以造成结构断裂，但仍然会在结构中逐渐生成微小损伤，并随着载荷作用次数的增加而逐渐扩展。由于飞机载荷的特点，结构中出现疲劳损伤几乎不可避免。为了保证飞机不发生意外的疲劳断裂事故，除了通过定期的检查和修理防止结构中的疲劳损伤超过极限外，还应在飞机使用过程中尽量平缓操纵飞机，使得每一次变化载荷形成的疲劳裂纹扩展尽量小，从而保证飞机结构的疲劳寿命，防止出现意外的疲劳断裂。具体控制措施如下：

（1）严格按规定使用飞机，控制不同飞行条件下的最大速度、高度、坡度等，使速压、过载、迎角不超过飞机的设计限制，即不增大结构的疲劳载荷值。

（2）飞机着陆避免不正常接地。训练飞行中不正常接地的概率增大，将造成疲劳寿命降低，应加强检查或缩短定检周期。

（3）避免人为损伤引起应力集中而产生疲劳裂纹，修复表面损伤时应尽量圆滑过渡。

（4）载荷频率对不同材料的疲劳寿命也有影响，对于训练飞行的飞机，因起降频繁使单位时间内载荷次数增加，会使结构的日历疲劳寿命缩短。

（5）结构材料的腐蚀、运动接触件擦伤也可产生疲劳裂纹。腐蚀是金属构件内部或表面受水、盐、碱或空气中氧的侵蚀产生氧化物、氢氧化物或盐类的变质损坏。腐蚀直接影响到结构寿命，是国内外航空界特别重视的问题。

疲劳破坏是影响飞机结构安全的主要因素，现代飞机设计时已考虑了正常使用寿命期间的安全，但使用条件改变时将影响使用寿命。为了保证飞机使用中不降低结构寿命，机型飞行手册中规定了飞行使用限制及特殊情况的处置，维护手册上规定有飞机维护注意事项，以确保飞机处于良好的工作状态，不降低结构的承载能力。

2.7.4 飞机结构的维护要求

飞机维护是保证飞机系统与结构适航性的重要工作。对于飞机结构，维护主要包括按计划对飞机结构的检查与维修，以及特殊情况下的检查和修理。

定期维修是按飞行时数或日历使用期对飞机进行检查排故，一般又称为定检。定检的主要目的是，使部件与系统恢复到设计工作条件，更换损伤件；发现裂纹类隐患，避免发生重大破坏性失效事故。

此外，预防性维修是飞机可靠性保证的重要手段。在飞机贮存和运营时，可能遇大气中的雪、雹、雨、阳光辐射、灰砂、盐碱液等，它们可能对飞机结构造成老化、腐蚀等损害。隔离这些对飞机有害的因素，有利于保证飞机结构安全。常见的民用机隔离方法是放在停机棚、机库中或用蒙布掩盖，同时清理干净飞行后的有害物。

当运输机经历重着陆或超重着陆、起落架非正常接地、严重颠簸气流或遭雷击、发动机停车或工作超过限制、迫降以及外来物撞击等特殊情况时，维护人员应根据飞行记录本的记载认真检查相关结构，除关注严重的损伤重点检查处，还要分别检查如下内容：

（1）机翼上下蒙皮有无永久变形的波纹与皱纹。

（2）机翼、机身有关部位连接铆钉有无松动与剪断。

（3）从机身到机翼通过检查窗口查看翼梁腹板和壁板有无构件断裂，发动机吊舱及周围结构外表有无波纹状的变形。

（4）机翼燃油箱有无渗漏，密封层有无开裂。

（5）起落架构件及轮舱有无损伤，杆件有无失稳弯曲。

（6）严重受力部件的接头孔有无松动，连接螺栓有无断裂。

综上所述，民用飞机在设计到使用的所有过程中都有严格的规范，严格控制了所有环节中的不安全因素。可见，按规范设计、试验、维护和使用的飞机是安全可靠的。

思 考 题

1. 什么是飞机结构？
2. 什么是结构的强度、刚度、稳定性？

3. 什么是结构安全系数与剩余强度系数？怎样确定安全系数？

4. 什么是飞机结构的疲劳破坏、疲劳载荷？为什么现代飞机结构的疲劳问题比较突出？

5. 什么是飞行载荷？

6. 飞机机动飞行载荷及其变化特点是什么？

7. 什么是飞机过载？有何实用意义？

8. 运输机突风过载的影响因素与控制方法有哪些？

9. 结构的基本变形有哪些？其内力分布有何特点？

10. 什么是非对称载荷与对称载荷？对机身有何不同？

11. 机翼产生扭转变形的原因是什么？

12. 飞机机翼的结构形式有哪些?其结构特点是什么？

13. 机身的结构形式有哪些？各种结构形式机身的不同受力特点和结构特点是什么？

14. 大型客机机身采用何种结构形式？有何特点？

15. 现代大型客机的舱位有哪些？如何布置？

16. 飞机应急设备有哪些？各有什么作用？

17. 机翼增升装置有哪些形式？

18. 飞机尾翼怎样构成？什么是全动平尾？

19. 什么是激振力、阻振力、机翼弯-扭颤振、机翼弯曲-副翼偏转颤振？

20. 副翼反效的原因与防止措施是什么？

21. 机翼弯-扭颤振的原因与防振措施是什么？

22. 机翼弯曲-副翼偏转颤振的原因与防振措施是什么？

23. 什么是飞机结构强度规范？现代旅客机采用何种强度设计准则？

24. 飞机结构强度、刚度试验主要有哪些？飞行试验的主要内容有哪些？

25. 容易造成飞机结构受损的非正常情况主要有哪些？

3 飞机液压系统

3.1 飞机液压系统概述

随着飞机质量和飞行速度不断增大，飞机上需要助力操纵的部件日益增多，传统的电力、气压以及液压均能实现飞机的助力操纵。电力传动的动作比较灵敏，但需要质量很大的电机才能提供较大的输出功率，并且电机与传动部件之间的连接也比较复杂，目前多用于传动功率较小或者工作较灵敏的部件；气压传动的能量损失较小，但气动装置的总输出力不会很大，而且工作速度的稳定性稍差，目前多用来传动功率较小的部件或者部分应急设备；液压传动操纵飞机部件具有许多优点，如质量轻、功率大、自润滑、自冷却、安装维护方便等，因此液压传动在现代飞机中得到了广泛应用。

液压传动可用于某些小型飞机起落架收放、机轮刹车和襟翼收放，采用固定式起落架的小型飞机一般仅机轮刹车采用人工液压系统传动。如图 3-1 所示，现代大中型运输机的飞行操纵系统、起落架系统、发动机反推系统等广泛采用液压传动，此外，有些飞机的货舱门也采用液压传动。

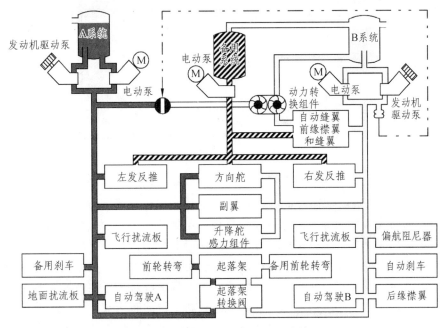

图 3-1 B737NG 飞机液压系统简图

3.1.1 液压传动原理

液压传动是以液体为工作介质来传递能量和进行控制的传动方式。如图 3-2 所示，帕斯卡定律表明：施加在密闭容器内液体上的压力（压强），能够大小不变地由液体向各个方向传递。基于帕斯卡定律，可以制成如图 3-3 所示的液压省力装置，大、小活塞的面积分别为 A_2、A_1，因为密闭容器内的液体压力处处相等，而大活塞面积大于小活塞面积，因此只需要在小活塞上施加较小的力 F_1，就可以在大活塞上支持较大的负载 F_2，作用于大、小活塞上的力比取决于大、小活塞的面积比。

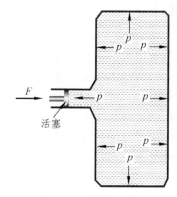

图 3-2　帕斯卡定律

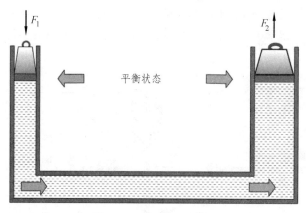

图 3-3　液压省力装置

飞机液压系统的传压原理与上述情况类似，但仅仅利用液体的传压并不能推动部件运动，要完成一定的传动动作（如起落架收放），还必须迫使液体持续向部件运动方向流动，单位时间内流入传动部分的液体体积量称为流量。图 3-4 为小型飞机的人工液压刹车系统示意图，向下踩脚蹬可推动主液压缸活塞向下移动，主液压缸内多余的液压油流回液压油箱，当主液压缸活塞移动到回油管路被切断的位置时，在主液压缸活塞和刹车作动筒活塞之间形成了密闭的容积腔；继续向下踩脚蹬可对液压油施加压力，如果不考虑能量损失，则压力经液压油大小不变地传递到刹车作动筒活塞上，当压力所产生的输出力足以克服刹车片负载力（摩擦力和弹簧力）时，主液压缸迫使液压油不断地流入刹车作动筒，从而推动刹车片向刹车盘方向移动；当刹车片与刹车盘贴合时，由于主液压

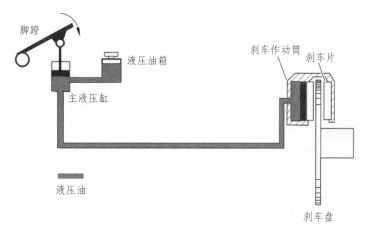

图 3-4　人工液压刹车系统

缸活塞面积小于刹车作动筒活塞面积，因此驾驶员只需在刹车踏板上施加较小的外力，便可通过人工液压刹车系统在刹车片和刹车盘之间产生较大的刹车力，在保证刹车效率的同时，可减轻飞行员操纵负荷。

综上所述，液压传动原理是基于密闭管路内不可压缩液体能够传递压力的特性，利用动力元件（液压泵）把外部能源转换为液体的压力能，并将具有一定压力能的液体通过控制元件（控制阀/活门）和管路输送到需要传动的部件处，再借助于液压执行元件(作动筒或马达)把液体压力能转换为机械能传动部件运动。

由帕斯卡定律及能量守恒定律可知，工作压力（p）等于输出力（F）与作动筒活塞面积（A）之比，液压功率等于工作压力（p）与流量（Q）之积，机械功率等于输出力（F）与传动速度（v）之积，在不考虑能量损失的情况下，作动筒输入的液压功率与输出的机械功率相等。因此，为了克服负载力，液体必须具有足够大的压力，负载越大所需压力越大，即传动压力取决于负载，为了推动部件运动，液体必须以一定的流量持续流入作动筒，流量越大作动筒活塞的运动速度越大，即传动速度取决于流量。英美飞机液压系统压力采用英制单位 psi（pounds per square inch），1 psi = 0.006 895 MPa。目前小型飞机液压系统的工作压力一般为 2 000 psi，大中型运输机液压系统的工作压力一般为 3 000 psi 或者 5 000 psi。由于飞机液压系统工作压力比较大，为了减轻操纵负荷和保证传动速度，通常采用动力驱动泵（发动机驱动泵、电动泵等）供压，某些小型飞机在紧急情况下可以采用手摇泵供压。因此，飞机液压系统以液压油为工作介质，并依靠液压油压力驱动执行元件完成特定的操纵动作，液压系统在飞机上的功能是作为助力设备帮助驾驶员操纵。

3.1.2　液压系统的组成与分类

如图 3-5 所示，飞机基本液压系统回路由各种液压元件组成，为了区别液压元件的功用，因此有必要对液压系统进行分类。按组成系统的分系统功能划分，液压系统可分为供压部分、控制部分和传动部分。

（1）供压部分。其功用是将原动机的机械能转换为油液的液压能，提供满足要求的压力油液。供压部分包括液压油箱、液压泵、液压油滤及蓄压器等。

（2）控制部分。其功用是控制供压部分向传动部分供油的流量、方向和压力。控制部分包括流量控制阀、方向控制阀和压力控制阀。

（3）传动部分。其功用将油液的液压能转换为机械能，驱动部件传动。传动部分包括液压作动筒和液压马达。

按组成系统的分系统功能划分，液压系统还可划分为液压源系统和工作系统两大部分。

（1）液压源系统。包括液压油箱、液压泵、液压油滤、冷却系统、压力调节系统及蓄压器等。在结构上有分离式与柜式两种，飞机液压源系统多为分离式，而柜式液压源系统多用于地面设备，且已形成系列化产品，在标准机械设计中可对液压源系统进行整体选用。

（2）工作系统（或用压系统、液压操作系统）。它是用液压源系统提供的液压能实现工作任务的系统。例如飞机起落架收放系统、飞行操纵系统及发动机反推系统等。

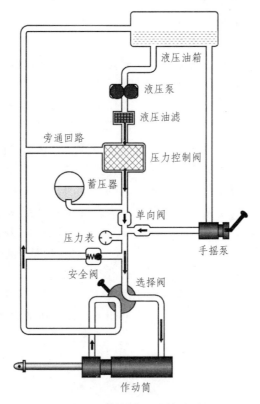

图 3-5　基本液压系统回路

3.1.3　飞机液压系统图形符号

为了简化液压原理图的绘制和识别，国家标准（GB/T 786.1—2009）规定了"液压气动图形符号"。而在航空工程与技术中，不同的制造商也使用不同的符号和形式来表示液压元件和系统，用于飞机维修手册等技术出版物。图 3-6 所示为空客飞机常用液压系统图形和符号。

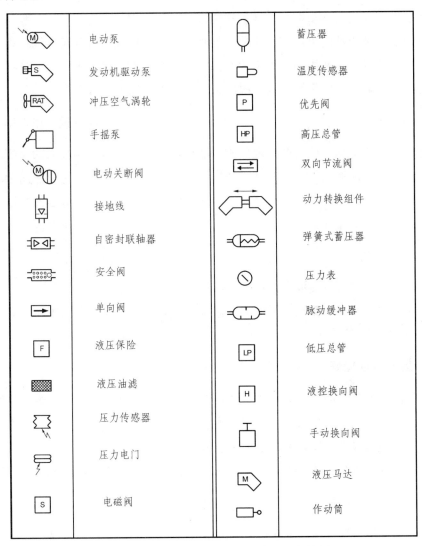

图 3-6　空客飞机常用液压系统图形和符号

3.2　航空液压油

液压油作为液压系统的工作介质，主要用于传递和分配压力去传动各种部件。为了确保液压系统工作可靠，液压油应满足相关性能要求，而且不同种类的液压油具有不同的物理化学特性，适用于不同材料的密封装置和软管，错误地使用液压油直接影响液压系统的正常工作，甚至造成液压系统失效。

3.2.1 航空液压油性能要求

3.2.1.1 可压缩性小

液体受压力作用而体积缩小的性质称为液体的可压缩性。为了迅速传递压力，确保传动的灵敏性，液压油的可压缩性应尽可能小。航空液压油本身的可压缩性能够满足系统正常工作的要求，但液压油中如果含有气泡，其可压缩性将显著增大，这样会造成传动迟缓，甚至会造成液压系统失效，因此必须确保液压油中不含气泡。

3.2.1.2 黏性适中

液体流动所产生的一种内摩擦现象称为液体的黏性。液压油黏性太大，则流动阻力及能量损耗大，使油液工作温度升高；液压油黏性太小，则会导致系统泄漏量增加。为了确保液压系统的传动效率，飞机液压系统使用的液压油必须具有合适的黏性，且要求黏性随温度变化越小越好。

3.2.1.3 润滑性好

液压油的润滑性是指油液在摩擦面之间形成一层"油膜"的特性。这层"油膜"覆盖着摩擦面，使摩擦面不能直接接触，因而可减小摩擦力，并减少摩擦面的磨损。液压系统是利用液压油来润滑的，所以液压油必须有良好的润滑性。

3.2.1.4 高低温性能好

液压油的高低温性能分别决定了液压油的防火特性及耐低温性能。衡量高低温性能的一般指标为闪点、燃点和凝固点。闪点即油蒸气遇火星闪现火光的温度；燃点即油蒸气点燃而能持续燃烧的温度；凝固点即油液凝固成固态的温度。为了确保飞机液压系统工作温度范围大，航空液压油应具有较高闪点和燃点，以及较低的凝固点。

3.2.1.5 机械稳定性好

油液的机械稳定性是指油液在长时间的高压作用下，保持其原有物理性质（如黏性、润滑性等）的能力。液压油经常在高压作用下通过一些附件的小孔和缝隙，如果它的机械稳定性不好，其分子结构会遭到破坏，黏性和润滑性会很快减小，甚至影响系统的正常工作。因此液压油应具有良好的机械稳定性。

3.2.1.6 化学稳定性好

油液的化学稳定性主要是指油液抗氧化和变质的能力。液压油内不可避免地含有一些空气，在使用过程中必然会发生氧化反应，当油液温度升高或受扰动时，氧化反应还会加剧。氧化生成物会堵塞油孔、腐蚀附件。因此液压油应具有良好的化学稳定性。

3.2.2　航空液压油种类

为了避免液压系统中非金属元件（密封件和软管）的损坏以及确保系统的正常工作，必须使用正确牌号的液压油，当向液压系统加油时，应使用飞机维护手册（Aircraft Maintenance Manual，AMM）中规定的液压油牌号，航空液压油种类如表 3-1 所示。

表 3-1　航空液压油种类

液压油	组　成	毒性	颜色	抗燃性	适用密封圈	应　用
植物基液压油	蓖麻油和酒精	无毒	蓝	易燃	天然橡胶	老式飞机
矿物基液压油	石油中提炼	无毒	红	易燃	氯丁橡胶	小型飞机、油气式减震支柱
磷酸酯基液压油	合成液压油	低毒	紫	阻燃	异丁橡胶	大型客机

3.2.2.1　植物基液压油

植物基液压油由蓖麻油和酒精制成。植物基液压油通常染成蓝色，以便识别。植物基液压油适用天然橡胶密封件和软管，如果植物基液压系统中混入了矿物基或磷酸酯基液压油，则密封件将膨胀、损坏，以致密封失效。植物基液压油易燃，防火性能不好，目前已很少使用，主要用于老式飞机的液压系统。

3.2.2.2　矿物基液压油

矿物基液压油是加入了抗氧化、耐高温添加剂的石油提炼物。矿物基液压油通常被染成红色，以便识别，因而又被称为红油。矿物基液压油适用氯丁橡胶密封件和软管，使用中注意不能与植物基和磷酸酯基液压油混合。矿物基液压油可燃，防火性能不好，主要用于起落架减震支柱和小型飞机的液压系统。

3.2.2.3　磷酸酯基液压油

磷酸酯基液压油为人工合成液压油，具有良好的防火、低温和高压性能，磷酸酯基液压油为浅紫色，对皮肤和眼睛有腐蚀作用，在使用中要做好防护措施，且容易从大气中吸收水分，因此必须密封储存。磷酸酯基液压油适用异丁橡胶密封件和软管。磷酸酯基液压油广泛用于现代运输机的液压系统。

3.2.3　液压系统使用注意事项

非正常的维护和操作会影响飞机液压系统的工作可靠性，甚至造成系统失效。因此在维护和操作液压系统的过程中，应避免加错或混用液压油，防止出现严重的泄漏、气穴和液压撞击等现象。

3.2.3.1　油液混合

由于不同种类液压油的成分不同，且不同的液压油适用于不同的密封件，因此不能混用。混用液压油会造成密封件失效，甚至造成系统失效。如果飞机液压系统加错了液压油，应立即放净并清洗系统，然后依照制造厂商的说明书对密封件进行处理。

3.2.3.2   泄漏损失

泄漏是指在液压系统工作过程中，油液从液压元件的密封间隙漏出的现象。液压系统泄漏分为外漏和内漏两种，油液从系统内部流到系统外部的泄漏称为外漏，油液从液压元件的高压腔流向低压腔的泄漏称为内漏。泄漏会降低液压传动效率，甚至造成液压系统失效。因此应认真检查液压系统的密封性能，避免出现严重的泄漏损失。

3.2.3.3   气穴现象

液压油溶解空气的能力与液压油的压力成正比，在液压系统低压管路中，如果某一处的压力低于空气分离压时，原来溶解于油液中的空气将分离出来形成大量气泡，若压力继续降到相应温度的饱和蒸汽压时，油液将沸腾汽化而产生大量气泡，这两种因油液压力降低而产生气泡的现象统称为气穴。

产生气穴现象后，一方面油液中含有大量气泡，造成油泵供油量减少，甚至油泵瞬间吸入的全是气泡，造成油泵供油中断，这种因气穴而使油泵供油量减少甚至中断的现象称为气塞；另一方面油液的流动特性变坏，造成流量不稳定，噪声增加。因此使用过程中液压油箱液面上方必须保持足够的压力，防止产生气穴现象。

3.2.3.4   液压冲击

液压系统在突然打开、关闭、变速或换向时，由于流动液体和运动部件惯性的作用，导致其动能向压力能的瞬间转变，使系统内瞬时形成很高的峰值压力，这种现象就称之为液压冲击。液压冲击会引起系统压力高频剧烈波动，可能对液压系统造成较大的损伤，在高压、高速及大流量的系统中其后果更严重。

一般来说液压冲击产生的峰值压力，可高达正常工作压力的 3~4 倍，液压系统中的很多部件如管道、仪表等会因受到过高的液压冲击力而遭到破坏；压力继电器会因液压冲击而发出错误信号，干扰液压系统的正常工作；液压系统在受到液压冲击时，还能引起液压系统升温，产生振动和噪声以及接头松动漏油，使压力阀的调整压力（设定值）发生改变。因此在操作液压系统时应柔和，避免造成液压冲击现象。

3.3   液压系统的典型元件及功用

液压系统的典型元件主要包括液压油箱、液压泵、液压油滤、蓄压器、作动筒、液压马达、流量控制阀、方向控制阀、压力控制阀等，本节主要介绍这些典型元件的工作原理及功用。

3.3.1   液压油箱

液压油箱的主要作用是存储液压油，并提供足够的气体空间用于保证液压油有足够的膨胀空间。液压油的泄漏、热胀冷缩效应以及工作系统油量需求的改变均会引起液压油箱内油量的变化。

　　为了防止在高空产生气穴现象,以提高供油的可靠性,油箱液面上方应该保证具有一定压力。对于低空飞行的飞机,大多数采用非增压油箱,整个飞行过程中液压油箱与大气直接相通,由于飞行高度不高,且液压泵供油流量不大,油箱与外界大气直接相通以达到增压的目的;对于高空飞行的飞机,如大中型运输机的液压油箱都是增压密封的,增压油箱有引气增压和自增压两种形式。

3.3.1.1　引气增压油箱

　　图 3-7 所示为引气增压油箱,供油管路接头连接油箱与液压泵,回油管路接头连接液压泵壳体及工作系统回油管路,增压空气接头用于连接油箱增压组件以实现油箱增压。油箱上有释压阀,用于释放过高的压力,保护油箱结构;在油箱的底部有放油阀,用于放空油箱油液,方便油箱维护;油箱内油量传感器的作用是将油箱内的油量信号输送到驾驶舱;在油箱上有目视指示器(有的飞机上是油量表),用于地面加油时指示油量;有些液压油箱还有低油量开关和温度传感器;隔板用于减弱油液晃动,保证连续可靠供油;散热片加快油液散热,防止油温过高;在有些飞机液压油箱上还有取样阀,用于提取液压油油样。在双泵液压源系统中,发动机驱动泵作为主泵,通往发动机驱动泵的供油管路在油箱中通常有一根立管,使得发动机驱动泵吸油口位置高于电动泵吸油口位置,这种设计可确保当发动机驱动泵供压管路发生严重泄漏时,仍能保存一部分油供电动泵使用,从而提高了系统供油的可靠性。

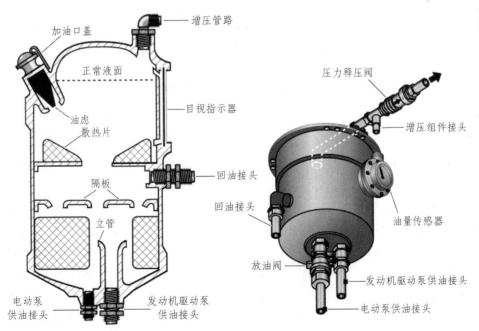

图 3-7　引气增压油箱内部构造

3.3.1.2　自增压油箱

图 3-8 为自增压油箱的工作原理图，当液压源工作时，压力组件输出的高压油液作用到动力活塞腔，产生向下的液压力，通过活塞连杆推动液压油箱增压活塞，增压活塞产生向下的作用力挤压油液，从而使油箱内的液压油增压。油箱增压压力的大小取决于增压活塞与动力活塞的有效工作面积的比值。如果两个活塞面积比为 50∶1，则当系统压力为 5 000 psi 时，油箱内油液压力为 100 psi。

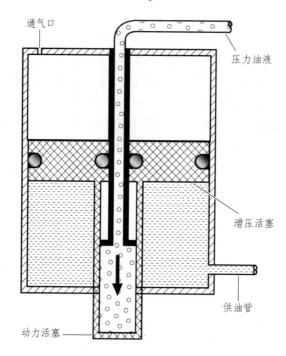

通气口

压力油液

增压活塞

供油管

动力活塞

图 3-8　飞机液压油箱自增压原理

3.3.2　液压泵

液压泵是液压系统的核心元件，其功用是从油箱中吸油并加压送入供压管路，将外部能源（人力、发动机、电动机、空气动力等）输入的机械能转换为油液的压力能。液压泵自身并不会产生压力，只有当油液的流动受到阻碍时，才会产生压力。如果液压管路中的阻力很小，则只需要很小的压力就能使油液流动；但是当油液流动阻力很大或流动被完全阻断时，油泵出口的压力就会迅速增大。液压泵都是依靠密封工作油腔的容积变化进行吸油和排油的，故一般称为容积式液压泵，简称容积泵。

液压泵种类繁多，可根据液压系统种类和动力源的情况选用。根据泵驱动动力的不同，可分为手摇泵、发动机驱动泵和电动泵等；根据液压泵结构和工作原理的不同，可分为齿轮泵、柱塞泵等；根据液压泵输出流量（转速一定的情况下）是否可调，又可划分为定量泵和变量泵两大类。齿轮泵一般为定量泵，适用于中低压系统；柱塞泵一般为变量泵，适用于高压系统，现代大中型民航客机液压系统中大多采用恒压变量控制的柱塞泵。

3.3.2.1 齿轮泵

齿轮泵是中低压液压系统广泛采用的一种液压泵，具有结构简单、体积小、质量轻、工作可靠、造价低廉以及对油液污染不太敏感等优点。如图 3-9 所示，外啮合齿轮泵作为一种典型的齿轮泵，结构上由壳体和一对齿轮（主动齿轮和从动齿轮）组成，此外还有轴承和密封装置等。两个齿轮封装于壳体内，其中主动齿轮由发动机通过花键轴驱动，顺时针转动，并通过啮合带动从动齿轮逆时针转动。随着两齿轮转动，吸油腔因轮齿连续脱开啮合，容积增大，形成局部真空，从油箱中将油液吸入，并随着齿轮的转动，吸油腔油液由齿腔（齿轮轮齿之间的容积腔）带到排油腔，排油腔因轮齿连续进入啮合，容积减小，将油液从出口挤出。齿轮每转一圈，每个齿腔完成一次吸油和排油。

外啮合齿轮泵转动一圈所排出的油液量取决于齿腔的大小，在油泵工作过程中，由于齿腔大小不能改变，因此齿轮泵属于定量泵。

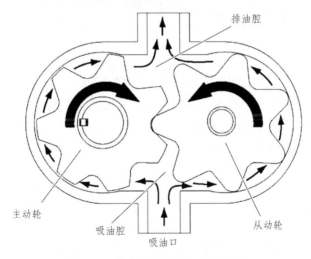

图 3-9　外啮合齿轮泵工作原理图

3.3.2.2 柱塞泵

柱塞泵广泛应用于现代运输机液压系统中，具有工作压力高、结构紧凑、效率高、流量调节方便等优点。如图 3-10 所示，斜盘式轴向柱塞泵作为一种典型的柱塞泵，结构上由缸体、斜盘、柱塞和配油盘等组成。驱动轴带动缸体旋转，缸体是个圆柱体，其上均匀地开有柱塞孔（一般有 7 个或 9 个），柱塞插入柱塞孔中，柱塞随缸体转动，并能在柱塞孔中伸缩。柱塞和滑靴的球铰加工后组成一个整体，滑靴可围绕柱塞的球头自由运动，滑靴的端面可由弹簧力、液压力或压紧环的作用而紧贴斜盘。当外部能源通过驱动轴驱动缸体转动时，由于斜盘和配油盘不能旋转，迫使柱塞随缸体转动的同时也在缸体内作往复运动，并通过配油盘的配油窗口进行吸油和排油。在柱塞从最低处向最高处转动范围内，柱塞逐渐向外伸出，使柱塞与柱塞孔之间的密封容积腔增大，通过配油盘的吸油窗口吸油；在柱塞从最高处向最低处转动范围内，柱塞被斜盘推入柱塞孔，使柱塞与柱塞孔之间的密封容积腔减小，通过配油盘的排油窗口排油。缸体每转动一周，每个柱塞各完成一次吸油和排油。

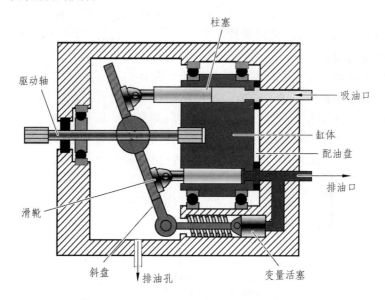

图 3-10 斜盘式轴向柱塞泵工作原理图

斜盘与缸体轴线倾斜一定角度，此夹角称为斜盘倾角，变量活塞通过改变斜盘倾角大小，就能改变柱塞行程的长度，从而改变液压泵的流量。当斜盘位于最大倾角位置时，油泵输出流量最大，当斜盘位于最小倾角位置时，油泵输出流量最小。因此柱塞泵属于变量泵。

3.3.3 液压油滤

在液压系统使用过程中，泵、阀门和其他附件在正常磨损中会产生细小的金属杂质，且油液中难免会混入一些外来污染物，金属杂质和污染物不仅会加速液压元件的磨损，擦伤密封件，而且会堵塞节流孔、卡住阀类元件，使元件动作失灵以至损坏，甚至造成整个液压系统失效。一般认为液压系统故障有 75% 以上是由于油液污染所致。因此，为了保证系统正常工作，提高其使用寿命，必须对油液中杂质和污物颗粒的大小及数量加以控制。在系统回路中一般采用油滤过滤油液中的机械杂质和污染物，保持液压油的高度清洁。

油滤主要由滤杯、滤芯和头部壳体组成，如图 3-11 所示。头部壳体用来连接机体结构和管路，滤杯用于安放滤芯，并将其固定到头部壳体上，拆卸滤杯后可更换滤芯。飞机液压系统油滤内部往往设有旁通阀和旁通指示装置，以增强供油可靠性并提高维护便利性。当油滤随着使用时间增长而逐渐被堵塞时，滤芯进口和出口压差增大，当压差增大到一定值时，旁通阀打开，确保下游油路的油液供应不中断。小型飞机一般采用旁通指示销指示油滤的旁通情况，提醒维护人员及时清洗或更换滤芯。大中型运输机一般通过驾驶舱中的油滤旁通指示灯指示油滤的旁通情况，如果飞行过程中油滤旁通指示灯被点亮，表明液压油滤已处于旁通状态，飞行员应做好相应的飞行记录。

　　常见的滤芯有 3 种类型：表面型滤芯、深度型滤芯和磁性滤芯。表面型滤芯的典型构造是金属丝编织的滤网，过滤能力较低，一般作为粗油滤安装在油箱加油管路上。磁性油滤依靠自身的磁性吸附油液中的铁磁性杂质颗粒，应用在发动机滑油系统管路中。在液压系统中，液压油滤广泛采用深度型滤芯，深度型油滤的特点是过滤介质的厚度较大，在整个厚度内都能吸收污物，深度型油滤的滤芯多为多孔可透性材料，其过滤介质有缠绕的金属丝网、烧结金属、纤维纺织物、压制纸等，但用得最广泛的是纸质滤芯。

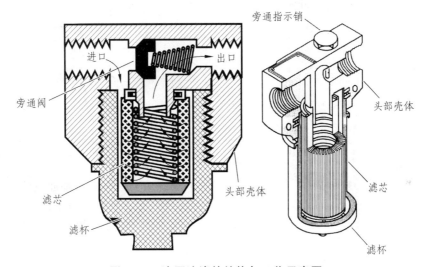

图 3-11　液压油滤的结构与工作示意图

3.3.4　蓄压器

　　蓄压器设置在液压系统的供压管路上，利用气体压缩吸收、储存能量，利用气体膨胀输出液压油。蓄压器主要分为活塞式、薄膜式和胶囊式三大类，如图 3-12 所示。蓄压器内部分别由浮动活塞、柔性隔膜、胶囊分为两个腔室。蓄压器两个腔室中，其中一个腔室充以预定压力的冷气（氮气），简称冷气室；另一个腔室与系统相通，简称油液室。当液压系统压力上升时，液压油推动活塞、柔性隔膜、胶囊向冷气室方向移动，压缩气体，直到气体压力与系统压力相等，这时气体储存了能量。系统压力降低时，气体推动活塞、隔膜、胶囊反向移动，向系统辅助供压。在 A380 飞机上采用了金属膜盒蓄压器，蓄压器安装于液压泵的出口管路，系统工作压力达到 5 000 psi。此种类型的蓄压器在制造工厂里已经预先充好氮气，因而不需要日常维护，其勤务工作只能在车间里进行。

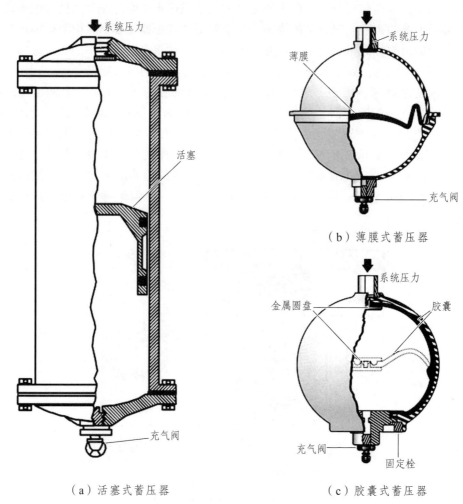

（a）活塞式蓄压器　　　　　　（c）胶囊式蓄压器

图 3-12　蓄压器类型

在飞机液压系统中，蓄压器的功用主要包括以下 4 个方面。

（1）储存一定的压力能，保证多个传动装置需要同时供压时的输出功率。传动部分工作时，蓄压器可在短时间内和液压泵一起向传动部分输送高压油，增大供油流量，保证供压输出功率。

（2）补偿系统油液内漏或外漏，延长定量泵系统中油泵的卸荷周期。在装有卸荷装置的供压部分中，油泵卸荷后蓄压器可向系统补充油液的泄漏，以延长油泵的卸荷时间，保证油泵卸荷的稳定性。

（3）作为辅助液压源或者应急液压源。当液压泵发生故障或因断电停止供压时，蓄压器可作为辅助压力源，驱动某些部件工作，如刹车蓄压器可以在液压泵不工作时，为停留刹车提供压力，也可以在所有液压系统失效时，为刹车系统提供压力。

（4）储压与供压可减小压力脉动。液压泵的流量脉动和传动部件的惯性将造成液压系统的压力脉动，以至影响执行机构的运动平稳性。当液压泵流量瞬时增加时，一部分油液充入蓄压器，压缩冷气，由于蓄压器内冷气容易压缩，而且体积较大、相对压缩量较小，所以这部分油液进入蓄压器所引起的压力变化很小；当液压泵流量瞬时变小时，蓄压器可输出一部分油液，同理，这时压力变化也很小。

3.3.5 液压作动筒和液压马达

液压作动筒和液压马达作为液压系统传动部分的执行机构，其功用是将油液的液压能转换为机械能，驱动部件传动。作动筒可用于传动起落架收放、刹车和飞行主操纵面等；液压马达常用于传动襟翼收放或驱动应急液压泵等。

3.3.5.1 作动筒

作动筒是将油液的压力能转换为机械能的装置，使被传动部件往复直线运动。作动筒的传动力取决于液压压力和活塞有效面积的大小，传动速度取决于流量和活塞有效面积的大小，其基本类型包括单作用式、双作用单活塞杆式（双向单杆式）和双作用双活塞杆式（双向双杆式）3种类型。

如图3-13（a）所示，单作用式作动筒的活塞在液压作用下只能向一个方向运动，另一个方向运动依靠弹簧恢复力实现。单作用式作动筒常用做刹车作动筒。当刹车时，液压油迫使活塞伸出将刹车盘紧压在一起实施刹车；当松开刹车时，弹簧恢复力将刹车作动筒复位，从而解除刹车。

如图3-13（b）所示，双作用单活塞杆式（双向单杆式）在液压作用下能推动部件作往复运动。因为仅一侧有活塞杆，所以活塞两侧有效面积不同。无活塞杆一侧有效面积为活塞端部面积，而有活塞杆一侧有效面积为活塞端部面积减去活塞杆截面积。当作动筒两腔分别输入相同压力和流量的油液时，活塞往复运动的传动力不同，传动速度也不同。这种作动筒常用于收放起落架。

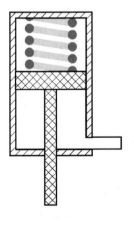 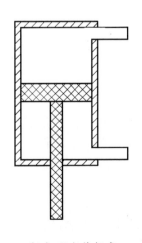 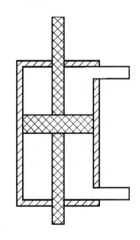

（a）单作用式　　　　　　（b）双向单杆式　　　　　　（c）双向双杆式

图3-13　作动筒基本类型

如图 3-13（c）所示，双作用双活塞杆式（双向双杆式）在液压作用下能推动部件作往复运动。活塞两侧有效工作面积相同，因此活塞在两个方向上所产生的传动力和传动速度均相同，主要应用于要求两个方向的传动力和传动速度相等的传动，如飞行操纵和前轮转弯操纵。

3.3.5.2　液压马达

液压马达是将液压能转换成旋转形式机械能的液压元件，即输入一定压力和流量的油液，转换成一定扭矩和转速的旋转运动。液压马达的扭矩和转速取决于它的工作容积、输入压力和流量。即工作容积越大，输入压力越高，它的扭矩就越大；工作容积越小，输入流量越多，它的转速就越高。如图 3-14 所示，液压马达的分类和结构与液压泵基本上相同，几乎所有的液压泵在理论上都可以作为液压马达使用，但由于液压和机械效率方面的某些原因，并非所有的液压泵都能作液压马达使用，例如液压泵通常是单向转动，而液压马达往往需要双向转动，因此在结构上又略有不同。现代民航飞机的后缘襟翼、前缘装置和水平安定面等一般由液压马达驱动。

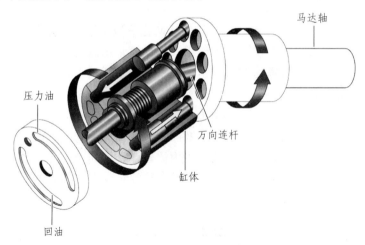

图 3-14　液压马达工作原理

3.3.6　流量控制阀

流量控制阀简称流量阀，主要用来调节和控制流量，以满足对执行元件不同运动速度的要求。从原理上讲，流量阀以节流阀为基础，通过改变阀口流通面积，以达到控制流量的目的。常用的流量阀有节流阀、流量放大器等。

3.3.6.1　节流阀

节流阀的功用是使油液流量减小，且在节流孔前后形成压力差。节流阀在系统中主要起双向缓冲作用，如图 3-15 所示，飞机液压系统中，将节流阀装在压力表传感器之前，以消除压力脉动对压力表指示的影响。

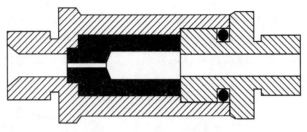

图 3-15 普通节流阀

3.3.6.2 流量放大器

流量放大器用于工作系统所需的流量比供压系统输出流量大的情况，如某些飞机的刹车系统。图 3-16 所示为流量放大器结构原理图，一定流量的油液经进油口进入小活塞上腔，推动活塞向下移动；大活塞将下腔油液供向工作系统。由于大活塞面积较大，所以输出流量大于输入流量，放大倍数为大活塞面积与小活塞面积的比值。

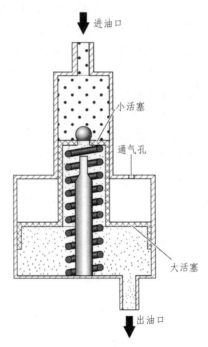

图 3-16 流量放大器

3.3.7 方向控制阀

方向控制阀主要用于控制油路通断和切换油液流动方向，从而对执行元件的启停和运动方向进行控制，按其用途可分为单向阀和换向阀。

3.3.7.1 单向阀

单向阀的功用是使油液只能单向流动，即沿一个方向自由流通，而在相反的方向上则不允许流通。因而要求在流通方向上阻力要小，而在反方向上将油液阻断得很彻底（即密封性要好）。图 3-17 所示为球阀式单向阀，液压油由单向阀的进口流入，油液压力迫使球阀离开阀座压缩弹簧，球阀打开；油液若停止流动或反向流动，弹簧恢复力使球阀回到阀座上，球阀关闭。

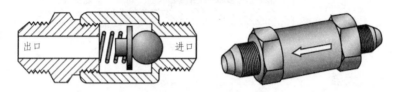

图 3-17　普通单向阀

3.3.7.2　换向阀

换向阀利用阀芯在阀体内的相对运动来改变通油口的连通，使油液连通、关闭或变换流动方向，从而使执行元件启动、停止或变换运动方向。换向阀通常用于控制执行元件（作动筒或液压马达）的运动方向，当压力油流入作动筒的一个腔室时，则作动筒的另一个腔室通回油。换向阀通过转换通油口的进油和回油，以改变作动筒的运动方向。典型换向阀的一个通油口是与系统压力油路连通，作为液压的输入端，阀门的第二个通油口与系统的回油管路相连通，使油液回到油箱，换向阀另外的接头通过管路分别连接到作动筒的左、右通油口上。换向阀的通油口数目取决于其在系统中的需求，飞机液压系统中常用的换向阀有 4 个通油口。换向阀按其运动形式分为转阀和滑阀两类。

图 3-18 为转阀式换向阀的换向原理图，它是利用阀芯相对阀体的转动来变换油液的流向。当转阀位于关断位时〔见图 3-18（a）〕，4 个通油口均封闭，油泵出口油液经安全阀返回油箱；当转阀位于左位时〔见图 3-18（b）〕，压力油口接通作动筒左通油口，回油口接通作动筒右通油口，作动筒活塞向右运动；当转阀位于右位时〔见图 3-18（c）〕，压力油口接通作动筒右通油口，回油口接通作动筒左通油口，作动筒活塞向左运动。

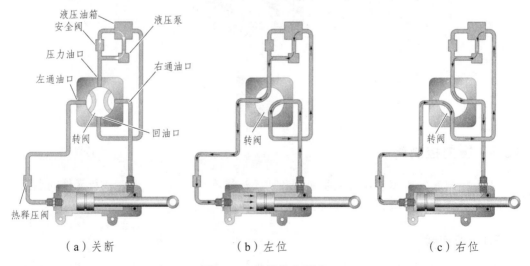

（a）关断　　　　　　　　　（b）左位　　　　　　　　　（c）右位

图 3-18　转阀换向原理

图 3-19 所示为滑阀式换向阀的换向原理图,它是利用阀芯相对阀体的轴向滑动来变换油液的流向。阀芯是由其两端密封腔中油液的压差来移动的。如图 3-19(a)所示,当左右两个电磁阀都断电时,左右电磁活塞都在关闭位,压力油液经电磁阀通向滑阀左右腔,滑阀位于中立位,作动筒两个腔都通回油管路;如图 3-19(b)所示,当右电磁阀通电时,右电磁活塞打开,滑阀右腔接通回油管路,而滑阀左腔还是接通压力管路,压差使滑阀开始向右移动,作动筒左腔接通压力管路,作动筒右腔接通回油管路,作动筒活塞向右运动。反之,作动筒活塞向左运动。

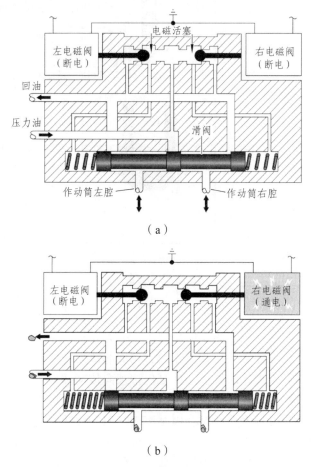

（a）

（b）

图 3-19　滑阀换向原理

3.3.8　压力控制阀

压力控制阀是指利用作用于阀芯上的液压力与弹簧力相平衡来控制系统的压力。根据作用不同,飞机液压系统中常见的压力控制阀包括安全阀和卸荷阀。

3.3.8.1　安全阀

如图 3-20 所示,安全阀是依靠作用在阀芯上的油液作用力直接与调压弹簧初始张力相平衡，以控制阀芯的启闭动作。当系统压力小于一定值时，阀芯上的油液作用力小于调压弹簧预加张力，阀门处在关闭位置。当系统压力超过预定的最大压力值时，阀芯上的油液作用力足以克服弹簧张力时，油液即可顶开阀芯流回油箱。通过拧动调节螺钉可以改变调压弹簧的预加张力，从而调校阀芯的打开压力。

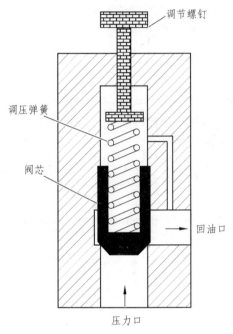

图 3-20   安全阀

3.3.8.2   卸荷阀

对于采用发动机驱动泵供压的液压系统，只要发动机工作，液压泵也就不停地工作，然而液压系统各传动部分并不是持续工作的，例如起落架收放系统只是在起飞着陆阶段间歇工作。当传动部分不工作时，如果油泵仍持续向传动部分供入油液，势必会造成系统压力一直增大，最终造成液压系统损坏。虽然系统压力可以由专门的调压装置（如安全阀）来控制，但油液流过安全阀时会因摩擦而升温，油液黏度变小甚至分解变质，造成液压泵磨损加剧，此外还无益地消耗了发动机的功率。因此，在传动部分不工作时，液压泵的输出功率应尽可能地小；而传动部分工作时，要求液压泵的输出功率尽可能地大，两者之间是有矛盾的。解决上述矛盾的基本方法是，在传动部分不工作时，使油泵的输出功率处于最小状态，即把液压泵的输出流量或出口压力减小到最低限度，这种方法叫做液压泵卸荷。

现代运输机液压系统一般采用恒压变量控制的柱塞泵供压，恒压变量柱塞泵是通过变量活塞将泵输出压力与额定压力（弹簧力）相比较，根据其差值改变供油量，从而保持泵的输出压力为额定压力，在传动部分不工作时，变量泵出口流量近似为零，从而实现变量泵自动卸荷。

小型飞机液压系统一般采用定量泵供压，在传动部分不工作时，流量不会自动降低，因此只有通过使液压泵出口压力降低到最小限度来实现定量泵卸荷。定量泵有 3 种卸荷方式，一种是通过卸荷阀实现定量泵卸荷，另一种是通过中位开口换向阀实现定量泵卸荷，对于采用电动定量泵供压的液压系统，还可以采用给电动泵断电的方式实现油泵卸荷。

1. 卸荷阀卸荷回路

卸荷阀卸荷原理是指在传动部件不工作时给泵提供一个空转回路，使油泵处于最小功率消耗状态，并保证系统工作压力始终处于一定范围内。如图 3-21 所示，卸荷阀由阀体、阀芯及弹簧构成，有"供压"和"卸荷"两种工作状态。如图 3-21（a）所示，当系统压力下降到规定工作压力范围的下限时，阀芯在弹簧力作用下将上部锥形阀关闭，阻断泵与回油路的通道，使泵输出的油流向系统供压，系统压力升高，即为"供压"状态；如图 3-21（b）所示，当系统压力达到规定工作压力范围的上限时，阀芯在系统压力作用下向上移动，克服弹簧力，顶开锥形阀，将泵输出油液接入回油路，同时单向阀关闭，系统保持压力，而油泵出口压力近似为零，此时泵处于"卸荷"状态，从而减小泵的功率消耗。在定量泵卸荷期间，系统压力可由蓄压器维持。一旦由于泄漏或传动部件运动，导致系统压力降低至工作压力范围的下限时，卸荷阀又进入"供压"状态。如此循环，使系统压力始终保持在规定的范围之内。在工作系统不工作的情况下，卸荷阀从打开到关闭的间隔时间称为系统的卸荷保持时间，简称卸荷时间，卸荷时间的长短取决于蓄压器的初始充气压力以及系统的泄漏量。

液压系统卸荷时间过短或者频繁卸荷的主要原因是蓄压器初始充气压力不正常和系统的内漏、外漏严重。当蓄压器初始充气压力偏高或偏低时，其卸荷压力范围内的可用储油量较少，所以容易引起液压系统的频繁卸荷。而如果系统的内漏和外漏严重，同样会导致系统频繁卸荷。

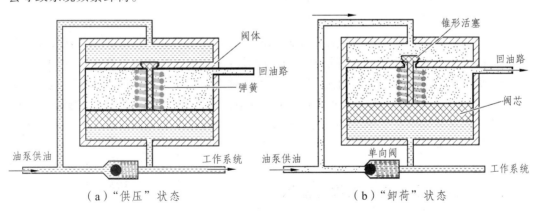

（a）"供压"状态　　　　　　　　　　　（b）"卸荷"状态

图 3-21　卸荷阀

2. 中位开口换向阀卸荷回路

中位开口换向阀卸荷是指传动部件不工作时，油泵出口油液经换向阀中立位通道直接返回液压油箱，系统压力近似为零，油泵消耗功率最小。如图 3-22（a）所示，系统工作时，把换向阀扳到某一工作位置，来油路便与作动筒的一端相通，油液经换向阀进入作动筒，推动活塞，并通过活塞杆带动部件，在传动过程中，活塞另一边的油液被挤出，经过换向阀流回油箱；当活塞运动到左极限位置时，即完成传动之后，油泵还在不停地输送油液，人工或自动方式操作对应的换向阀回到中立位，如图 3-22（b）所示，油泵出口油液经换向阀中立位通道返回油箱，油泵出口压力近似为零，使油泵处于最小功率消耗的卸荷状态。为确保换向阀失效时系统的安全性，在输油管路上装有安全阀。

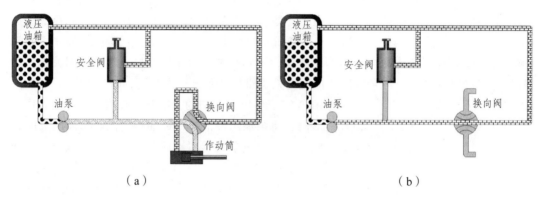

（a） （b）

图 3-22 中位开口换向阀卸荷回路

3. 电动泵断电

对于某些采用电动齿轮泵供压的单源液压系统，在传动部件不工作的飞行过程中，可以通过给电动泵断电的方式实现油泵的卸荷。

3.4 液压源系统的工作与指示

液压源的作用是向用压系统提供增压的液压油，以进行助力操纵。飞机液压系统根据独立的液压源系统的数量可划分为单源液压系统和多源液压系统，所谓独立的液压源系统是指每个液压源都有单独的液压元件，可以独立向工作系统供压。小型飞机一般采用单源系统，即飞机上只有一个单独的液压源系统，主要用于起落架收放、襟翼收放等。为了确保液压系统供压安全可靠，大中型运输机一般采用多源液压系统，即飞机上有多个独立的液压源系统。

3.4.1 单源液压系统的工作与指示

图 3-23 所示为用于起落架收放的单源液压系统。当起落架收放手柄置于"放下"位时，电动齿轮泵开始工作，压力油液经换向阀进入起落架收放作动筒放下管路，同时单向阀活塞右移顶开单向阀使收上管路回油，从而传动起落架放下。当起落架放下锁好后，放下管路压力逐渐升高，当压力达到低压单向阀打开压力时，电动泵出口油液直接经低压单向阀流回油箱。当起落架收放手柄置于"收上"位时，电动齿轮泵开

始反向工作，压力油液经单向阀进入起落架收放作动筒收上管路，同时换向阀活塞右移使放下管路回油，从而传动起落架收上。当起落架收上锁好后，收上管路压力逐渐升高，当压力达到一定值时，压力电门断开电动泵停止供压（油泵卸荷），单向阀关闭而形成的液压锁将起落架锁在收上位，飞行过程中收上腔压力低于一定值时，压力电门重新接通电动泵供油。当压力电门故障不能断开电动泵导致收上管路压力达到高压单向阀打开压力时，高压单向阀打开使油泵出口油液直接流回油箱。热释压阀用于防止温度升高使系统管路压力过高。前起落架收放作动筒节流阀用于前起落架收放和舱门开关的顺序控制。当正常放起落架失效时，拉出应急放下手柄打开应急放下阀，解除收上管路液压锁，起落架在重力作用下放下，某些小飞机还可以采用手摇泵应急放起落架。由于单源液压系统组成简单，驾驶舱中一般没有液压指示系统，某些飞机在驾驶舱安装了油泵工作指示灯。

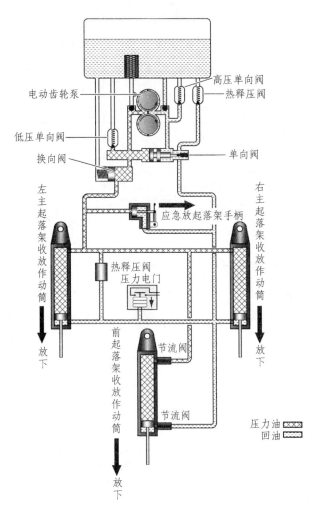

图 3-23　单源液压系统基本组成

3.4.2 多源液压系统的工作与指示

现代运输机常采用多源液压系统，每个液压源有单独的液压元件，可独立供压，并采用多通道控制，而且向着高压、大功率、高可靠性与计算机控制的方向发展，对保证飞行安全起着重要的作用。表3-2为几种民航客机上的液压源系统和液压泵的数量。

表 3-2 常见民航客机的液压源系统液压泵分配情况

机 型	工作压力/psi	液压源系统		
		A 液压系统	备用液压系统	B 液压系统
B737NG	3 000	EDP（1） EMDP（1）	EMDP（1）	EDP（1） EMDP（1）
		左液压系统	中央液压系统	右液压系统
B777	3 000	EDP（1） EMDP（1）	EMDP（2） ADP（2） RATP（1）	EDP（1） EMDP（1）
		左液压系统	中央液压系统	右液压系统
B787	5 000	EDP（1） EMDP（1）	EMDP（2） RATP（1）	EDP（1） EMDP（1）
		绿液压系统	蓝液压系统	黄液压系统
A320	3 000	EDP（1）	EMDP（1） RATP（1）	EDP（1） EMDP（1） HP（1）
		绿液压系统	蓝液压系统	黄液压系统
A330	3 000	EDP（2） EMDP（1） RATP（1）	EDP（1） EMDP（1）	EDP（1） EMDP（1） HP（1）
		绿液压系统		黄液压系统
A380	5 000	EDP（4） EMDP（2）		EDP（4） EMDP（2）
EDP—Engine Driven Pump EMDP—Electric Motor Driven Pump RATP—Ram Air Turbine Pump		PTU—Power Transfer Unit ADP—Air Driven Pump HP—Hand Pump		

图 3-24 所示为 B737NG 飞机液压源系统，A 系统、备用系统、B 系统 3 个独立的液压源可确保供压安全。3 个液压源的油箱均位于主轮舱区域，A 和 B 系统油箱采用

引气增压，备用系统油箱采用与 B 系统油箱相连的方式增压。A 和 B 系统各有一个发动机驱动泵和电动泵，A 系统的发动机驱动泵由 1 号发动机驱动，A 系统的电动泵由 2 号发动机带动的发电机供电，B 系统的发动机驱动泵由 2 号发动机驱动，B 系统的电动泵由 1 号发动机带动的发电机供电，交叉提供动力可确保单发时供压安全；备用系统只有一个电动泵。当 B 系统发动机驱动泵出口压力低于一定值时，动力转换组件控制阀打开，A 系统液压驱动动力转换组件中的液压马达转动，液压马达带动泵转子转动，从 B 系统油箱吸油加压供给自动缝翼系统。连接 A 系统和备用系统油箱的手摇泵用于地面向油箱加注液压油。某些飞机还采用了空气驱动泵和冲压空气涡轮泵供压，空气驱动泵由气源系统的引气驱动，冲压空气涡轮驱动泵由冲压空气驱动，用于提供应急动力源以作动飞行操纵系统，也可以作为应急电力源。压力组件位于液压泵出口压力管路，过滤及分配泵出口液压油到各用压系统；回油组件位于回油管路，过滤及引导返回油箱的油液。A、B 系统油箱有一个向油泵供油的竖管，如果供压管道中出现漏油，油液也只能漏到竖管的顶端位置，剩余油量可满足电动泵、动力转换组件的工作。

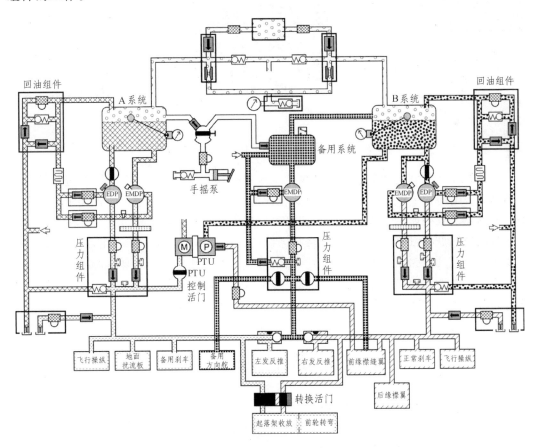

图 3-24　B737NG 飞机液压源系统

为了便于飞行员控制，以及监控飞机液压系统的工作状态，现代运输机在驾驶舱都配置了液压控制和指示系统，主要用于控制油泵的工作和监控油箱内的油量、系统工作压力、油液温度等，低油量、低油压、超温警告通常采用灯光/音响/屏显等方式进行报警。图 3-25 所示为 B737NG 飞机液压控制与指示系统。

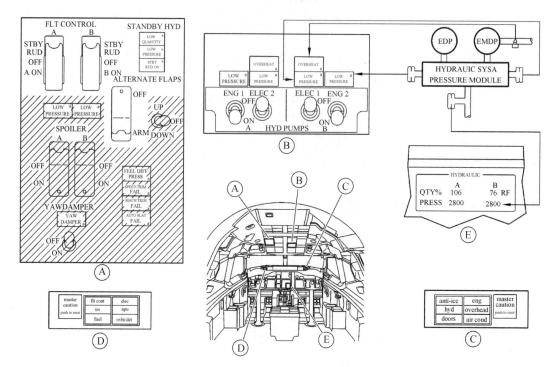

图 3-25　B737NG 飞机液压控制与指示系统

发动机驱动泵和电动泵电门控制泵的卸荷状态，电门置于"开"位时泵进行供压或自动卸荷，电门置于"关"位时油泵即为人工卸荷状态。A、B 系统液压油箱中的电容式油量传感器为驾驶舱油量指示器提供信息源。当备用系统油箱油量过低时，飞行控制面板上备用油箱低油量警告点亮。飞机液压系统压力传感器位于油泵压力组件单向阀下游，感受多个油泵共同为系统提供的压力。油泵低压警告传感器位于油泵压力组件单向阀上游，感受每个油泵出口压力过低的状况。通常由安装在电动泵壳体上和油泵壳体回油管路上的温度传感器感受油温过高的状况。

思　考　题

1. 飞机液压系统的功能是什么？
2. 现代运输机多源液压系统的供压对象有哪些？
3. 简述飞机液压传动的工作原理。
4. 按组成系统的分系统功能划分，飞机液压系统回路可分为哪几个部分？
5. 航空液压油的性能要求包括哪些？

6. 航空液压油包括哪 3 种？

7. 3 种航空液压油的组成、毒性、颜色、抗燃性、适用密封圈及应用情况各是什么？

8. 飞机液压系统在使用过程中的注意事项包括哪些？

9. 飞机液压系统的典型元件包括哪些？每个液压元件的功用是什么？

10. 飞机液压油箱增压的目的是什么？有哪几种方法可达到油箱增压的目的？

11. 蓄压器的功用是什么？包括哪几种类型？

12. 多源液压系统中压力组件和回油组件的功用是什么？

13. 多源液压系统的控制与指示包括哪些？

4 飞机飞行操纵系统

4.1 飞机飞行操纵系统概述

飞行操纵系统是飞机上用来传递飞行员的操纵指令、传动操纵面运动的所有部件和装置的总和，用于控制飞行姿态、气动外形和乘坐品质。飞行操纵系统包括主操纵系统和辅助操纵系统。主操纵系统包括横侧操纵、偏航操纵和俯仰操纵，用于操纵飞机绕机体坐标系的三轴旋转，改变或保持飞机的飞行姿态，保证飞机的操纵性与稳定性；辅助操纵系统包括配平操纵、增升装置操纵、扰流板操纵，用于减小或消除飞行主操纵力，改善起飞着陆性能，提高飞机的飞行性能。此外，飞行操纵系统还配置有飞行警告系统，飞行警告系统包括起飞警告和失速警告，用于当飞机处于不安全起飞或飞行状态时，向飞行员发出警告信号。飞行操纵系统是飞机的重要组成部分，其工作是否正常可靠，直接影响到飞机的飞行安全和性能。

4.1.1 飞行操纵系统的组成

根据远距离传动的特点，飞行操纵系统由操纵机构、传动机构和驱动装置、操纵面3 部分组成。

传动机构或装置主要用于传递操纵指令，驱动操纵面偏转，将操纵机构与操纵面连接起来。在无助力飞行主操纵系统中，传动是由一些机械机构来完成的，称为传动机构；而在助力式飞行主操纵系统中，除了机械传动机构之外，还包括操纵面驱动装置、操纵力感觉装置及飞行控制计算机等。

操纵面安装于机翼和尾翼上，通过偏转改变机翼、尾翼的气动特性，以达到操纵飞机的目的。操纵面按功能分为主操纵面（舵面）和辅助操纵面两大类，现代民用运输机的操纵面布局如图 4-1 所示，主操纵面包括副翼、升降舵和方向舵。副翼铰接于两边机翼外侧的后缘，两侧副翼反向偏转时产生对飞机纵轴的力矩，即横滚力矩，实现对飞机的横侧操纵，并与方向舵配合使飞机协调转弯。升降舵铰接于水平安定面之后，升降舵上下偏转时产生对飞机横轴的力矩，即俯仰力矩，实现对飞机的俯仰操纵，某些小型飞机将水平安定面和升降舵做成整体，称为"全动平尾"，主要目的是提高俯仰操纵的效率。方向舵铰接于垂直安定面之后，方向舵左右偏转时形成对飞机立轴的力矩，即偏航力矩，实现对飞机的方向操纵。辅助操纵面包括前缘襟翼、前缘缝翼、后缘襟翼和扰流板，前缘襟翼、前缘缝翼、后缘襟翼分别铰接于机翼前缘内侧、机翼前缘外侧、机翼后缘内侧，操纵其放下用于改善飞机起降性能，扰流板对称地分布在两侧机翼上表面，操纵其升起用于改善飞机飞行性能。

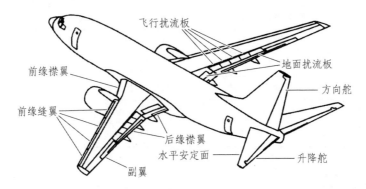

图 4-1 现代民用运输机的操纵面布局

操纵机构指在驾驶舱中接收飞行员操纵指令的部件，包括主操纵机构和辅助操纵机构。主操纵机构包括驾驶盘/侧杆和脚蹬。民用飞机主操纵机构一般为并列式双操纵，即左、右驾驶盘以及左、右脚蹬是联动的，正常情况下只允许一人操纵。左右转动驾驶盘/侧杆操纵飞机横滚，前后推拉驾驶盘/侧杆操纵飞机俯仰，横侧和俯仰操纵要求互不干扰；蹬左右脚蹬除了操纵飞机偏航外，在地面还可操纵前轮转弯，向下踩脚蹬对主轮实施刹车。辅助操纵机构包括配平手轮或电门、襟翼操纵手柄或电门、扰流板操纵手柄。不同类别的飞机，其辅助操纵机构的位置和形式存在差异。配平手轮或电门用于飞行主操纵系统的配平操纵，襟翼操纵手柄或电门用于增升装置的收放操纵，扰流板操纵手柄用于扰流板操纵。B737NG 驾驶舱操纵机构布局如图 4-2 所示，表 4-1 为操纵面的基本功能及对应的操纵机构。

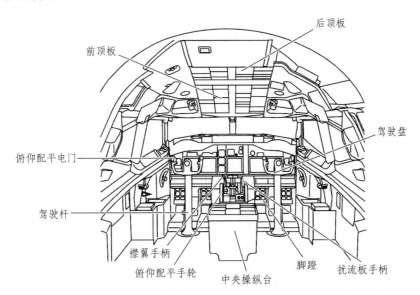

图 4-2 B737NG 驾驶舱操纵机构布局

表 4-1　操纵面的基本功能及对应的操纵机构

飞行操纵系统	主要功能	操纵面	操纵机构
主操纵系统	横侧操纵	副翼	驾驶盘/侧杆
	俯仰操纵	升降舵或全动平尾	
	偏航操纵	方向舵	脚蹬
辅助操纵系统	配平操纵	配平调整片、可调水平安定面	配平手轮或电门
	增升操纵	襟翼、缝翼	襟翼手柄
	增阻和卸升操纵	飞行/地面扰流板	扰流板手柄

4.1.2　飞行主操纵原理

如图 4-3 所示，飞行主操纵的基本原理是操纵主操纵面偏转，产生与偏转方向反向的附加气动力，形成绕机体坐标系的纵轴、横轴和立轴的转动力矩，从而改变飞机的横侧、俯仰和偏航姿态。

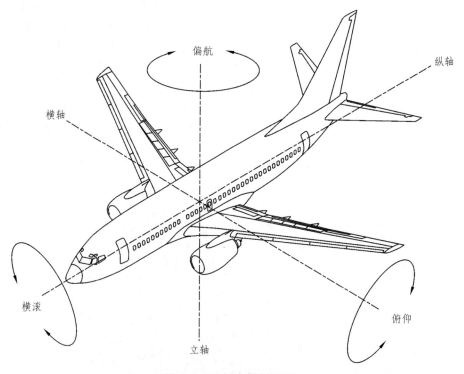

图 4-3　飞行主操纵原理

（1）横侧操纵。左右转动驾驶盘可操纵两侧副翼反向偏转。当向左转驾驶盘时，左侧副翼向上偏转，同时右侧副翼向下偏转，从而导致左侧机翼的升力减小，而右侧机翼的升力增大，形成绕纵轴的左滚力矩，使飞机向左滚转；当向右转驾驶盘时，右侧副翼向上偏转，同时左侧副翼向下偏转，从而导致右侧机翼的升力减小，而左侧机翼的升力增大，形成绕纵轴的右滚力矩，使飞机向右滚转。

（2）俯仰操纵。前后推拉驾驶盘可操纵升降舵偏转。当前推驾驶盘时，升降舵向下偏转，向上的附加气动力作用于升降舵上，形成绕横轴的低头力矩，使飞机低头；当后拉驾驶盘时，升降舵向上偏转，向下的附加气动力作用于升降舵上，形成绕横轴的抬头力矩，使飞机抬头。

（3）偏航操纵。左右蹬脚蹬可操纵方向舵偏转。当向前蹬左脚蹬时（右脚蹬向后运动），方向舵向左偏转，向右的附加气动力作用于方向舵上，形成绕立轴的左偏力矩，使飞机向左偏航；当向前蹬右脚蹬时（左脚蹬向后运动），方向舵向右偏转，向左的附加气动力作用于方向舵上，形成绕立轴的右偏力矩，使飞机向右偏航。

4.1.3 飞行主操纵力

主操纵力即驾驶员进行主操纵时施加在主操纵机构上的力。图 4-4 为俯仰操纵系统示意图，当向后拉盘时，升降舵上偏所产生的附加气动力 $\Delta Y_舵$ 对转轴（铰链）形成顺时针的枢轴力矩 $M_{枢轴}$，也称为铰链力矩，该力矩会使升降舵回到中立位置，为了使升降舵保持在偏转位置，驾驶员必须在驾驶盘上施加相应的主操纵力 P，且该力传递到升降舵上所产生的操纵力矩必须与枢轴力矩相等。由空气动力学理论可知，作用于舵面上的气动力随舵面尺寸、飞行速度和舵偏角的增大而增大，而随飞行高度的增大而减小。因此，在其他条件一定时，主操纵力也随舵面尺寸、飞行速度和舵偏角的增大而增大，随飞行高度的增大而减小。

主操纵力的大小直接影响飞行员对飞机实施操纵的安全性和有效性。主操纵力太小，则难于准确地控制操纵量，易造成操纵过量而导致飞机姿态失控；主操纵力太大，会增加驾驶员的操纵负荷，甚至不能达到操纵要求。所以，飞机设计时，一般都根据飞行姿态及舵面所受气动载荷的具体情况，采取相应措施将主操纵力限制在一定范围内。

辅助操纵面一般采用助力（液压、电力）装置驱动，驾驶员只需要通过辅助操纵机构向助力装置发出操纵信号，因此驾驶员施加在辅助操纵机构上的力较小。由于驱动装置本身的特点，当辅助操纵面被操纵到需要的位置后，不会在空气动力作用下返回到原来的位置，并且该力不随舵面所受气动载荷的大小而变化，驾驶员也不需要通过该操纵力大小的感觉来驾驶飞机。

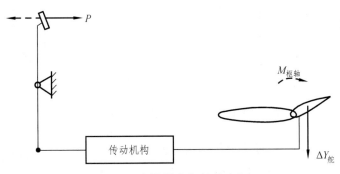

图 4-4 主操纵力与枢轴力矩

4.1.4 飞行主操纵系统类型

根据主操纵面驱动动力的来源不同，现代飞机主操纵系统可分为无助力机械式主操纵系统和助力式主操纵系统。

小型低速飞机主操纵面尺寸较小，飞行速度较低（小于 500 km/h），主操纵面偏转时的气动载荷较小，驾驶员体力足以克服主操纵面气动载荷来操纵飞机。因此，大多数的通用航空类飞机，如 TB20、CESSNA172R、SR20 等，其主操纵系统均采用无助力机械式飞行主操纵系统，一些中型飞机的备用主操纵系统也采用这种形式。如图 4-5 所示，无助力机械式主操纵系统依靠人力驱动飞机主操纵面偏转，驾驶员发出的操纵信号及施加在主操纵机构上的主操纵力由机械传动机构传递至主操纵面，主操纵面所承受的气动力也通过机械传动机构反传回主操纵机构，给驾驶员提供操纵感觉力。

图 4-5　无助力机械式主操纵系统

随着飞机尺寸、重量的增大，以及飞行速度的增加，作用在主操作面上的气动载荷急剧增加，单凭驾驶员体力难以操纵飞机，必须借助其他动力源帮助飞行员对主操纵面实施操纵，通常利用除驾驶员体力以外的能源（如气动助力、液压助力、电动助力或它们的组合）帮助或代替驾驶员体力操纵舵面。目前，现代民用运输机广泛采用液压助力式主操纵系统，如图 4-6 所示，它是在无助力机械式主操纵系统的基础上增加了液压助力器，主操纵信号通过机械传动机构或电信号传递至液压助力器，由液压助力器提供的输出力驱动舵面偏转，为了使驾驶员能够在主操纵机构上获得适当的操纵感觉力，在系统中增加了操纵力感觉装置，为驾驶员提供人工模拟的操纵感觉力。

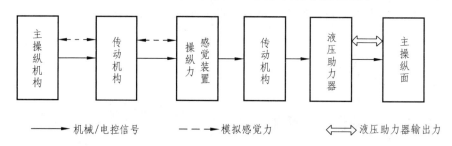

图 4-6　液压助力式主操纵系统

根据主操纵机构向液压助力器传递信号的方式，液压助力式主操纵系统又可分为液压助力机械式主操纵系统和电传操纵系统。

1. 液压助力机械式主操纵系统

如图 4-7 所示，液压助力机械式主操纵系统是指主操纵信号通过机械传动机构传递至液压助力器，由液压助力器提供的输出力驱动舵面偏转。目前多数大、中型民用运输机，如 B737、B747、B757、B767、DC-10、MD-11、A300 等，均采用此种形式的主操纵系统。

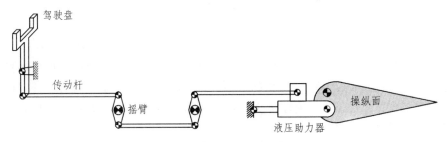

图 4-7　液压助力机械式主操纵系统

2. 电传操纵系统

如图 4-8 所示，电传操纵系统是把飞行员发出的操纵指令转换为电信号并与飞机运动传感器反馈的信号综合，经飞行控制计算机处理，把控制指令通过电缆输送给操纵面液压助力器，从而实现对操纵面驱动控制的系统。采用电传操纵后，飞行的自动化程度大大提高，驾驶员从直接操纵者转变为监控者和管理者，大大降低了驾驶员的工作负荷，提高了飞行安全性。目前采用电传操纵的民用运输机有 A319，A320，A321，A330，A340，A380，A350 和 B777，B787 等。

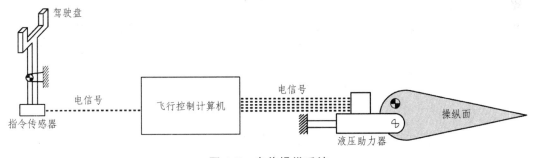

图 4-8　电传操纵系统

4.2　无助力机械式主操纵系统

操纵无助力机械式主操纵系统飞机时，飞行员通过操纵机构发出的操纵信号及施加的主操作力通过机械传动机构传至主操纵面，并作动主操纵面偏转；主操纵面枢轴力矩通过机械传动机构反传到主操纵机构，由飞行员施加的主操纵力来平衡。无助力机械式主操纵系统的传动机构用于恰当地连接主操纵机构和主操纵面，以保证正确的操纵关系和良好的操纵特性，这种主操纵系统的操纵灵敏性、准确性和安全性在很大程度上取决于传动机构工作性能的好坏。此外，无助力机械式主操纵系统通常还设置有舵面锁定装置和气动补偿装置。

4.2.1　机械传动机构的形式

机械传动机构的形式分为硬式传动机构、软式传动机构及二者组合的混合式传动机构。

4.2.1.1　硬式传动机构

硬式传动机构包括传动杆、导向滑轮、摇臂等，其特点是单条传动路线即可实现双向传动。如图 4-9 所示为 TB200 飞机的副翼操纵系统，该操纵系统由传动杆、摇臂等硬式传动机构组成。硬式传动具有刚度大、操纵灵敏性好等优点，但其质量相对较大、所需空间大、不易绕过机内设备。

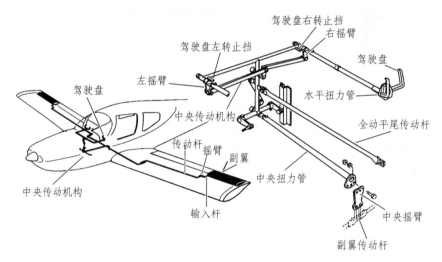

图 4-9　TB200 飞机的副翼操纵系统

1.　传动杆

传动杆一般用铝合金管或钢管制成，为防止其失稳或与机体产生共振，其长度一般不超过 2 m。如果必须使用长杆，则应在长杆中间加导向滑轮。如图 4-10 所示，传动杆两端的接头通常是可调的。

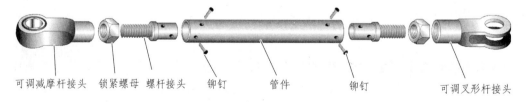

图 4-10　典型传动杆

2.　摇　臂

摇臂通常由铝合金材料制成，按摇臂数可分为单摇臂、双摇臂和复合摇臂 3 类。如

图 4-11 所示，摇臂可用于支撑传动杆和改变传动杆的运动方向，有的还可改变传动力的大小及传动杆的位移和速度。

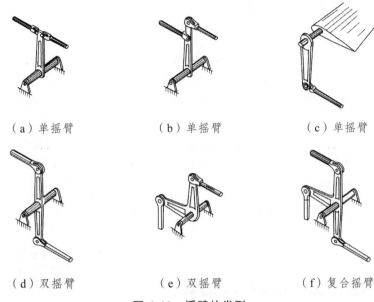

（a）单摇臂　　　　　（b）单摇臂　　　　　（c）单摇臂

（d）双摇臂　　　　　（e）双摇臂　　　　　（f）复合摇臂

图 4-11　摇臂的类型

4.2.1.2　软式传动机构

软式传动机构包括钢索、松紧螺套或张力补偿器、滑轮、扇形轮等。因为钢索具有挠性，只能承受拉力，所以必须采用双钢索回路才能实现操纵面的双向传动。如图 4-12 所示，CESSNA 172R 小型飞机的方向舵操纵系统就采用了软式传动机构。大型运输机采用助力操纵后，操纵信号的传递一般仍采用软式传动机构。软式传动具有构造简单，质量较轻，占用空间小，比较容易绕过机内设备等优点。其缺点是钢索的弹性间隙（由于弹性变形而产生的间隙）会降低操纵的灵敏性，并且松弛的舵面在飞行中容易产生颤振。为了减小弹性间隙，装配钢索时必须预先拉紧，这个预先拉紧的力称为钢索的预加张力。在使用过程中，由于环境温度的改变，钢索张力会发生改变，因此，在钢索回路中加装

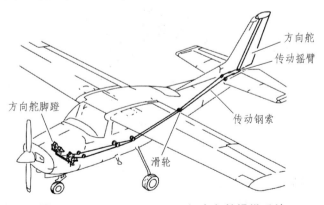

方向舵　传动摇臂　传动钢索　方向舵脚蹬　滑轮

图 4-12　CESSNA172R 飞机方向舵操纵系统

松紧螺套或钢索张力补偿器，根据外界条件的变化等因素对钢索的张力进行定期人工调节或自动调节，使钢索处于良好的绷直状态，不致过紧或过松。此外，由于钢索与滑轮、扇形轮等接触面的摩擦力较大，容易磨损，应加强检查。

1. 钢　索

飞机操纵钢索通常采用不锈钢或碳素钢制成，通常以一束钢丝按螺旋形扭织成股，然后以一股为中心，其余各股汇合编织成为钢索。钢索的规格型号通常采用两位数编码，第一个数字表示股数，第二个数字是每股的钢丝数，应用最为广泛的航空钢索为 7×7 和 7×19 两类。

如图 4-13 所示，7×7 钢索由 7 股构成，一股为中心股，其余 6 股缠绕在外面，每股有 7 根钢丝，这种钢索具有中等柔度，一般用于配平调整片操纵和发动机操纵。同理，7×19 钢索由 7 股组成，但每股有 19 根钢丝，这种钢索柔度很好，所以通常用于主飞行操纵系统以及钢索与滑轮接触处。

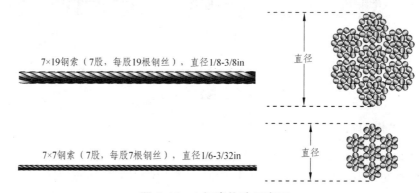

7×19钢索（7股，每股19根钢丝），直径1/8-3/8in　　直径

7×7钢索（7股，每股7根钢丝），直径1/6-3/32in　　直径

图 4-13　1 钢索构造示意图

2. 滑轮、扇形轮

滑轮、扇形轮通常由铝合金制成。如图 4-14 所示，滑轮用来支撑钢索和改变钢索的运动方向，扇形轮除了具有滑轮的功用外，还可以改变传动力的大小。

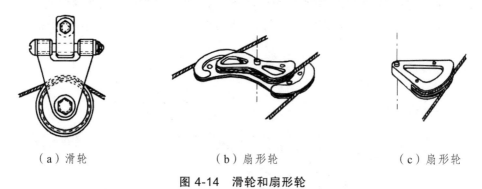

（a）滑　轮　　　　　　（b）扇形轮　　　　　　（c）扇形轮

图 4-14　滑轮和扇形轮

4.2.1.3　混合式传动机构

混合式传动机构是指操纵系统中既有硬式又有软式传动机构，利用二者的优点，

避免其缺点，一般在操纵信号的输入和舵面作动段采用硬式传动，而中间段采用软式传动。

4.2.2 舵面锁定装置

采用无助力机械式主操纵系统的飞机在外场停放或系留固定时，用舵面锁定装置将主操纵系统锁定，可以防止阵风或持续大风吹动舵面造成主操纵系统损坏。有的飞机在大风中滑行时也锁住舵面，以保证滑行方向。常用的锁定装置有操纵机构锁、传动机构锁及外部舵面锁等形式。

4.2.2.1 操纵机构锁

操纵机构锁的工作原理是通过一定方式将主操纵机构（驾驶盘、驾驶杆、脚蹬）固定，使相连的传动机构不能来回运动，从而把舵面锁定在规定位置。图 4-15 表示一种典型的操纵机构锁，把驾驶盘水平扭力管上的锁孔与锁支架上的锁孔对准，将锁销插入锁孔，驾驶盘不能运动即对相应舵面上了锁，这时由于驾驶盘既不能转动，也不能前后移动，所以该锁定机构将副翼和升降舵锁定。并且操纵机构锁的挡片会遮挡住飞机的起动电门或磁电机钥匙孔，以保证开锁后才能起动发动机起飞。而对方向舵而言，多数小型飞机的方向舵操纵系统与脚蹬相连，同时脚蹬又与前轮转弯机构机械关联，所以当飞机在地面时，方向舵如果要在非操纵条件下偏转，前轮势必随之偏转，而飞机停机后，地面对前轮的摩擦力正好阻止了方向舵意外偏摆，起到了方向舵锁的作用。

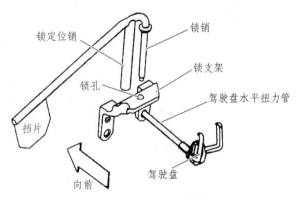

图 4-15 操纵机构锁

4.2.2.2 传动机构锁

传动机构锁的工作原理是通过一定方式将传动机构（钢索、传动杆等）固定，使传动机构不能来回运动，从而把舵面锁定在规定位置。图 4-16 所示为一种典型的传动机构锁，锁定机构由驾驶舱内的舵面锁手柄控制，当手柄置于"开锁"位置时，锁定机构在其弹簧的作用下回到开锁位，当手柄置于"上锁"位置时，锁定机构克服弹簧力把钢索锁住，从而锁住舵面，并且舵面锁手柄通过油门杆互联机构锁住了油门杆，以保证在开锁后才能前推油门杆起飞。

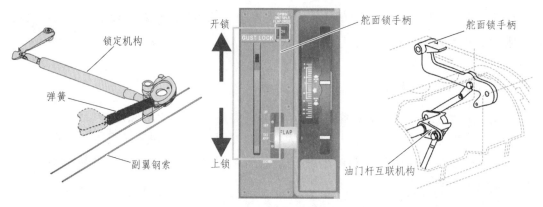

图 4-16　传动机构锁

4.2.2.3　外部舵面锁

外部舵面锁的工作原理是通过一定方式（舵夹、木制挡块、销钉等）将舵面锁定在规定位置。图 4-17 所示为一种典型的外部舵面锁，在飞机尾锥托架左侧有一个手柄可以给方向舵上锁，当手柄向上转动的时候，一个销钉滑入方向舵底部的一个托架内，将手柄旋转到顺气流位置可以释放方向舵锁，无论何时只要升降舵向上偏转到中立位置则方向舵锁自动释放。有些小型飞机采用更简单的外部舵面锁装置，如采用舵夹将副翼与相邻的电动襟翼后缘同时夹住而固定副翼，或是将专门开槽的木制挡块插入飞机固定结构与活动舵面之间的开缝处，从而将舵面固定在中立位置。

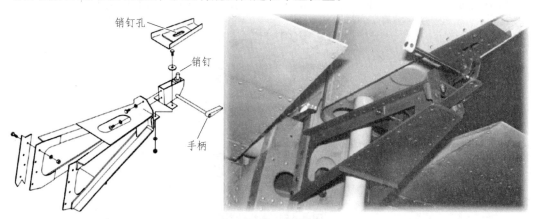

图 4-17　外部舵面锁

为了防止锁住舵面起飞危及飞行安全，在设计上采取了一些安全措施。有的飞机操纵机构被锁住时，发动机起动电门或磁电机钥匙孔被锁装置挡住而不能起动；有的飞机舵面锁手柄与油门杆联锁，舵面锁没有开锁之前，发动机油门杆不能前推加大功率起飞。如果使用的是外部舵面锁，在飞行前检查时必须将其取下。

虽然有以上防止舵面锁住情况下起飞的安全措施，但飞行前仍然需要加强检查，确保起飞前各舵面处于开锁位置。特别是对于那些采用外部舵面锁的飞机，飞行前应重点检查舵夹、挡块是否取下。

采用液压助力式主操纵系统的飞机，液压助力器可吸收和减弱因阵风引起的舵面偏转振动，一般不设置舵面锁定装置。

4.2.3　气动补偿装置

舵面枢轴力矩随着飞机舵面尺寸和飞行速度的增大而增大。当枢轴力矩较大时，可采用舵面空气动力补偿装置，减小枢轴力矩，从而减小或消除操纵力；而对于某些飞机，有时也需要增大操纵力，防止操纵过量。

4.2.3.1　气动补偿原理

气动补偿是利用力矩平衡原理来减小、消除或增大主操纵力。如图 4-18 所示，对于无助力机械式俯仰操纵系统，当前推驾驶盘使舵面下偏时，舵面气动力形成的枢轴力矩由驾驶员承受。枢轴力矩等于舵面面积（舵面转轴之后的舵面面积）产生的附加气动力 $Y_舵$ 对舵面转轴形成的力矩减去补偿面积（舵面转轴之前的舵面面积）产生的附加气动力 $Y_面$ 对舵面转轴形成的力矩，因此可通过增大补偿面积的方式来减小主操纵力 P。当枢轴力矩一定的情况下，使舵面后缘的活动片相对于舵面反向偏转，活动片产生的附加气动力 $Y_片$ 对舵面转轴形成与枢轴力矩相反的气动力矩，部分或全部抵消了枢轴力矩，从而减轻或消除了主操纵力 P；反之，若操纵活动片相对于舵面同向偏转，则可增大主操纵力 P。

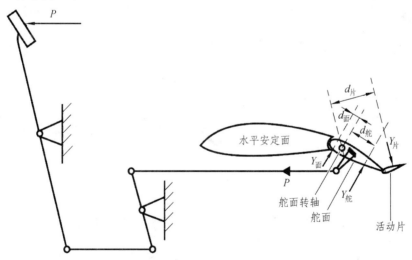

图 4-18　气动补偿原理

4.2.3.2　气动补偿方式

基于气动补偿原理，气动补偿方式分为活动片补偿和面积补偿两类。活动片补偿包括配平调整片、补偿片、反补偿片、伺服调整片、弹簧补偿片；面积补偿包括轴式补偿、角式补偿和内封补偿。

1. 配平调整片

如图 4-19 所示,配平调整片是指铰接于主操纵面后缘的可操纵翼面,通过驾驶舱的配平操纵机构可控制其相对于舵面偏转,操纵配平调整片相对舵面反向偏转可减小或消除主操纵力,从而减轻驾驶员的操纵负荷。此外,当主操纵系统发生故障时,可通过操纵配平调整片对飞机进行应急操纵。

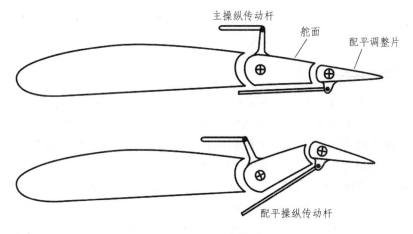

图 4-19　配平调整片

2. 补偿片

如图 4-20 所示,补偿片在外形和作用上与配平调整片非常相似,所不同的是补偿片不需要驾驶员单独操纵,当操纵舵面偏转时,通过连杆机构自动驱动补偿片反向偏转,可减小主操纵力。

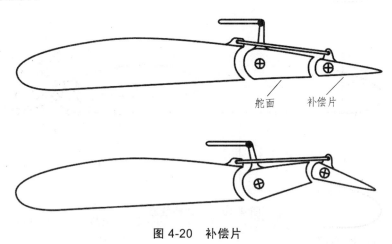

图 4-20　补偿片

3. 反补偿片

某些小型飞机在俯仰操纵时,舵面枢轴力矩较小,造成主操纵力较小,驾驶员容易操纵过量,所以在升降舵或全动平尾后缘装有反补偿片,如图 4-21 所示,当操纵升降舵偏转时,反补偿片会同方向偏转,可增大主操纵力。

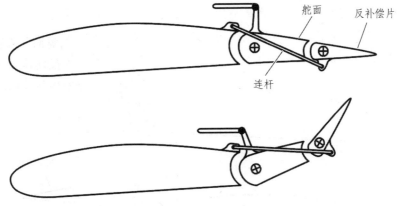

图 4-21 反补偿片

4. 伺服调整片（操纵片）

部分早期飞机采用气动助力，最典型的气动助力装置就是伺服调整片（操纵片）。如图 4-22 所示，操纵系统的操纵摇臂是铰接在舵面上的，伺服调整片（操纵片）通过连杆机构直接和操纵摇臂连接，驾驶员通过主操纵机构直接操纵的不是舵面，而是操纵片。操纵片偏转后，产生的空气动力对舵面枢轴形成操纵力矩，带动舵面反方向偏转，当舵面气动力对枢轴形成的力矩和操纵片气动力对枢轴形成的力矩相等时，舵面稳定在一定的偏转角。在操纵过程中，驾驶员只需克服操纵片本身的枢轴力矩，因此可减小主操纵力。

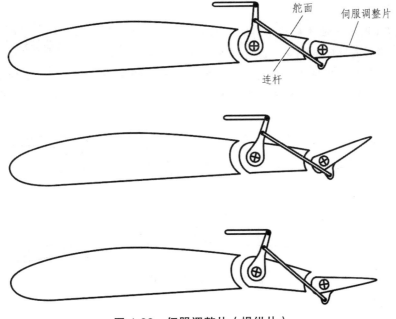

图 4-22 伺服调整片（操纵片）

5. 弹簧补偿片

如图 4-23 所示，操纵系统的操纵摇臂是铰接在舵面上的，弹簧补偿片通过连杆机构铰接在操纵摇臂上，操纵摇臂再通过左、右弹簧与舵面铰接。当主操纵力较小时，传给弹簧的力小于弹簧的初始张力，弹簧不会伸长或缩短，弹簧补偿片也就不会相对于舵面偏转。当操纵力增大到足以克服弹簧的初始张力时，弹簧会伸长或缩短，通过连杆机构带动弹簧补偿片相对于主操纵面向反方向偏转，从而减小主操纵力。

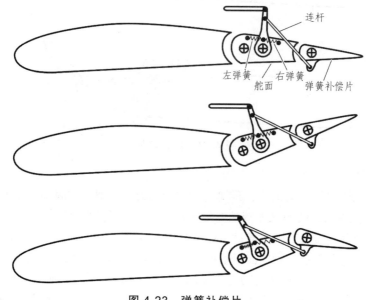

图 4-23   弹簧补偿片

6. 轴式补偿

如图 4-24 所示，轴式补偿是将舵面的枢轴后移。舵面偏转时，作用于枢轴前、后的气动力对枢轴形成反向的力矩，减小了舵面枢轴力矩。枢轴前的面积称为补偿面积，补偿面积越大，枢轴力矩越小，杆力越轻。但是，若补偿面积过大，就可能使操纵杆力的方向与正常情况相反，这种现象叫过补偿，过补偿对于无助力操纵来说是不允许的。

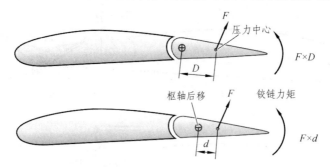

图 4-24   轴式补偿装置

7. 角式补偿

如图 4-25 所示，角式补偿的原理和轴式补偿类似，只是它将补偿面积集中到舵面翼尖部分。角式补偿的主要缺点是气流容易在突角部位发生分离，高速飞行时还容易引起舵面抖振，常用于低速飞机。如图 4-25 所示，SR20 飞机升降舵和方向舵采用了角式补偿，可减小俯仰和偏航操纵的主操纵力。

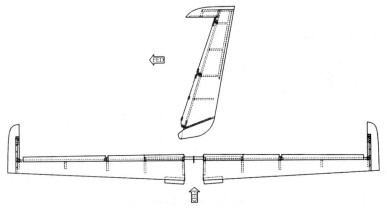

图 4-25　SR20 飞机升降舵和方向舵角式补偿

8. 内封补偿

内封补偿装置主要应用于大型飞机副翼和升降舵结构,也称为副翼平衡板和升降舵平衡板。如图 4-26 所示,飞机副翼平衡板位于副翼前部的机体结构内,副翼前缘与平衡板的一端铰接,平衡板的另一端与飞机结构铰接。在平衡板的两侧,铰链组件进行密封连接,这就把舵面前缘的密闭空间分成两部分,平衡板上的空气载荷取决于两部分空间的压力差。副翼平衡板上下腔分别通过通气口与机翼上下翼面相通。当没有横向输入时,平衡板两侧的压力保持副翼在中立位置。当副翼转动时,机翼上下翼面的压力差产生变化,从而使与上下翼面相通的平衡板上下腔也产生压力差。例如,当舵面向上偏转时,导致平衡腔上腔的压力增大,同时下腔的压力减小,压力差作用于平衡板上,帮助舵面向上偏转。

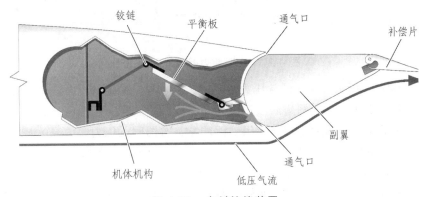

图 4-26　内封补偿装置

4.3　液压助力式主操纵系统

随着飞机尺寸、质量及飞行速度的不断增大,舵面枢轴力矩也不断增大,大型高速飞机主操纵系统需要额外的动力来帮助驾驶员操纵舵面。除了少数飞机采用气动或电动助力外,目前绝大多数民用运输机都采用液压助力式主操纵系统。液压助力式主操纵系统与无助力机械式主操纵系统相比，系统中除了含有主操纵机构、传动机构和主操纵面以外，还包含液压助力器和操纵力感觉装置等。

4.3.1　液压助力器

如图 4-27 所示，液压助力器主要由伺服控制阀和液压作动筒组成。飞行员实施助力操纵时，并不直接操纵飞机的各操纵面，仅仅通过操纵机构和机械传动（或电传）回路将操纵信号传递给液压助力器的液压伺服阀，液压伺服阀则根据操纵信号和反馈信号（舵偏角）控制通向作动筒液压油的通断和方向，保证操纵面按飞行员输入的操纵信号偏转。操纵信号不断输入，液压助力器就不断地驱动舵面偏转；操纵信号停止输入，舵面则停止在已偏转的位置。助力操纵又称为液压伺服控制，输入助力器的操纵信号如果是机械信号，则称为机液伺服控制，如果是电信号则称为电液伺服控制。

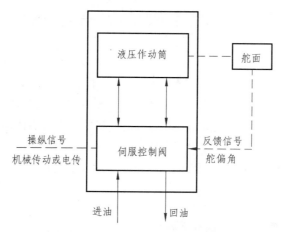

图 4-27　液压助力器组成示意图

如图 4-28（a）所示，液压油从压力油口进入助力器，旁通阀在压力油作用下处于关闭位，将作动筒活塞左、右两边的油室隔开。无操纵输入时，配油柱塞在中立位，柱塞凸缘将通往活塞左、右两腔的油路封闭，活塞左、右两侧无压力差，壳体与活塞杆之间无相对运动，舵面被固定在确定位置。如图 4-28（b）所示，如果操纵驾驶杆使配油柱塞向右移动，活塞右腔与压力油路相通，左腔与回油路相通，而助力器活塞杆与机体固连，因此壳体在油液压差作用下相对活塞杆向右移动，从而驱动舵面后缘向上偏转。如图 4-28（c）所示，随着壳体的向右运动，助力器内通往活塞右腔的进油口逐渐减小，壳体仍不断向右运动，舵面后缘持续向上偏转。如图 4-28（d）所示，当舵面运动到与驾驶杆操纵量相对应的舵偏角时，柱塞凸缘恰好将活塞左、右两腔油路封闭，两边油室内的油液被封闭在助力器内不能流出（液锁），因此壳体停止移动，并且舵面上的气动载荷不能使壳体左右移动，从而使舵面保持在相应的偏转位置。如果反方向（向左）操纵驾驶杆，则配油柱塞向左移动，助力器壳体就会相应向左移动，驱动舵面反方向（后缘向下）偏转。

当液压系统压力不足或液压助力器有故障时，配油柱塞内压力均为低压，旁通阀在自身弹簧作用下打开，活塞左右两腔连通，解除液锁，助力工作状态自动切换成人工操纵，驾驶员可依靠自身体力推动壳体运动，进行应急操纵驱动舵面偏转。

由此可见，驾驶员实施液压助力操纵时，只要用很小的力通过驾驶杆控制配油柱塞，即可克服很大的舵面气动载荷，驱动舵面偏转。舵面偏转的方向、角度和角速度都随驾驶杆的运动而改变。

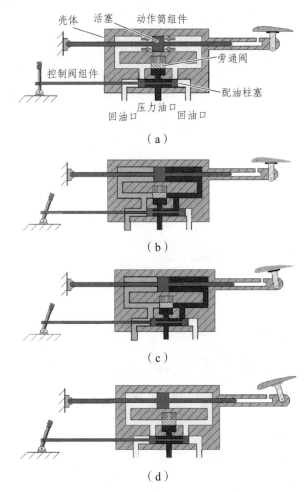

（a）

（b）

（c）

（d）

图 4-28 液压助力器工作原理

4.3.2 操纵力感觉装置

采用液压助力操纵后，驾驶员通过操纵机构发出的仅仅是操纵信号，只需很小的操纵力就可以操纵配油柱塞。为了防止操纵过量和动作过于粗猛，必须给驾驶员提供适当的操纵感觉力。某些液压助力操纵系统将舵面气动载荷部分地通过传动机构反传给操纵机构，使驾驶员可以直接感受到舵面偏转产生的气动载荷，这种助力式主操纵系统称为可逆（有回力）助力操纵系统。

现代运输机的液压助力式主操纵系统一般为不可逆（无回力）式，即舵面的气动载荷全部由助力器承受，不能反传回操纵机构，所以驾驶员操纵舵面偏转时不能获得真实的感觉力，在这类主操纵系统中装有操纵力感觉装置（又称载荷感觉器），提供模拟的操纵感力。具有松杆时使驾驶杆自动回中立位功能的感力装置称为感力定中装置。

常见的操纵力感觉装置有弹簧式感力定中装置、动压式感力装置、感力计算机等。

4.3.2.1　弹簧式感力定中装置

在主操纵机构至液压助力器的机械传动机构中设置弹簧感力机构，如图 4-29 所示，操纵信号传给液压助力器的同时，会拉压感力弹簧。随着操纵量增大，舵偏角和弹簧的变形量都增大，感力随之增大。因此，弹簧式感力定中装置可提供随舵偏角变化的操纵感力。当松开操纵机构时，感力弹簧的恢复力使其回到中立位，所以弹簧式感力定中装置又有定中作用。

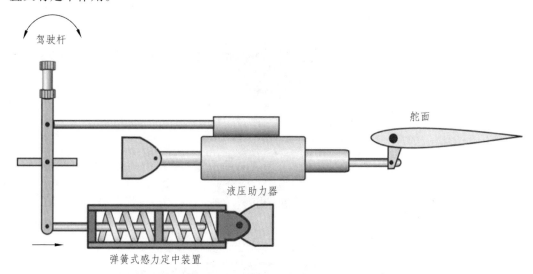

图 4-29　弹簧式感力定中装置

4.3.2.2　动压式感力装置

如图 4-30 所示，少数飞机在传动系统中连接有动压（Q）罐，操纵信号通过一个三摇臂向助力器传递，同时拉动感觉作动筒的活塞克服气动压差而产生感觉力。感觉作动筒活塞左边接全压信号（$p_0 + \rho v^2 / 2$），右边接静压信号（p_0），感力大小由全、静压差（动压 $\rho v^2 / 2$）决定。飞行高度一定时，飞行速度增大则感力增大，反之减小；飞行速度一定时，飞行高度增大则感力随空气密度 ρ 的减小而减小。因此，动压式感力装置提供随飞行速度和高度变化的操纵感力。

4.3.2.3　感力计算机

图 4-31 所示为一种机械液压式的感力计算机，常用于升降舵操纵系统中，与弹簧式感力定中机构配合使用。膜盒感受全压信号、静压信号和可调水平安定面位置等信息，计量阀调节进入感力作动筒的油液压力，从而给驾驶盘施加一个与飞行速度、高度和安定面位置等因素相关的操纵感力。

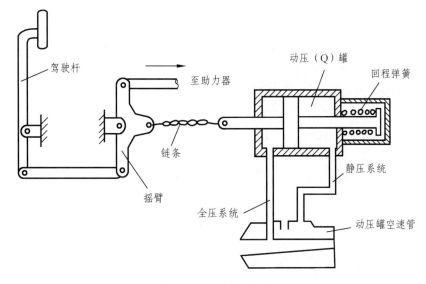

图 4-30 动压式感力装置

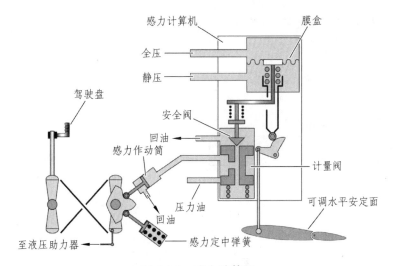

图 4-31 感力计算机

4.3.3 液压助力机械式主操纵系统

4.3.3.1 液压助力机械式主操纵系统工作原理

　　液压助力机械式主操纵系统如图 4-32 所示，驾驶员的操纵信号通过机械传动机构传至液压助力器的液压伺服控制阀，并根据操纵信号控制压力油进入液压助力器的通断和方向，由液压助力器驱动舵面偏转。液压助力机械式主操纵系统的传动机构部分加装有感力定中机构，其作用是为飞行员操纵飞机时提供模拟感觉力，并为主操纵机构定中立位。

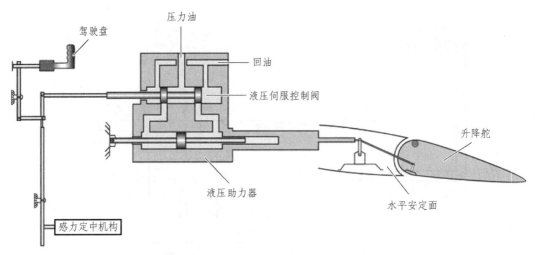

图 4-32　液压助力机械式主操纵系统

4.3.3.2　B737NG 横侧操纵系统

　　现代运输机通过转动驾驶盘控制副翼和飞行扰流板来实现飞机的横侧操纵。图 4-33 为 B737NG 飞机横侧操纵系统简图。

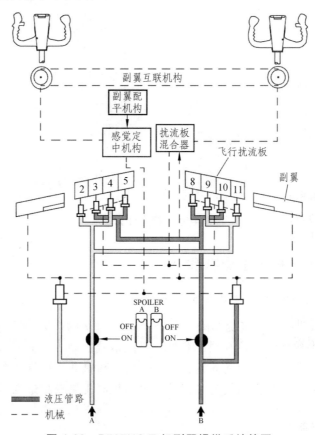

图 4-33　B737NG 飞机副翼操纵系统简图

机长驾驶盘由钢索通过副翼感觉定中机构与副翼液压助力器连接，副驾驶的驾驶盘由钢索通过扰流板混合器与扰流板液压助力器连接。副翼液压助力器由液压系统 A 和 B 供压，A 和 B 飞行操纵电门控制液压关断阀（图中未标出），A、B 液压系统中任何一个正常工作即可确保两边副翼的全程操纵，当 A、B 液压系统都失效时，可通过机械传动机构，借助副翼上的补偿片和平衡板机械地操纵副翼偏转，此时主操纵力会增大。

两个驾驶盘通过柔性互联机构连接，可保证在一个驾驶盘卡阻时，另一侧驾驶盘仍能转动，以对飞机进行应急横侧操纵。当副翼机械传动系统卡阻时，右驾驶盘加力转动可旁通副翼系统，仅通过扰流板进行横滚操纵，副翼和左驾驶盘不工作；当扰流板机械传动系统卡阻时，左驾驶盘加力转动可旁通扰流板系统，仅通过副翼进行横滚操纵，扰流板和右驾驶盘不工作。

每个机翼上表面各有 4 块飞行扰流板，两边扰流板分别由液压系统 A 和 B 对称地进行供压，并由飞行扰流板电门控制其油路的通断，保证任何一个液压系统失效时仍然有对称的扰流板可用。飞行扰流板还可根据驾驶盘指令辅助横滚操纵，当转动驾驶盘超过一定角度时，副翼液压助力器一方面驱动副翼偏转，同时又将信号传给扰流板混合器去控制飞行扰流板偏转，使副翼上偏一侧的扰流板随副翼成比例地升起，而副翼下偏一侧的扰流板紧贴翼面不动。飞行中当飞行扰流板作空中减速的同时又有横侧操纵信号输入时，副翼下偏一侧的扰流板成比例地放下，仍可辅助副翼横侧操纵。扰流板辅助副翼横侧操纵还可增加副翼的操纵效能，防止副翼反效；同时使副翼上偏一侧机翼阻力增大，防止发生不必要的偏航。

4.3.3.3　B737NG 偏航操纵系统

现代运输机飞行中通过蹬方向舵脚蹬控制方向舵来实现飞机的偏航操纵。图 4-34 为 B737NG 飞机偏航操纵系统简图。方向舵由液压助力器和偏航阻尼器控制，蹬方向舵脚蹬控制液压助力器工作，从而控制方向舵偏转，失速管理/偏航阻尼器（Stall Management Yaw Damper，SMYD）计算机控制偏航阻尼器工作，也能控制方向舵偏转。

方向舵脚蹬由钢索通过方向舵感觉定中机构与方向舵正常和备用液压助力器连接。方向舵正常液压助力器由液压系统 A 和 B 供压，备用液压助力器由备用液压系统供压，A 和 B 飞行操纵电门控制正常和备用方向舵控制阀的通断。A、B 及备用 3 个液压系统中任何一个正常工作即可确保方向舵的全程操纵。

大展弦比后掠翼飞机的横向静稳定性远大于方向静稳定性，飞行过程中由于气流扰动，可能发生滚转与偏航的耦合振动现象，即飘摆振荡（荷兰滚）。现代运输机方向舵操纵系统中装有正常和备用偏航阻尼器，均由失速管理/偏航阻尼器（SMYD）计算机控制。失速管理/偏航阻尼器计算机接收来自两台大气数据计算机、两个驾驶盘和偏航阻尼器电门的输入信号，根据空速和方向舵侧滑角加速度等飞机姿态变化信号，经过正常或备用偏航阻尼器处理，并适时提供指令使方向舵相对飘摆振荡方向反向偏转，从而增大偏航运动阻尼，消除飘摆。当驾驶员用方向舵脚蹬人工输入偏航指令时，偏航阻尼器自动进行小的偏航修正。偏航阻尼器工作时，对方向舵脚蹬无反馈。偏航阻尼器驱动方向舵的偏转角度要小于脚蹬操纵的方向舵偏转角。偏航阻尼器还可与副翼操纵配合使飞机协调转弯。

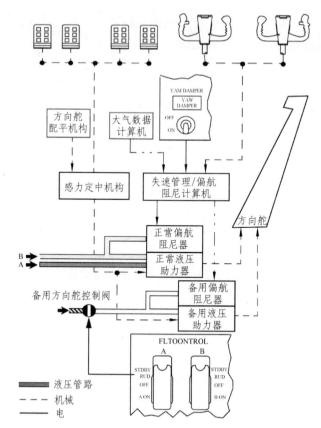

图 4-34　B737NG 飞机方向舵操纵系统简图

4.3.4　电传操纵系统

4.3.4.1　电传操纵系统工作原理

　　如图 4-35 所示，电传操纵系统的操纵信号采用电气方式传递，驾驶员的操纵指令由指令传感器转变成电信号，传递给飞行控制计算机，飞行控制计算机同时接收液压助力器和操纵面的反馈信号，并将这些电信号进行综合比较和运算处理，按照既定的控制规律，将控制指令输送到液压助力器，由液压助力器提供巨大的输出力驱动舵面偏转，实现对飞机姿态的控制。

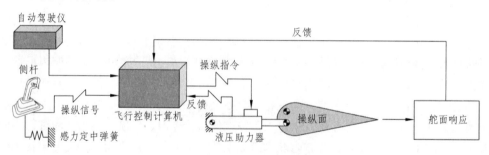

图 4-35　电传操纵原理图

4.3.4.2　电传操纵系统特点

与传统的机械传动系统相比，采用电传可减轻操纵系统的质量，消除机械操纵系统中的摩擦、间隙、非线性因素以及飞机结构变形对传动性能的影响，简化主操纵系统和自动驾驶仪的组合，使飞机操纵特性得到根本改善。空客系列飞机的电传操纵系统采用侧杆取代了驾驶盘和驾驶杆，侧杆通常位于两侧操纵台上，两侧杆之间无机械联系，其操纵信号分别输入计算机。如果两飞行员同时操纵各自的侧杆，则两个操纵指令在计算机中进行算数叠加，但其叠加结果限制在单一侧杆最大位移量之内。每个侧杆端部有一个优先电门，两个飞行员均可按动它以取消另一方的操纵。由于侧杆仅发出操纵信号，所以侧杆操纵力较小，为了防止操纵过量，侧杆上一般安装弹簧式感力定中装置。通过侧杆操纵飞机俯仰和横滚时，飞机姿态的调整总是自动配平的，即松开侧杆，飞机将保持在所调定的姿态，而侧杆回中立位。

单通道电传操纵系统的可靠性较低，为了保证电传操纵系统任务的可靠性，现代运输机电传操纵系统通常采用余度技术，引入多重系统，即用多重可靠性较低的、相同或相似的元部件组成可靠性较高的系统，一般称其为冗余系统。当系统中的一部分出现故障时，可以由冗余系统代替故障系统工作，以保证系统在规定时间内正常地完成规定的功能。目前一般采用四余度电传操纵系统，四余度电传操纵系统具有故障监测、信号表决、故障隔离、系统重组功能和双故障工作安全能力。

如图 4-36 所示，A320 飞机电传操纵系统采用多余度概念设计，配置多台飞行控制计算机，使用 3 套液压系统和 3 个三相电源。飞行控制计算机根据正常、备份或直接控

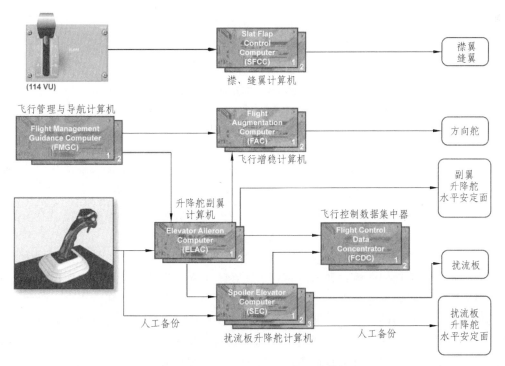

图 4-36　A320 飞机飞行控制计算机

制律处理驾驶员和自动驾驶仪的输入，控制和监控飞行操纵面，同时记录和存储飞行中存在的故障。其中两台升降舵副翼计算机（Elevator Aileron Computer，ELAC）和3台扰流板升降舵计算机（Spoiler Elevator Computer，SEC）对飞机的滚转和俯仰运动进行控制，ELAC主要提供对升降舵、安定面及副翼的正常控制，SEC控制扰流板，并作为备份计算机控制升降舵和安定面；两台飞行增稳计算机（Fly Augmentation Computer，FAC）提供对方向舵的电气控制，从而对飞机的偏航运动进行控制；两台襟、缝翼计算机（Slat Flap Control Computer，SFCC）用于对襟、缝翼的控制；另外有2台飞行操纵控制数据集中器（Flight Control Data Concentrator，FCDC）用于飞机的指示和维护。

　　自动驾驶模式下，指令由飞行管理与导航计算机（Flight Management and Guidance Computer，FMGC）发出，并将指令送至ELAC和FAC。人工操纵模式下，侧杆接收驾驶员指令后，将其送到ELAC，ELAC再将指令送至SEC和FAC。例如，飞行中向一边压侧杆时，ELAC不仅向副翼和扰流板助力器发出操纵指令，还要向控制方向舵的飞行增稳计算机（FAC）发出方向舵操纵指令，以实现协调转弯。若两个ELAC都出现故障，SEC可以通过人工备份通道直接从侧杆接收指令信号。当计算机发生故障时，仅剩一个ELAC或一个SEC也可对飞机的俯仰和滚转运动进行控制。两台FCDC用于将飞控计算机（ELAC、SEC）与电子飞行仪表系统（Electronic Flight Instrument System，EFIS）、中央故障显示系统（Central Fault Display System，CFDS）等飞机其他系统进行连接。ELAC、SEC和FAC生成飞行控制律，这些法则包括飞机的飞行包线保护功能，对飞机进行优化控制。

4.3.4.3　A320电传飞行操纵系统

1. 总体架构

　　A320飞机电传操纵系统总体架构如图4-37所示，所有飞行操纵面均由液压系统驱动，操纵面对应位置上的矩形框表示驱动舵面的液压助力器，矩形框的个数表示液压助力器的数量，矩形框中的字母G、Y、B分别表示此液压助力器是由绿、黄、蓝液压系统供压，圆框代表电动马达。在矩形框的旁边标出了控制此液压助力器的飞行控制计算机及其编号，箭头表示当某计算机发生故障时，由其他计算机接管控制的优先顺序。

　　一般情况下，1个液压助力器由1台计算机控制，而对于左右升降舵作动器，每一个液压助力器由4台计算机控制，两台ELAC和两台SEC，总共有4台计算机（ELAC2、ELAC1、SEC2、SEC1）参与了飞机俯仰姿态的控制，这充分体现了电传操纵系统的多余度设计思想，同样的设计也体现在飞机的横侧姿态控制上。

　　每个副翼、升降舵以及偏航阻尼器都是由两个液压助力器作动，每个液压助力器有两种控制方式：主动伺服模式和阻尼模式。在系统正常工作的情况下，舵面仅由1个液压助力器作动，我们称这个液压助力器处于主动伺服模式，此时液压助力器由计算机电气控制。另一个液压助力器随舵面偏转而运动，我们称这个液压助力器处于阻尼模式。若处于主动伺服模式的液压助力器失效，则处于阻尼模式的液压助力器变为主动伺服模式，而失效的液压助力器自动转换至阻尼模式。对于驱动升降舵的液压助力器，它们除

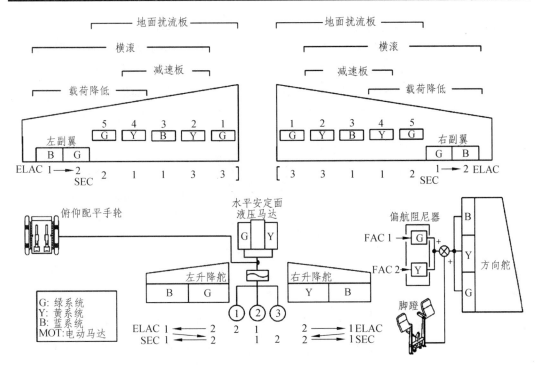

图 4-37 A320 操纵系统总体架构

了具有主动伺服模式和阻尼模式之外，还有第三种模式——定中模式。当仅能采用人工方式进行俯仰配平时，水平安定面后缘的升降舵则处于定中模式，升降舵液压助力器使其处于中立位。如果两个升降舵液压助力器都无电气控制，它们都将自动地转换至定中模式。如果两个液压助力器都无液压操纵，它们都将自动地转换至阻尼模式。

以左副翼为例，当系统正常工作时，由 ELAC1 控制蓝液压系统液压助力器驱动副翼偏转，此时该液压助力器处于主动伺服模式，绿液压系统液压助力器处于阻尼模式。若蓝液压系统失效，则绿液压系统液压助力器工作，并处于主动伺服模式，蓝系统液压助力器处于阻尼模式，在绿系统液压助力器带动下随动工作。若 ELAC1 失效，根据箭头方向，左副翼的控制将自动转换到 ELAC2。若两台 ELAC 都失效，两个副翼液压助力器都将处于阻尼模式。

2．ECAM 飞行操纵页面

驾驶舱显示除有常规的目视指示、灯光指示、音响语音提示之外，操纵系统工作状态、故障信息等也同时用电子屏显示组件（Display Unit，DU）以自动或人工方式提供给驾驶员，使驾驶舱资源管理更科学化和智能化。飞行操纵系统的信息主要在飞机电子中央监控系统（Electrical Centralized Aircraft Monitoring，ECAM）的发动机/警告显示（Engine and Warning Display，E/WD）页面及系统/状态显示（System or Status Display，S/D）页面显示。

飞行操纵系统有 3 个 ECAM 页面，包括 ECAM 飞行操纵系统页面、ECAM 机轮页面和发动机/警告显示（E/WD）页面。ECAM 飞行操纵页面如图 4-38 所示，从 ECAM 的飞行操纵页面上可以看到飞机各操纵面的位置，与操纵面作动器所对应的液压系统压力指示及飞控计算机的状态指示等。当飞机受到较大突风载荷作用时，为了减小机翼载荷，A320 飞机的两块外侧扰流板和两块副翼将同时上偏，起到减载的作用。ECAM 机轮页面将显示扰流板放出情况，发动机/警告显示页面指示襟、缝翼放出状态。

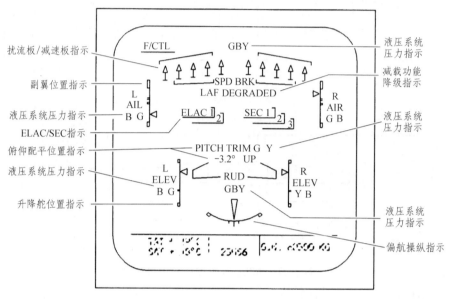

图 4-38　ECAM 飞行操纵页面

4.4　飞行辅助操纵系统

辅助操纵系统是飞行操纵系统的重要组成部分，小型飞机辅助操纵系统包括配平操纵和增升装置操纵，大中型运输机辅助操纵系统还包括扰流板操纵，辅助操纵系统主要用于减小或消除飞行主操纵力，改善起飞着陆性能，提高飞机的飞行性能。

4.4.1　配平操纵

对于采用无助力和液压助力式主操纵系统的飞机，当操纵主操纵机构使飞机姿态稳定后，如果要使飞机保持这一稳定姿态，飞行员必须持续在主操纵机构上施加相应的主操作力，这样势必会增加飞行员的操纵负荷，此时可通过配平操纵来减小或消除主操纵力，从而减轻飞行员的操纵负荷。根据主操纵力来源不同，无助力和液压助力式主操纵系统的配平原理也不相同，但无论是无助力主操纵系统还是液压助力式主操纵系统，在驾驶舱飞行员的配平操纵方向都是相同的，即配平操纵时，配平手轮或电门的操纵方向应与主操纵动作方向一致。例如，进行俯仰配平时，向前转动配平手轮或向前按动电门则机头向下运动，反之亦然。

应当注意的是，飞机起飞前，应根据飞机本次飞行的装载重量及重心等条件，将俯仰配平预调到起飞性能所要求的起飞位置，以便在抬头离地时操纵感力适当。某些小型单发活塞式飞机，为了克服螺旋桨滑流、进动和反作用力的综合影响产生的偏头力矩，起飞前还需将方向舵调整片预调一定角度。

4.4.1.1　无助力机械式主操纵系统配平操纵

对于采用无助力主操纵系统的小型飞机，配平操纵是指对铰接在主操纵面后缘的配平调整片的操纵。配平调整片通过独立的传动机构和装置与驾驶舱相应的配平操纵机构相连，对配平调整片的操纵主要有机械式和电动式两种。如图 4-39 所示，机械配平直接转动配平手轮，经钢索、螺旋作动器、传动杆等机构的传动使配平调整片偏转，配平手轮旁边一般有指位刻度盘，当刻度盘"0"位与"▶"标对齐时表示配平调整片处于中立位。如图 4-40 所示，电动配平则同时按压相应的配平/离合双电门接通双向配平电动机，经螺旋作动器使配平调整片偏转，当配平调整片运动到极限位置时，相应的极限位置电门使电机断电，防止配平调整片过量偏转。

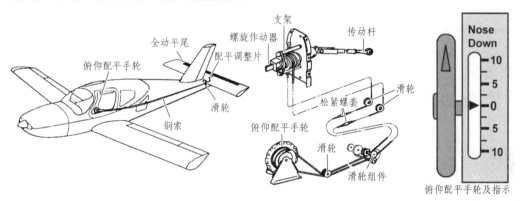

图 4-39　机械传动式俯仰配平操纵系统

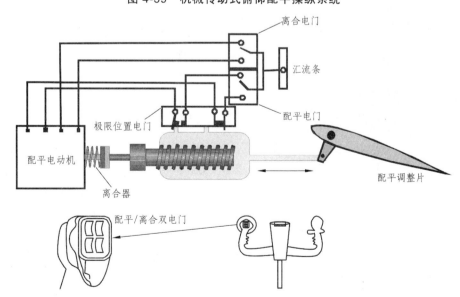

图 4-40　电动式俯仰配平操纵系统

4.4.1.2 液压助力式主操纵系统配平操纵

液压助力式主操纵系统的主操纵力由感力定中机构提供。采用液压助力机械式主操纵系统的飞机，当横滚和方向配平时，配平操纵就是指减小或消除感力定中机构的模拟感力，而进行俯仰配平时，配平操纵就是指操纵可调水平安定面偏转。采用电传操纵系统的飞机，在横滚和俯仰操纵过程中会自动配平（即松开侧杆后飞机仍保持之前的横滚和俯仰姿态），偏航操纵采用人工电动配平感力定中机构。

1. 横滚和方向配平

在液压助力机械式主操纵系统中，横滚和方向配平操纵类似，都是扳动相应配平电门或旋钮，控制配平电机工作，使感力定中机构重新定中立位。如图 4-41 所示，以 B737NG 飞机为例，当驾驶员需要进行横侧配平时，同时向左或向右扳动位于中央操纵台后电子板（P8 面板）上的两个副翼配平电门，此电门会作动副翼感力定中配平机构运动，达到减小或消除操纵感觉力的目的。当驾驶员需要进行方向配平时，可以旋转位于副翼配平电门旁的方向舵配平旋钮，从而作动方向舵感力定中配平机构运动。方向舵配平指示器就位于副翼、方向舵配平电门上部，副翼配平指示器位于驾驶盘顶部，配平时，指针会指示向左或向右配平的单位，便于驾驶员观察。

横侧或方向配平操纵主要在长时间保持盘旋或飞机出现较大不对称力矩的情况下使用。例如，当多发飞机的部分发动机失效时欲保持直线飞行，则需进行横滚和方向配平。

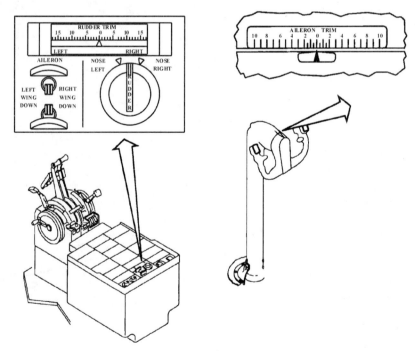

图 4-41 副翼、方向舵配平电门及指示

2. 俯仰配平

现代大中型民航飞机由于纵向尺寸大，飞行中重心纵向位移量大，如果重心偏前或

偏后量过大，单靠升降舵是不能完全实现纵向操纵的，需要配备可调水平安定面。可调水平安定面后缘一般铰接于机身结构上，前缘由螺旋作动筒驱动上下偏转，安定面偏转1°的效果相当于升降舵偏转2.5°～3.5°。飞机由水平安定面完成俯仰配平后，驾驶盘和升降舵就定位在接近中立位，这样不仅使俯仰操纵有较大的剩余效率，而且可减小飞行阻力。图4-42为B737NG飞机水平安定面配平示意图。俯仰配平操纵一般有3种方式，即人工机械配平、主电动配平和自动驾驶仪配平。中央操纵台两侧有人工机械配平手轮和水平安定面偏转位置指示，人工转动手轮通过钢索系统控制螺旋作动筒传动水平安定面偏转；驾驶盘上有主电动配平电门，控制主配平电机或液压马达驱动螺旋作动筒；当自动驾驶仪衔接时，可通过自动驾驶配平马达驱动螺旋作动筒传动水平安定面偏转，实施自动俯仰配平。以上3种配平中，人工手轮机械配平最优先，以便在紧急情况下进行人工俯仰配平；而主电动配平输入可切断自动驾驶配平。在主电动配平或自动驾驶配平过程中，手轮随之转动，以指示安定面偏转情况。当驾驶杆运动方向与电动配平方向相反时，驾驶杆的运动可切断电动配平输入（称为"配平刹车"）。

应当注意的是，飞机起飞前，应根据飞机本次飞行的装载重量及重心等条件，将俯仰配平预调到起飞性能所要求的绿区位置，否则推油门起飞会发出起飞形态警告。

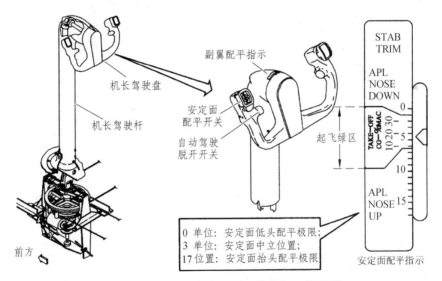

图 4-42　水平安定面配平开关及配平指示器

4.4.2　增升装置操纵

为了在较低速度下获得较大升力，现代飞机机翼上都安装有增升装置。飞机起飞着陆阶段放下增升装置，通过增大翼型弯度、机翼面积和延缓机翼上表面气流分离来提高升力系数和临界迎角值，从而降低飞机起飞着陆速度，改善飞机起飞着陆性能，提高飞机起飞着陆安全性。增升装置通常包括后缘襟翼、前缘缝翼和前缘襟翼。当增升装置放出时，虽然增大了升力，但同时也增大了阻力，因此对于增升装置来说，一般起飞时放下角度较小，着陆时放下角度较大，而巡航飞行时将其收回，恢复翼型正常的气动特性。

4.4.2.1　小型飞机增升装置操纵

　　小型飞机的增升装置通常只有后缘襟翼（个别小型飞机装有前缘缝翼），且一般采用简单式的后缘襟翼，后缘襟翼对称地铰接在两侧机翼内侧的后缘。小型飞机襟翼一般采用电动收放，少数飞机采用人工机械或液压驱动。在驾驶舱中央操纵台附近一般设置有襟翼收放电门或手柄，收放电门或手柄一般有多个卡位，供起飞、着陆及进近时选用。收放电门附近有襟翼位置指示灯、襟翼指位表指示襟翼位置。

　　图 4-43 所示为 SR20 飞机电动襟翼操纵面板，当操纵襟翼收放电门时，襟翼控制电路接通，襟翼收放电门控制襟翼电机的工作，电机驱动襟翼放下或收上，当襟翼运动到全放下位（100%）、中间位（50%）或收上位（UP）时，相应的终点微动电门使驱动电机断电，从而使襟翼的位置与收放电门的位置一致，并点亮对应的襟翼位置指示灯。

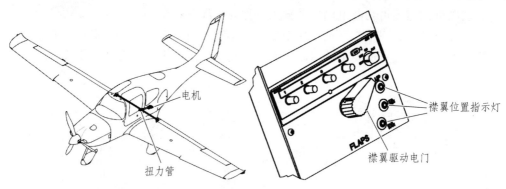

电机
扭力管
襟翼位置指示灯
襟翼驱动电门

图 4-43　SR20 飞机襟翼驱动电门

4.4.2.2　大中型运输机增升装置操纵

　　大中型运输机的增升装置通常包括后缘襟翼和前缘缝翼，有时还有前缘襟翼，前缘襟翼通常为克鲁格襟翼，前缘缝翼和前缘襟翼统称为前缘增升装置。后缘襟翼的形式主要有后退三开缝襟翼、后退双开缝襟翼和后退单开缝襟翼。后缘襟翼一般位于机翼后缘内侧，对于既有前缘襟翼又有前缘缝翼的飞机，前缘襟翼一般位于机翼前缘内侧，而前缘缝翼一般位于机翼前缘外侧。在驾驶舱中央操纵台右侧或后方一般设置有襟翼手柄，前缘增升装置和后缘襟翼通常由襟翼手柄统一控制，手柄一般有多个卡位，当飞机起飞或进近着陆时，操作手柄可以控制后缘襟翼放下不同的角度，前缘增升装置通常随后缘襟翼放下而放下或全放下。驾驶舱有襟翼指位表、指示灯或图形来指示增升装置的工作位置。

　　图 4-44 所示为 B737NG 飞机增升装置操纵示意图。襟翼手柄位于中央操纵台右侧，当手柄后扳到某一卡位时，通过机械传动机构打开后缘襟翼控制阀，B 系统向后缘襟翼驱动装置供压，并通过后缘襟翼驱动装置的螺旋机构传动襟翼放下，同时后缘襟翼驱动装置通过机械传动机构打开前缘装置控制阀，B 系统向前缘装置液压作动筒供压，使前缘装置随后缘襟翼放下而顺序放下。当后缘襟翼放下到手柄所选择的位置时，后缘襟翼

驱动装置通过机械反馈信号将后缘襟翼控制阀关闭,后缘襟翼立即停止在手柄选择位置。当襟翼手柄从"收上"卡位移向1、2或5位时,后缘襟翼放至指令的位置,前缘襟翼、缝翼分别放至"全放出""放出"位置;当襟翼手柄移到5位以上时,后缘襟翼放至指令的位置,前缘襟翼保持在"全放出"位置,而前缘缝翼放至"全放出"位置。襟翼装置收上时,顺序相反。放襟翼1位至15位可增加升力,放襟翼15位至40位同时增加升力和阻力,卡槽15、30和40为正常着陆襟翼操纵位置,卡槽1和15处设置有限动卡口,可以让机组在单发复飞和正常复飞时快速将手柄扳动到这些位置。飞机起飞时襟翼放下小角度,着陆时放下大角度,并遵守速度限制。

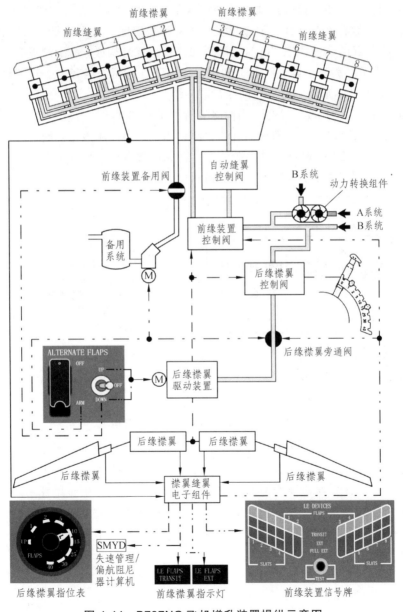

图 4-44 B737NG 飞机增升装置操纵示意图

　　当正常襟翼操纵失效时，可转为备用襟翼操纵，两个备用襟翼电门可电动操纵后缘襟翼。首先接通带保护罩的备用襟翼主电门至"预位（ARM）"位，从而电动关闭后缘襟翼旁通阀，防止后缘襟翼驱动装置形成液锁，并预位备用襟翼位置电门。备用襟翼位置电门控制一个可放出和收上后缘襟翼的电动马达。用备用方法放出襟翼时，在襟翼到达所需位置前，该电门必须保持在"放下（DOWN）"位，同时备用襟翼主电门向备用液压系统电动泵供电，备用液压系统驱动前缘襟翼和缝翼至"全放出"位置。用备用方法可收上后缘襟翼，但不能收上前缘装置。

　　襟翼放下过程中，驾驶舱仪表板上的襟翼指位表根据襟翼位置传感器信号指示襟翼位置，襟翼指位表采用双指针形式，分别指示左、右侧后缘襟翼的位置。正常情况下，两指针重合，只能看见左指针，但襟翼发生不对称故障时，两个指针分开。顶板上的信号牌指示前缘装置的收放状态，由前缘襟翼和缝翼位置灯构成。前缘襟翼有两个位置灯："过渡"灯（表示襟翼处于运动状态）和"全放出"灯，而缝翼有 3 个位置灯："过渡"灯、"放出"灯和"全放出"灯。当前缘襟翼、缝翼在收上位时，所有灯熄灭；当前缘装置在移动的过程中，"过渡"灯亮；当前缘装置移动到"放出"位或"全放出"位时，相应的灯亮。在前缘装置指示器面板上有一个测试电门，当按压该电门时，所有指示灯亮。在装有 EICAS 或 ECAM 系统的飞机上，襟、缝翼位置在相应显示屏上显示，如图 4-45 所示，A320 飞机在 ECAM 系统显示屏上指示襟、缝翼位置。

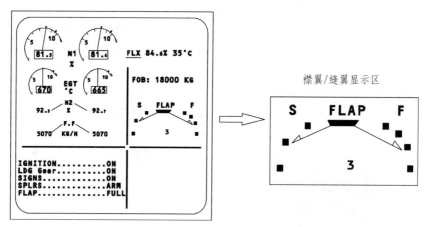

图 4-45　A320 飞机襟翼缝翼位置指示

　　现代飞机增升装置操纵系统一般都设有襟翼差动和过载保护。当襟翼缝翼电子组件（Flaps/Slat Electronics Unit，FSEU）监控到左右侧后缘襟翼放下角度差值超过系统设定的阈值时，立即关闭后缘襟翼旁通阀，切断后缘襟翼的工作，防止襟翼不对称状态进一步扩大。此外 FSEU 还用于襟翼过载保护，当后缘襟翼处于完全放出位置时，如果某时刻的空速突然超过某一预定值，后缘襟翼会自动收进到一个稍小的角度，防止过大的气动载荷损伤襟翼。

　　飞机起飞前，根据跑道长度和道面情况，增升装置应放至规定位置，否则推油门起飞会发出起飞形态警告。

4.4.3　扰流板操纵

　　小型飞机一般不配备扰流板，而大中型运输机在后缘襟翼前方的机翼上表面对称布置多块扰流板，随机型的不同有 8～14 块，其中包括飞行扰流板和地面扰流板。飞行扰流板可在空中和地面工作，而地面扰流板只能在地面工作。

　　现代飞机扰流板是多功能操纵面，飞行扰流板具有以下功用：

　　（1）辅助副翼进行飞机横滚操纵。

　　（2）作为空中减速板使用。

　　（3）在副翼卡阻时实现飞机的应急横滚操纵。

　　（4）在地面增阻卸升，帮助飞机刹车减速。

　　有些飞机的飞行扰流板还用于降低机翼突风载荷。地面扰流板仅在飞机处于地面时才能工作，用于在地面增阻卸升，帮助飞机刹车减速。

　　图 4-46 为 B737NG 飞机扰流板系统工作简图，扰流板控制手柄位于中央操纵台左侧，手柄主要有 4 个位置：DOWN（放下位）、ARMED（预位）、FLIGHT DETENT（飞行位）和 UP（升起位）。

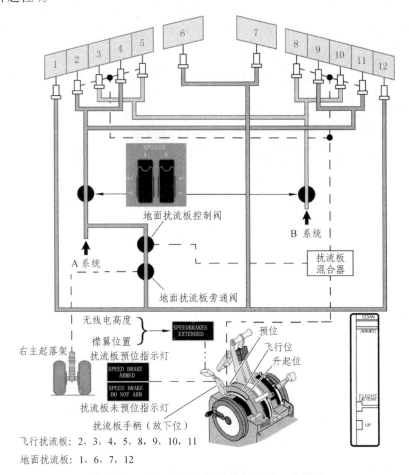

飞行扰流板：2，3，4，5，8，9，10，11
地面扰流板：1，6，7，12

图 4-46　B737NG 飞机扰流板系统工作简图

飞行中将手柄置于"FLIGHT DETENT（飞行位）"卡位，地面扰流板控制阀控制压力管路接通地面扰流板作动筒放下腔，此时地面扰流板旁通阀控制回油管路接通地面扰流板作动筒升起腔，地面扰流板被锁定在放下位，仅两边飞行扰流板对称升起，实现空中减速和增加下降率。

在着陆之前，提起扰流板控制手柄到"ARMED（预位）"卡位，当机轮接地滚动到一定速度且两发动机油门杆在慢车位时，地面扰流板旁通阀控制压力管路接通地面扰流板作动筒的升起腔，同时手柄自动移动到"UP（升起）"卡位，地面扰流板控制阀控制回油管路接通地面扰流板作动筒放下腔，压力油液经地面扰流板控制阀和旁通阀流入地面扰流板作动筒升起腔，所有的飞行扰流板和地面扰流板升起到最大角度；若扰流板预位功能失效，扰流板没有自动升起，飞机接地后可人工操纵扰流板控制手柄到"UP（升起）"卡位，使所有扰流板升起到最大角度，此时机翼上表面的气流分离，机翼的升力被卸除，机轮与地面正压力增大，提高了刹车效率，同时增大阻力，缩短飞机的着陆滑跑距离。

飞机接地后，如任一油门杆前推，则所有扰流板自动放下，以便起飞加速，这时手柄自动移到"DOWN（放下）"卡位。在中断起飞过程中，驾驶员扳动至少一个反推手柄，扰流板控制手柄自动移动到"UP（升起）"卡位，完全放出所有扰流板。

起飞前所有飞行和地面扰流板均应在"DOWN（放下）"卡位，否则加油门起飞时会发出起飞形态警告。

4.5　飞行操纵警告系统

飞机飞行操纵警告系统用于提前警告飞行员飞机处于不安全起飞或飞行状态，从而避免事故的发生，包括起飞形态警告系统和失速警告系统。

4.5.1　起飞形态警告系统

起飞形态警告系统用于当飞机处于不安全起飞状态时给飞行员提供音响警告信号。图 4-47 为 B737 飞机起飞形态警告示意图，当飞机在地面时，任何一个油门杆在起飞位置，发生下列情况都会触发起飞形态警告。

（1）扰流板手柄未在"放下"位。

（2）停留刹车未松开。

（3）前缘襟翼未放出。

（4）后缘襟翼不在"起飞"位。

（5）水平安定面未在"绿区"（起飞区）。

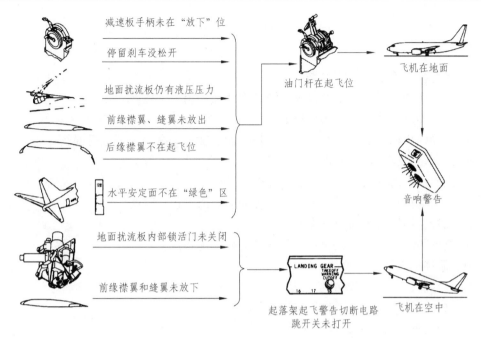

图 4-47 起飞形态警告

4.5.2 失速警告系统

失速警告系统用于当飞机接近失速时给飞行员提供明显的警告信号，以便及时改出。

小型飞机的失速警告系统一般仅根据飞机迎角信号来判断失速情况，如果飞机接近失速，则提前向飞行员发出音响警告，有的飞机在接近失速时同时发出音响和灯光警告。

大、中型飞机的失速警告系统由失速警告计算机、信号传感器和抖杆马达等组成，如图 4-48 所示。失速警告计算机接收迎角、增升装置位置、发动机功率、空/地信号以及大气数据计算机等信号，经综合处理后，一般提前 7%发出指令，使装于驾驶杆底部的一个偏心马达转动，致使驾驶杆抖动，警告飞行员飞机即将失速。除了有失速警告系统外，有的飞机还装有推杆器，当飞机即将失速时，自动向前顶驾驶杆，使飞机低头而改出失速。

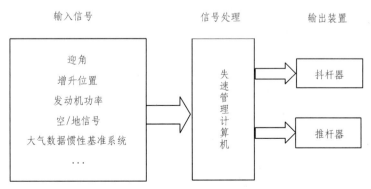

图 4-48 失速警告系统的组成

思 考 题

1. 飞行操纵系统分为哪两类？

2. 飞行主操纵系统和辅助操纵系统各有什么功用？

3. 飞行操纵系统由哪 3 部分组成？

4. 主操纵机构、辅助操纵机构、主操纵面、辅助操纵面分别包括哪些？

5. 什么是飞行主操纵原理？

6. 主操纵力的定义、来源分别是什么？

7. 无助力机械式主操纵系统主操纵力的影响因素包括哪些？

8. 飞行主操纵系统如何分类？

9. 机械传动机构的形式包括哪些？各有哪些优缺点？

10. 简述舵面锁定装置的功用及类型。

11. 简述气动补偿装置的功用及类型。

12. 简述液压助力器的组成及工作原理。

13. 简述操纵力感觉装置的功用及类型。

14. 电传操纵系统的工作原理是什么？

15. 电传操纵系统的优点有哪些？

16. 无助力主操纵系统与液压助力主操纵系统配平有何区别？

17. 简述配平、增升装置、扰流板的指示及操纵。

18. 扰流板有哪些功用？

19. 简述现代运输机驾驶盘柔性互联机构、马赫配平系统、偏航阻尼器、突风载荷降低系统、襟翼差动及过载保护的功用。

5 飞机起落架系统

5.1 起落架系统概述

飞机在地面工作期间,起落架受力较大且情况复杂,其工作性能的好坏直接影响到飞机的起飞、着陆和地面安全。起落架的主要作用是当飞机在地面运动和停放时支撑飞机重量,减小飞机着陆撞击力和振动,提供飞机地面滑跑刹车减速能力以及地面运动方向控制能力,有些飞机配备的起落架还可以收放,起飞离地后收上起落架可以减小飞行阻力。除要求起落架结构具有足够的承载能力,质量轻、维护方便之外,现代飞机还对起落架减震装置、收放系统、刹车系统和转弯系统有严格要求。

5.1.1 起落架的配置形式

起落架的一个基本功能是在地面支撑飞机。理论及实践证明,3 个不在一条直线上的支点即可形成一个稳定的支撑平面,所以现代飞机普遍采用了三点式的起落架布局。根据飞机几个起落架的相对安装位置关系不同,起落架的配置形式包括后三点式、前三点式、自行车式和多点式。

后三点式起落架[见图 5-1(a)]主要应用于早期小型、低速、单发活塞式发动机飞机,两个主起落架对称安置于飞机重心前面,尾轮位于飞机尾部。后三点式起落架结构简单、质量轻,飞机在地面停放时,机头位置稍高于机尾,在机头配置活塞式发动机和螺旋桨比较容易,并且飞机在地面运动时具有比较大的机翼迎角,飞机起飞速度小,着陆滑跑减速距离短。但后三点式起落架飞机地面运动的方向稳定性较差,当飞机在地面滑跑过程中受到跑道不平等因素影响导致偏向时,两主轮所受地面摩擦力相对飞机重心形成的偏转力矩会使得方向偏转加大,如飞行员操纵不当可能产生飞机"打地转"现象。同时,由于飞机重心靠近并高于前支点(两个主起落架),飞机地面运动的纵向稳定性也比较差,滑跑时飞行员刹车操作过重可能使飞机"拿大顶"。由于飞机方向稳定性不好,滑行中转弯过快可能导致飞机侧翻,故后三点式起落架飞机的侧向稳定性也不好。这种飞机在着陆时要求轻三点接地,接地后抱杆压尾轮,并要掌握好刹车时机,飞行员操作具有一定难度。

前三点式起落架配置形式[见图 5-1(b)]更适合应用于起飞、着陆速度较大的现代飞机,两个主起落架对称安置于左、右机翼下部、飞机重心后面,前起落架位于飞机机身前部。与后三点式起落架相比,前三点式起落架飞机地面运动的方向、纵向和侧向稳定性都较好，不容易出现倒立、打地转和侧翻现象，飞机刹车效率可以更高。这种飞机在地面停放或运动时，机身基本上处于水平状态，飞行员视野较好，飞机起飞加速时所受空气阻力较小，现代运输机通常安装的燃气涡轮发动机喷出的燃气也不会烧坏跑道。另外，前三点式起落架飞机在着陆时采用两个主轮先接地，飞行员操作相对容易一些。基于上述优点，前三点式起落架已成为现代飞机起落架最主要的配置形式。为避免飞机起飞和着陆时擦机尾，机身尾部通常还安装有尾橇。

在某些高速飞机上，因机翼较薄不便于收入尺寸较大的主起落架，所以采用了自行车式起落架配置形式［见图 5-1（c）］，两个主起落架分别安置于机身下部、飞机重心的前面和后面，左、右机翼下部还各安装有一个尺寸较小的辅助轮用于保证飞机地面运动的侧向稳定性。这种配置形式的前、后主起落架距离飞机重心较近，飞机地面转弯及起飞抬前轮都比较困难，民用飞机一般不采用这种形式。

有些大型飞机（如 B747、A340、A380）采用了多点式起落架配置形式［见图 5-1（d）和图 5-2］，它一般是在前三点式起落架基础上，增加了一个或两个机身主起落架。多点式起落架配置形式将飞机质量力分散到更多的起落架结构上和较大的接地面积上，降低了对每个主起落架和机场道面的强度要求。

（a）后三点式起落架

（b）前三点式起落架

（c）自行车式起落架

（d）多点式起落架

图 5-1　起落架的配置形式

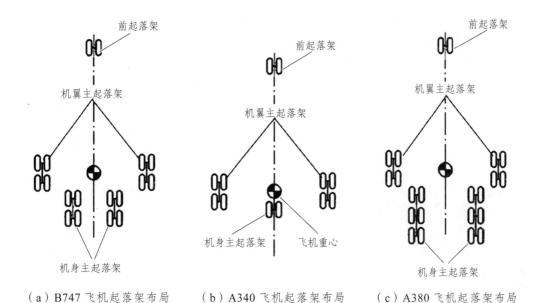

（a）B747 飞机起落架布局　　（b）A340 飞机起落架布局　　（c）A380 飞机起落架布局

图 5-2　大型民航运输机的多点式起落架

5.1.2　起落架的结构形式

　　根据飞机起落架结构及工作特点不同，起落架的结构形式分为构架式、摇臂式和支柱套筒式 3 种。

　　构架式起落架［见图 5-3（a）］由撑杆和减震支柱铰接形成的空间支架承力和减震，各杆件只承受拉压轴向力，不承受弯矩，故结构简单、质量轻。有些轻型飞机起落架更简单，只采用弹簧钢板或钢管来承受机轮传来的地面反作用力和实现飞机地面运动减震［见图 5-3（b）］。构架式起落架结构外廓尺寸较大，难以收入飞机内部，所以一般用于早期低速、起落架不能收放的轻型飞机。

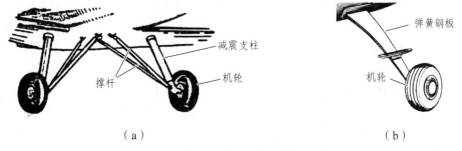

（a）　　　　　　　　　　　　　　　　　（b）

图 5-3　构架式起落架

　　支柱套筒式起落架［见图 5-4（a）］的减震支柱由外筒和内筒组成，外筒上端安装在机体结构上，内筒下端悬挂机轮。减震支柱起到承力和减震作用，飞机着陆接地时，垂直方向的地面反作用力使得减震支柱被压缩，从而产生减震效果。支柱套筒式起落架承受水平撞击，减震效果差，安装时可稍向前倾斜。这种起落架的减震支柱所受弯矩较大，密封装置局部磨损严重，容易产生支柱漏油现象，但其结构简单、质量轻，在现代飞机上应用最为广泛。在大中型飞机起落架结构上，为了减小减震支柱所受弯矩，还采用了阻力撑杆和侧撑杆，如图5-4（b）所示。

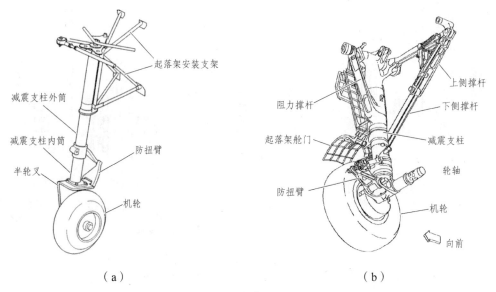

（a）   （b）

图 5-4 　支柱套筒式起落架

摇臂式起落架［见图5-5（a）］的机轮通过摇臂悬挂在承力支柱和减震器下方。当机轮受地面反作用力时，不管是水平方向还是垂直方向的作用力，都将使得摇臂转动，从而压缩减震器。所以与支柱套筒式起落架相比，摇臂式起落架承受水平撞击减震效果更好。并且由于这种起落架的减震器只受轴向力，不受弯矩，因此密封装置的工作条件也更好些。但摇臂式起落架结构复杂、质量较大，一般只应用于某些小型高速飞机。图5-5（a）所示减震器与承力支柱分开的这种摇臂式起落架多用于主起落架。有些飞机的前起落架采用了图5-5（b）所示减震器与承力支柱合为一体的摇臂式起落架，而有些后三点式起落架飞机的尾轮还使用了无承力支柱的摇臂式起落架。

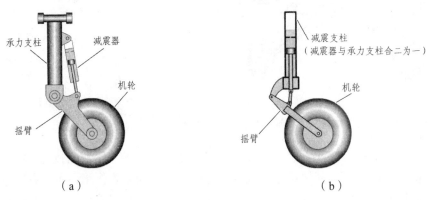

（a）   （b）

图 5-5 　摇臂式起落架

5.1.3 起落架结构的基本组成及功用

根据飞机起落架的功能特点及工作要求,其基本组成包括减震支柱、防扭臂、收放机构、机轮、主轮刹车装置和前轮转弯机构等。以图 5-6 所示某大型运输机主起落架为例,该起落架采用了支柱套筒式结构,在减震支柱下端悬挂了四轮小车式滑行装置,除基本组成外还包括侧撑杆、阻力撑杆、轮架、刹车平衡机构、轮架俯仰稳定减震器及翻转机构等。

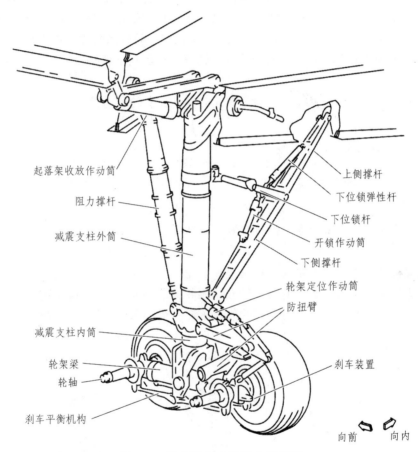

起落架收放作动筒
阻力撑杆
减震支柱外筒
减震支柱内筒
轮架梁
轮轴
刹车平衡机构

上侧撑杆
下位锁弹性杆
下位锁杆
开锁作动筒
下侧撑杆
轮架定位作动筒
防扭臂
刹车装置

向前　向内

图 5-6　某大型运输机的主起落架

起落架减震支柱上端与飞机机体铰接,下端固接轮轴或铰接轮架,主要作用是承受、传递地面载荷,减小着陆撞击与振动。

防扭臂由上、下两臂铰接而成,上臂的上端与减震支柱外筒铰接,下臂的下端与减震支柱内筒铰接,主要作用是承受、传递支柱扭矩,防止减震支柱内筒和外筒相对转动。

侧撑杆由上侧撑杆和下侧撑杆铰接而成,上侧撑杆的上端铰接于机体,下侧撑杆的下端铰接在减震支柱上,主要作用是承受、传递一部分侧向力,从而减小支柱弯矩。有的侧撑杆可作为起落架下位锁和收放机构的组成部分。

阻力撑杆上端与机体连接,下端与减震支柱连接,主要作用是承受、传递一部分纵向力，减小支柱弯矩，保证支柱纵向工作稳定。

收放机构包括收放作动筒、位置锁及开锁作动筒等，主要作用是保证起落架收放安全、可靠。

轮架是为了安装多个机轮而设置的，它铰接在减震支柱内筒下端。铰接的轮架可绕支柱铰链转动，以适应道面不平状况。为减弱由此带来的轮架振动，起落架上还安装了轮架俯仰稳定减震器，减震器一端与轮架相连，另一端与减震支柱相连。有些大型运输机起落架还有轮架翻转机构，可以在起落架收上时翻转一个角度以便顺利收轮入舱。

机轮的作用是在地面支撑飞机重量，减小飞机地面运动阻力，保证飞机地面灵活运动，同时还可吸收一部分飞机着陆撞击能量从而减震，受地面摩擦力作用而使飞机减速。主起落架机轮安装有刹车装置，而前轮可在转弯机构驱动下偏转以实现飞机地面运动方向控制。

刹车平衡机构的作用是在飞机刹车减速时保证前后轮受力及磨损均匀。

5.1.4 轮式滑行装置与机轮

5.1.4.1 轮式滑行装置

根据起降场地不同，飞机可采用不同形式的滑行装置，例如轮式、滑橇式和浮筒式等。在陆地起降的飞机采用轮式滑行装置，在冰雪场地起降的飞机可采用滑橇，而水上飞机则采用浮筒或船身式机体。其中，轮式滑行装置在现代飞机上应用最为广泛。

轮式滑行装置可分为单轮式、双轮式和多轮式。单轮式滑行装置通常应用于小型飞机，根据机轮的固定方式不同分为半轴式、半轮叉式和轮叉式，如图 5-7 所示。现代中小型飞机的主起落架和大、中型飞机的前起落架一般都采用双轮式，而大型飞机的主起落架通常采用四轮或六轮的多轮小车式，如图 5-8 所示。多轮式起落架不仅可减小飞机对机场道面的压力，而且当其中一个机轮损坏时还可保证飞机地面运动安全。

（a）半轴式　　　　（b）半轮叉式　　　　（c）轮叉式

图 5-7　单机轮的固定方式

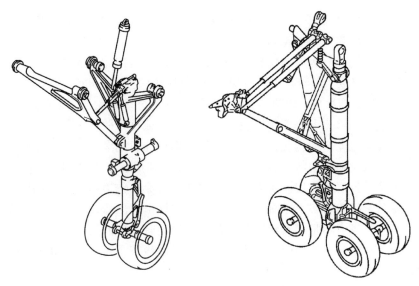

图 5-8　双轮式和多轮小车式起落架

5.1.4.2　机　轮

机轮是轮式滑行装置的重要组成部分，由轮毂和轮胎组成。

轮毂的主要作用是支撑轮胎，通常由铝合金或镁合金制成，通过轴承安装在轮轴上。轮毂主要有 3 种类型：固定轮缘式轮毂、可卸轮缘式轮毂和分离式轮毂。固定轮缘式和可卸轮缘式轮毂主要应用于早期或某些轻型飞机机轮，现代飞机机轮通常采用安全性更高、维护性更好的分离式轮毂。如图 5-9 所示，分离式轮毂由内、外半轮毂通过多个高强度连接螺栓和自锁螺帽连接在一起。

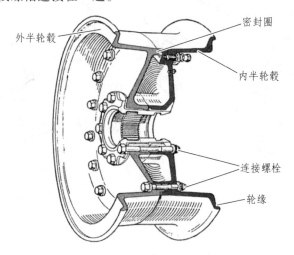

图 5-9　分离式轮毂

充入氮气的轮胎在飞机地面运动中主要起到吸收撞击、振动能量，直接承受地面摩擦力和支撑飞机重量的作用。

按充气压力不同可分为低压轮胎、中压轮胎、高压轮胎和超高压轮胎。低压和中压轮胎通常用于小型低速飞机，高压和超高压轮胎通常用于大中型高速飞机，轮胎充气压力越高，对跑道道面强度要求越高。

轮胎按构造不同可分为有内胎轮胎和无内胎轮胎。有内胎轮胎通常是中压或低压轮胎，由内胎和外胎组成，内胎是用优质橡胶材料制成的气密环形囊，而外胎主要由胎面、缓冲层、帘线层和胎圈组成，如图 5-10（a）所示。轮胎外表的胎面是耐磨的合成橡胶层，直接与地面接触，胎冠比胎侧部位厚度大。帘线层（或称为胎体）是轮胎的主要受力部分，由多层涂胶的尼龙帘线构成，若帘线层损坏则可能引起爆胎。位于胎面和帘线层之间的缓冲层是用尼龙加强的附加层，可扩散胎面所受地面反作用力，使帘线层受力均匀，同时起到保护轮胎各层的作用。胎圈由钢丝圈和胎口涂胶包边布组成，抗拉强度、刚度大，用于将轮胎紧固于轮毂上。有内胎轮胎的气密性由内胎保证，充气嘴装在内胎上并穿过轮毂，当充气压力不足导致轮胎与轮毂相对滑动时，可能切断充气嘴而导致轮胎泄气。为此在轮毂和轮胎的侧面画有一道标记线，以便检查是否有轮毂和轮胎相对滑动的现象，称为"错线"检查。

无内胎轮胎通常是高压或超高压轮胎，用优质橡胶材料的气密内层代替了内胎，靠轮胎气压将胎缘紧压在轮缘上，如图 5-10（b）所示。无内胎轮胎比有内胎轮胎更轻，更容易冷却，工作速度更高，寿命更长。现代飞机机轮普遍采用无内胎轮胎与分离式轮毂配合使用。为防止轮毂漏气，在两半轮毂分离面处安装有密封圈。所以，与有内胎轮胎不同，无内胎轮胎的气密性由气密内层和轮毂以及轮缘和胎缘结合面的压紧来保证。充气嘴安装在轮毂上，这样即使出现机轮"错线"现象，充气嘴也不会受到损坏。

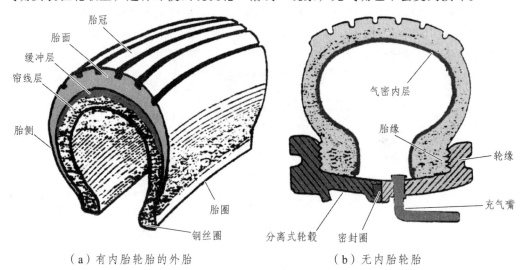

（a）有内胎轮胎的外胎   （b）无内胎轮胎

图 5-10　轮胎的结构形式

无内胎轮胎的结构如图 5-11 所示，主要由胎面层、缓冲层、帘线层、气密层和胎缘构成。根据帘线层的帘线缠绕形式不同，轮胎可分为斜交线轮胎和子午线轮胎。斜交线轮胎的帘线层中相邻两层帘线相交约 90 度，而子午线轮胎的各层帘线相互平行。斜交线轮胎的强度、抗割伤和抗穿刺的能力较强，而子午线轮胎的速度特性较好。

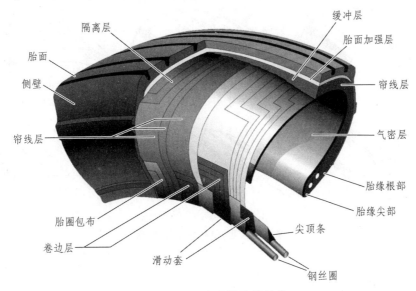

隔离层　缓冲层　胎面加强层　帘线层　气密层　胎缘根部　胎缘尖部　胎面　侧壁　帘线层　胎圈包布　卷边层　滑动套　尖顶条　钢丝圈

图 5-11　无内胎轮胎的结构

为提高轮胎与跑道道面之间的结合力，胎面上开有一定深度的胎纹。在铺装道面上使用的轮胎开沿圆周方向的胎纹［见图 5-12（a）］，具有防止轮胎滑水的作用。而在非铺装道面上使用的轮胎开菱形胎纹［见图 5-12（b）］，或同时开有菱形胎纹和沿圆周方向的胎纹［见图 5-12（c）］，这样的轮胎被称为全天候轮胎。胎面纵向花纹底部的横隔橡胶条用于观察胎面的磨损程度。

（a）　　　　　　　　（b）　　　　　　　　（c）

图 5-12　轮胎胎纹

飞机轮胎是高强度、高韧性的充气弹性体，在使用中会承受很大的静载荷和动载荷与热载荷。如果飞机地面运动中轮胎损坏爆破，将直接影响到运动方向控制，甚至导致飞机冲出跑道，造成严重后果。飞机轮胎的工作性能主要受充气压力、工作时间及温度影响，应注意在使用中保持轮胎气压、温度正常，轮胎损伤和磨损不能超过限制。每次飞行前应对飞机轮胎进行仔细检查，包括是否存在鼓包、切口等损伤（见图 5-13）以及轮胎磨损情况，确保轮胎处于良好工作状态。飞机地面运动过程中应遵守相应速度限制，采取正确的刹车、转弯操纵方法，防止轮胎损伤和过大磨损。

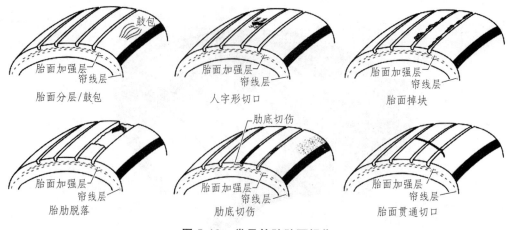

图 5-13　常见轮胎胎面损伤

5.2　起落架减震系统

飞机着陆接地时会受到很大的地面撞击力，飞机在不平道面上运动时也会产生撞击，并由此带来飞机的颠簸振动。所以，飞机必须设置减震装置，以减小飞机着陆接地和地面运动时所受撞击力并减弱颠簸振动，避免飞机结构损坏，影响起飞、着陆安全。

5.2.1　飞机减震原理

根据动量定理，两物体相互撞击时的撞击力大小与撞击时间成反比，与其动量变化量成正比，当动量变化量一定时，撞击作用时间越长，撞击力越小。

飞机着陆接地时具有一定的垂直速度，经地面撞击力作用在一定时间内减为零，相应能量需要由专门的减震装置吸收、消耗。所以，飞机着陆减震原理是：通过减震装置产生弹性变形，吸收撞击动能，延长地面撞击作用时间，从而减小撞击力；利用减震装置的热耗作用使飞机着陆撞击产生的振动能量尽快消散，从而迅速减弱飞机的颠簸振动。

5.2.2　油气式减震器

飞机减震装置包括起落架减震器和轮胎，其中减震器吸收并消耗了飞机绝大部分的地面撞击能量。根据减震原理不同，飞机起落架减震器分为橡皮式、弹簧式、油液式、油液橡皮式、油液弹簧式与油气式等。其中橡皮式和弹簧式构造简单、维护方便，在一些减震器性能要求不很高的飞机上被广泛采用。随着飞机质量和飞行速度不断增大，飞机着陆时撞击动能也相应增大，要求减震器吸收的能量就越来越多。如果飞机上仍然安装上述各类减震器，它们的体积和质量都将很大。现代飞机普遍采用减震性能优良的油气式减震器。某些飞机起落架采用的油气式减震支柱则兼具了承力与减震的功能。

如图 5-14 所示，油气式减震支柱主要由内筒（活塞与活塞杆）、外筒、带节流孔的隔板及密封装置等组成。内筒下端安装机轮或轮架（或摇臂），外筒上端连接在机翼或机身结构上。外筒下部灌充有一定量的油液（通常是加入了润滑油的石油基液压油），上部灌充一定压力的气体（通常是氮气）。带小孔的隔板固定在外筒内，将外筒内部空间分为上腔和下腔两个部分。

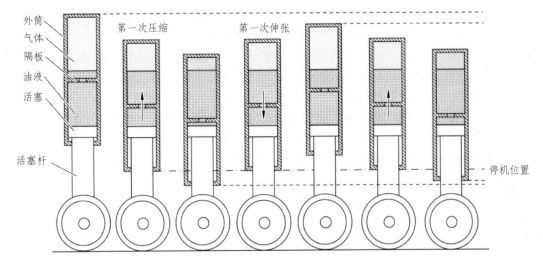

图 5-14　油气式减震支柱

　　飞机着陆接地后，飞机继续下沉，减震支柱受地面撞击力作用而被压缩，隔板下腔的油液受活塞挤压，经隔板上的小孔高速流入上腔，上部气体被压缩，气压随之增大，飞机的下沉速度由此逐渐减小，直到飞机完全停止下沉。在减震支柱压缩行程（也称为正行程）中，飞机着陆撞击动能大部分被气体吸收，其余则主要通过油液高速流过小孔时的摩擦转变为热能而耗散掉。在压缩行程的终点，由于减震支柱气压大于飞机停机状态下的气压，因此支柱会在气体作用力下伸张，隔板上腔的油液受气体挤压，经隔板上的小孔流入下腔，从而将飞机向上顶起。随着减震支柱逐渐伸张，气压逐渐减小，飞机向上运动速度也逐渐减小至零。在减震支柱伸张行程（也称为反行程）中，气体膨胀释放出能量，一部分转变为使飞机重心抬高的势能，另一部分也主要通过油液高速流过小孔时的摩擦转变为热能而耗散掉。在第一次伸张行程的终点，由于之前的压缩和伸张行程中都有部分能量以摩擦热的形式耗散掉了，所以减震支柱的伸长量比首次压缩前的伸长量要小一些，并且此时气压小于飞机停机状态下的气压，飞机会在重力作用下再次下沉，从而使减震支柱进入第二个压缩和伸张周期。以此方式继续工作，经过多次的压缩和伸张行程，减震支柱就可将飞机全部的着陆撞击动能都逐渐转变为热能耗散掉，使飞机着陆撞击产生的上下颠簸振动幅度越来越小，直至完全停止振动，减震支柱保持停机压缩量，实现飞机平稳滑跑。飞机在不平道面上运动产生撞击振动时，减震支柱的工作过程与此相同。

　　由此得出油气式减震器或减震支柱的工作原理是利用气体压缩吸收地面撞击动能，延长飞机着陆撞击时间，减小撞击力；利用油液高速流过小孔的摩擦热耗散撞击振动能量，减弱飞机颠簸振动。

　　起落架外筒传递给机体结构的力主要来自 3 个方面：气体抗压缩作用力 $P_{气}$、油液流过小孔的摩擦力 $P_{油}$ 和内外筒之间密封装置的摩擦力。其中 $P_{气}$ 主要与减震器初始充气压力以及压缩量有关，而油液作用力 $P_{油}$ 主要与通油孔面积以及油液流动速度有关。

　　飞机粗猛着陆时，减震器初始压缩速度很大，如果通油孔面积比较小，油液作用力就会突然增大，导致减震器受载也突然增大，甚至可能超过规定的最大允许载荷值，出现所谓"载荷高峰"现象，造成起落架结构受损。为避免"载荷高峰"，可增大通油孔面积以减小油液作用力，但油液在减震过程中的热耗作用也会随之降低。所以，为了兼顾减小撞击力和迅速减弱颠簸振动的需要，现代飞机起落架减震器或减震支柱广泛采用了使通油孔面积随压缩量变化的调节装置，如图 5-14 所示油针。在减震器压缩行程初期，通油孔面积较大，油液作用力小，油液可快速从下腔流入上腔，通过气体压缩吸收撞击能量，从而减小撞击力，避免"载荷高峰"。随着压缩量增大，油针逐渐插入油孔，导致通油面积逐渐减小，从而使得油液作用力逐渐增大，以保证减震器消耗撞击振动能量的效果。在减震器伸张过程中，为避免伸张速度过大出现飞机"反跳"现象，有的减震器还采用了防反跳活门（或称反行程制动活门），如图 5-15 所示。防反跳活门可在减震器伸张过程中堵住一部分通油孔，以减小油液从上腔流入下腔的流动速度以及减震器的伸张速度，从而避免飞机受较大地面撞击力时出现"反跳"现象。

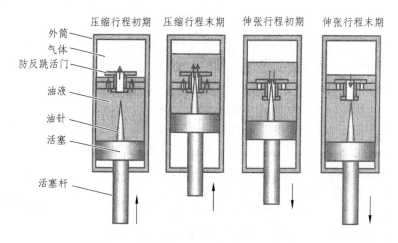

图 5-15　通油孔面积可调的油气式减震器

　　在使用中，减震器的减震性能主要通过正常的充气压力与灌油量来保证。减震器的充气压力与灌油量是按飞机减震要求确定的。如果充气压力过高或灌油过多，则减震支柱会变"硬"而难以被压缩，与正常油气灌充状态相比，相同压缩量时受力增大，支柱疲劳载荷值增大，飞机粗猛着陆时受载可能超过规定，导致起落架结构损坏；如果充气压力过低或灌油量太少，则减震支柱会变"软"而容易被压缩，与正常油气灌充状态相比，相同压缩量时吸收能量减小，达最大压缩量时可能吸收不完接地撞击能量，导致起落架刚性碰撞而损坏。减震器内的气体压力和油量不仅与充灌操作有关，还与减震器的密封性能及环境温度变化等因素有关，在航线运行中应加强检查与维护。

5.2.3 轮胎减震与过热

轮胎在飞机着陆及地面运动中也会吸收和消耗部分地面撞击振动能量。受地面撞击时，轮胎压缩变形可吸收部分撞击动能，减小着陆撞击力；随机轮在地面滚动，轮胎周期性变形产生变形热可消耗部分撞击振动能量，减弱飞机着陆后的颠簸振动。轮胎的减震性能与轮胎充气压力和轮胎橡胶变形力有关。

轮胎充气压力是根据飞机地面运动速度范围、起落架机轮受载情况、减震性能要求及磨损限制等因素综合确定的。使用中应保证轮胎充气压力正常。如果充气压力过大，轮胎帘线层受力增大，飞机粗猛着陆或越障受撞击时，可能导致帘线层断裂而爆胎。充气压力过小，轮胎周期变形量增大，变形热增加，可能导致轮胎提前老化与疲劳破坏。轮胎充气压力过小还会引起胎侧接地磨损、轮毂与地面刚性撞击、轮胎与轮毂相对滑动等问题。轮胎的工作气压不仅与充气压力有关，还与轮胎气密性能及工作温度有关，使用及维护中应注意检查控制。

轮胎橡胶的变形力即弹性力，其大小随橡胶的老化程度而减小，因老化使橡胶变硬、变脆、弹性降低，轮胎减震性能下降且容易损坏。橡胶老化的主要原因之一是其工作温度的升高。

轮胎过热是指轮胎工作温度过高。轮胎过热将导致气压显著增大，橡胶抗拉与抗剪强度显著降低，容易出现轮胎脱层、剥离和爆破。轮胎工作温度升高的主要原因是轮胎变形热、地面摩擦热与刹车热。

轮胎变形热由轮胎周期性变形引起，其大小与轮胎充气压力有关。充气压力过小则轮胎周期变形量增大，变形热增加。随轮胎工作温度升高、气压增大，可减小变形量，但又加大了轮胎受力和橡胶老化。飞机轮胎变形量比汽车轮胎大得多，变形热也大得多，因此更容易老化。刹车热由机轮刹车装置产生，经轮毂传给轮胎。当粗猛刹车引起热量过于集中时，可使轮胎工作温度显著升高。地面摩擦热与滑跑距离及使用刹车等因素有关。

轮胎的工作性能直接影响到飞机起飞、着陆安全。使用中保证轮胎工作安全可靠，主要是防止轮胎过热及轮胎受载过大。

为了防止轮胎过热，除保证轮胎充气压力正常以避免轮胎变形热过大之外，飞机着陆时还应控制好接地速度，及时打开减速板和使用发动机反推，以减少刹车热和地面摩擦热；正确使用刹车，防止粗猛刹车加剧轮胎磨损与过热，滑跑中刹死轮胎可能使触地部分完全磨平，过大的摩擦热可能使胎面胶熔化（刹车起火）；夏季飞行时，应尽量逆风起、降或减少使用刹车；起落训练飞行时可不收起落架，以充分利用迎面冲压气流冷却机轮。另外，飞机大重量快速过站时，在刹车装置及轮胎中仍积蓄有不少热量，需经过一段时间冷却后才能降低。如果过站时间太短，则飞机再次起飞时轮胎可能处于较热状态，在中断起飞施加重刹车时，可能引起热熔塞熔化泄压，或过热状态而爆胎，导致飞机冲出跑道。因此，航线飞机都有快速过站最大重量和刹车冷却时间限制，飞行员应按要求保证过站停机冷却时间 20～30 min 以上。除此以外，现代运输机还普遍采用通风式刹车盘和刹车冷却风扇加强散热；在轮毂刹车装置外侧安装隔热护套，以减弱刹车装置向轮毂传递热量；安装电子式刹车温度监控装置，以便根据轮胎工作温度适当调节刹车压力；

在轮毂上安装热熔塞，当温度升高到一定值时，热熔塞熔化，轮胎缓慢放气，防止爆胎；有些飞机轮毂上还安装有安全活门用以释放过高压力，确保轮胎安全。

轮胎所受载荷超过限制将使其产生过大变形而降低安全寿命。为避免轮胎受载过大，飞行员应严格控制飞机起飞与着陆滑跑重量及速度，避免产生过大撞击力；保证滑行与滑跑道面干净无障碍，防止轮胎撞击损伤与刺伤（飞机地面运动中轮胎产生严重损伤而导致爆胎，损伤多由道面异物扎刺引起）；使用中还应注意检查轮胎磨损情况及气压，不允许用放气的方法降低过热轮胎的气压，以免轮胎减震性能随温度下降而降低过多。

5.2.4　起落架严重受载情况

5.2.4.1　起落架载荷与过载

起落架所受载荷按使用状态不同主要分为停机载荷、着陆与滑跑撞击载荷、刹车与滑行载荷。停机载荷是起落架支持飞机停放所受到的地面反作用力，与飞机自身重量有关。着陆撞击载荷是飞机着陆接地时起落架受到的地面撞击力，与飞机着陆重量、速度、姿态、减震装置性能等因素有关。滑跑撞击载荷是飞机地面滑跑时受到的迎面撞击力，主要与道面不平及障碍有关。刹车载荷是飞机地面滑跑过程中使用刹车时起落架受到的地面摩擦力，主要与刹车操纵及道面状况有关。滑行载荷主要是地面摩擦力与转弯反力矩，与飞机重量、轮胎及道面状况、转弯操纵等因素有关。

起落架在飞机着陆接地时和地面运动过程中所受的动载荷按其方向分为垂直载荷 P_y、水平载荷 P_x、侧向载荷 P_z。起落架过载则是起落架某方向所受的载荷与停机载荷 P_0 的比值，分别表示为

$$n_x = \frac{P_x}{P_0}, \quad n_y = \frac{P_y}{P_0}, \quad n_z = \frac{P_z}{P_0} \tag{5-1}$$

起落架强度设计时，按各方向载荷的严重情况设计相应的强度与刚度。

5.2.4.2　垂直载荷的严重情况

飞机着陆接地时起落架所受垂直载荷 P_y 可能达到最大。影响 P_y 的因素有飞机着陆重量、下沉速度、着陆姿态、减震装置的"软、硬"性能等。飞机着陆重量越大，接地时飞机下沉速度越大，起落架所受垂直载荷 P_y 也越大。着陆姿态不正常可能导致一边主轮或前轮先接地，P_y 可能超过起落架承载极限。减震支柱太"硬"则难以被压缩，太"软"又可能发生刚性撞击，使 P_y 达到最大值。因此，飞机着陆重量过大、下沉速度过大、着陆姿态不正常、减震支柱太"硬"或太"软"都会导致起落架垂直载荷的严重情况。

5.2.4.3　水平载荷的严重情况

沿飞机机身纵轴方向的水平载荷 P_x 包括地面对机轮的摩擦力与迎面撞击力。地面摩擦力在机轮带刹车接地和重刹车时可能达到最大值。道面不平或有障碍时，飞机地面滑

跑还会受到迎面撞击力作用。因此，水平载荷的严重情况产生于踩着刹车接地、重着陆、重刹车和受迎面撞击。

5.2.4.4 侧向载荷的严重情况

垂直于机轮旋转平面的侧向载荷 P_z 产生于飞机侧滑接地和滑行转弯。飞机侧滑接地时，主轮受地面侧向摩擦力作用，侧滑角越大、接地前回盘越猛，则侧向载荷越大。飞机地面滑行转弯时，机轮与起落架支柱分别受侧向摩擦力与扭矩作用，大速度滑行中急转弯和小速度原地转弯都可能使起落架所受侧向载荷达最大值。

起落架受载的严重情况不仅要考虑单方向受载状况，还应考虑 P_y、P_x、P_z 的共同作用，因为 P_y、P_x、P_z 共同作用也可能使起落架受载超过限制。

5.2.4.5 起落架结构损坏的典型情况

起落架设计载荷决定了起落架结构的承载能力，并由此提出了有关使用限制规定。如果起落架载荷在使用中超过了允许值，则可能导致其结构损坏。日常工作中应注意加强检查，以确保起落架结构的承载能力不降低。

实际运行中，飞机起落架结构损坏的典型情况包括：

（1）气流漩涡作用导致起落架护板和舱门产生裂纹、扭曲与击伤等。

（2）减震装置密封损坏导致漏油、漏气，减震性能下降而载荷增大，减震支柱、撑杆、轮轴等连接处产生裂纹。

（3）刹车装置摩擦面破碎或发生熔焊现象，防滞刹车失效导致机轮卡滞而爆胎。

（4）刺穿、裂口、磨伤造成轮胎损坏，使飞机地面运动方向失控，飞出的破损碎片击穿飞机机体结构，甚至引起机翼油箱着火。

（5）轮胎磨损不均导致飞机地面滑跑过程中及离地后的振动。

（6）收放机构变形过大导致起落架收放运动卡阻，位置锁失效而无法上锁，舱门变形打不开等。

（7）前轮转弯机构变形卡阻，前轮摆振使构件受力增大而损坏。

对于直接危及飞行安全的失效故障，飞行手册中都有相应的处置措施，使用飞机前应有所了解，并可在模拟机上模拟训练。

5.3 起落架收放系统

5.3.1 起落架收放要求

除部分小型低速通用飞机外，大多数现代飞机起落架都是可以收放的。收上起落架飞行可减小飞机飞行阻力、提高飞行速度、减少燃油消耗、增大航程，而且有利于飞机飞行姿态控制。现代飞机起落架收放系统通常以液压作为正常收放动力源，以液压、气源或电力作为备用动力源。起落架收放系统能否正常工作直接影响到飞机的起飞着陆安全。

大多数现代飞机都采用了前三点式起落架布局，其机翼主起落架收放有沿翼展和翼弦方向两种形式。由于机翼根部和机身内部空间较大，方便设置为起落架舱，所以现代飞机机翼主起落架通常采用沿翼展方向向内收入机翼根部或机身的形式，如图 5-16（a）所示。在采用了多点式起落架配置形式的大型飞机上，其机身主起落架通常采用向前或向后收入机身的形式。为便于将尺寸较大的起落架收入空间有限的起落架舱，有些飞机起落架上还安装有转轮或转轮架机构。

与主起落架相比，由于前起落架质量相对较小，为便于在应急放起落架时能充分利用气动力驱动起落架放下，大多数现代飞机的前起落架都采用了沿机身纵轴方向向前收入机身的形式，如图 5-16（b）所示。

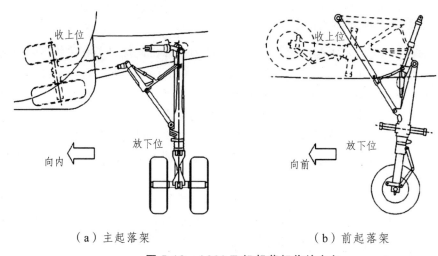

（a）主起落架   （b）前起落架

图 5-16　A320 飞机起落架收放方向

为保证起落架的收放安全、可靠，起落架收放系统应满足下列要求：收放时间要符合规定；起落架收上、放下到位需可靠固定；起落架舱门开关、起落架位置锁的开锁与起落架收放动作要协调；飞行员能掌握起落架收放位置状态；起落架处于不安全着陆形态时应提醒飞行员；起落架不能正常放下时能应急放下；应能防止地面误收起落架。为此，起落架收放系统应包括收放作动筒、收放位置锁和开锁作动筒、舱门作动筒等收放机构以及具有顺序控制功能的液压系统、收放控制与位置指示装置、起落架形态警告系统、应急放起落架系统和防止地面误收起落架的安全措施。

5.3.2　起落架收放机构

起落架收放机构包括收放作动筒、位置锁、开锁作动筒、舱门机构及协调装置等。

现代飞机通常采用作动筒作为起落架收放动力源，由驾驶舱起落架收放手柄控制液压换向活门，使液压进入作动筒传动起落架收放，保证收放时间与平稳上锁。

　　起落架收放位置锁包括收上锁（或称上位锁）和放下锁（或称下位锁）。收上锁用于将起落架可靠锁定在收上位，以防止飞行中自动放下；放下锁用于将起落架锁定在放下位，以防止受地面撞击而收起。位置锁一般为机械式，也有的飞机采用收上液锁，当起落架收上到位时，将液压油封闭于收上管路，使起落架收放作动筒不能移动，从而锁定起落架在收上位。

　　机械式位置锁有挂钩式和撑杆式两种。挂钩锁主要由锁钩、锁弹簧和锁滚轮组成。图 5-17 所示为典型上位挂钩锁，当起落架收上时，减震支柱上的锁滚轮挤压锁钩逆时针方向转动并进入锁钩，由锁弹簧保证上锁固定。放下开锁时，液压油进入开锁作动筒，活塞杆伸出，推动锁钩顺时针方向转动，从而使锁滚轮从锁钩中脱出而开锁。有的飞机液压开锁失效时，可操纵人工开锁手柄经机械传动使锁钩转动而开锁。现代运输机主起落架收上锁通常采用挂钩锁，有些飞机前起落架收上锁也采用挂钩锁。

　　撑杆锁也称为过中心锁，主要由可折锁杆和锁弹簧组成。以图 5-17 所示起落架放下位撑杆锁为例，当起落架放下到位时，两段式可折叠下位锁锁杆在下位锁弹簧作用下形成一根刚性杆，撑住上侧撑杆和下侧撑杆的铰链点使其不能折叠，从而锁定起落架在放下位。收上开锁时，液压油进入下位锁开锁作动筒，活塞杆缩入，拉动锁杆和侧撑杆折叠而开锁。然后由起落架收放作动筒驱动起落架收上。现代运输机主起落架和前起落架的放下锁通常采用撑杆锁，有些飞机前起落架收上锁也采用撑杆锁。

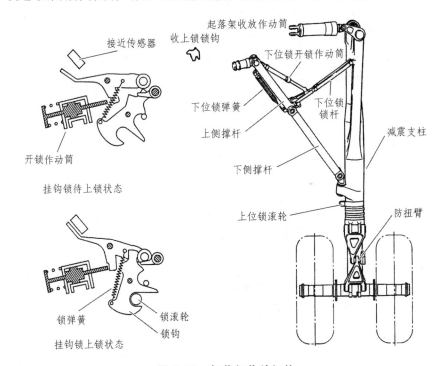

图 5-17　起落架收放机构

　　现代运输机起落架舱门通常包括主舱门和辅助舱门，如图 5-18 所示，由舱门机构驱动其打开或关闭。主舱门通常由液压的舱门开关作动筒驱动，舱门开关和起落架收放动作的协调由起落架液压收放系统的顺序控制逻辑保证，在起落架收放之前，主舱门打开，在起落架收放到位锁定后，主舱门关闭。辅助舱门通常由连接在起落架结构上（如减震支柱）的连杆直接驱动，随起落架收放而同步打开或关闭。

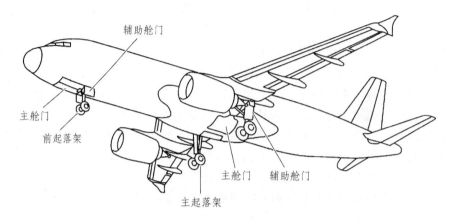

图 5-18　起落架舱门

5.3.3　起落架液压收放系统

现代飞机普遍采用液压系统作为起落架收放的正常动力源。起落架液压收放系统通常包括起落架收放手柄、收放选择活门以及收放作动筒、位置锁开锁作动筒、舱门开关作动筒、微动电门、指示和警告及应急放下装置等。起落架收放选择活门为一个液压换向活门，受驾驶舱内起落架收放手柄控制。在起落架液压收放系统工作过程中，收放作动筒、位置锁开锁作动筒和舱门开关作动筒必须按一定顺序协调工作，实现顺序控制的方法包括采用顺序控制活门、优先活门、液压延时器以及起落架收放控制组件程序控制等。

图 5-19 所示为某飞机起落架液压收放系统，该飞机主起落架舱门由单独的开关作动筒驱动，而前起落架舱门由连杆机械驱动。为保证主起落架舱门开关、位置锁开锁以及收放动作协调，该系统使用了顺序控制活门。当飞行员将起落架收放手柄置于"收上"位时，起落架收放选择活门就工作在收上状态（见图 5-19）。来自于飞机液压系统的液压油经收上管路首先流入 3 个起落架的下位锁开锁作动筒，以打开下位锁。同时，液压油也供入 3 个起落架收放作动筒的收上端，驱动起落架收入轮舱。只有在主起落架收上到位后，机械驱动的舱门顺序活门才会被顶开，让液压油流入舱门开关作动筒的关门端，使主起落架舱门关闭。在收起落架过程中，主起落架顺序活门保持打开，保证了收放作动筒的顺利回油。放起落架时，液压油经选择活门流入放下管路，一方面使前起落架先打开上位锁然后再放下，另一方面使主起落架先打开舱门，在舱门完全打开后，由机械驱动的主起落架顺序活门才会被顶开，让液压油进入上位锁开锁作动筒和收放作动筒的放下端，使起落架上位锁开锁并放下。在开舱门过程中，舱门顺序活门保持打开，保证了舱门开关作动筒的顺利回油。单向节流活门限制了主起落架放下速度，以保证起落架平稳放下，避免发生撞击损坏。

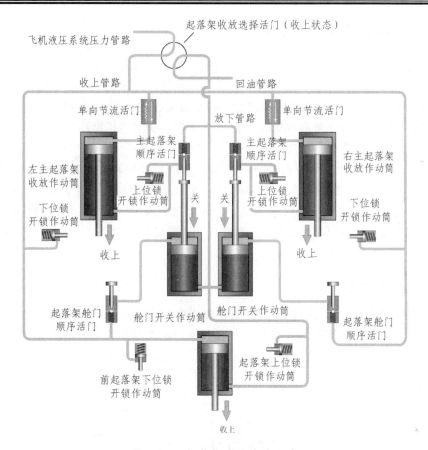

图 5-19 起落架液压收放系统

图 5-20 所示为 A320 飞机起落架液压收放系统控制原理。起落架控制和接口组件（Landing Gear Control Interface Unit，LGCIU）接收起落架收放手柄和接近传感器信号，根据组件内置程序控制舱门选择活门和起落架选择活门的打开顺序，保证舱门开关及起落架收放动作协调。

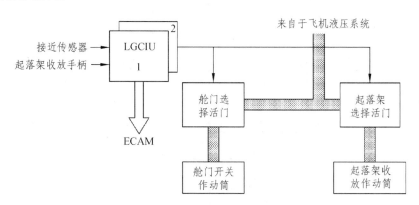

图 5-20 A320 飞机起落架液压收放系统控制原理

5.3.4 起落架收放控制与指示

可收放起落架在起飞后和着陆前需要操纵起落架收起和放下，以减小飞行阻力。起飞离地后，核实正确爬升率，将起落架手柄拉出或按入并扳到"收上"位，核实指示正常。飞机进近或着陆阶段，调整好空速后，将起落架收放手柄拉出或按入并扳到"放下"位，核实指示正常。当正常放起落架后指示不正常，确定不是指示装置故障，按照应急放起落架程序放下起落架，核实指示。

为防止起落架受力过大及影响飞行性能，起落架收放存在速度限制，包括最大起落架收放速度 V_{LO} 和起落架放下最大速度 V_{LE}。最大起落架收放速度 V_{LO} 是操纵起落架的最大速度，大于此速度不能收放起落架。起落架放下最大速度 V_{LE} 是起落架放下时的允许最大飞行速度。不同飞机收放起落架的高度、速度等条件不一样，使用时应严格按规定。

5.3.4.1 起落架收放手柄

现代飞机起落架正常收放都由驾驶舱内起落架收放手柄控制。B737 飞机起落架操纵手柄如图 5-21 所示，该手柄位于驾驶舱中央仪表板的起落架收放控制面板上，有 3 个位置：UP（收上）、OFF（关断）和 DN（放下）。飞机起飞离地后收起落架时，飞行员将

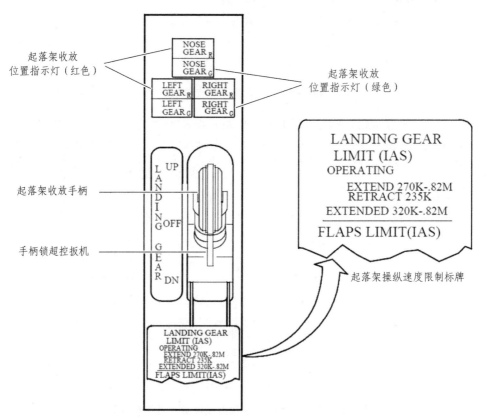

图 5-21　B737 飞机起落架收放控制面板

收放手柄扳至 UP 位，控制液压油经起落架选择活门流入收上管路，驱动起落架收上。起落架收上锁定后，飞行员按操作程序将收放手柄扳至 OFF 位，使起落架收放液压管路释压，起落架在机械式收上锁的作用下保持在收上锁定位。飞机着陆前放起落架时，飞行员将收放手柄扳至 DN 位，液压油经起落架选择活门流入放下管路，驱动起落架放下到位并锁住。有些飞机起落架收放手柄只有两个位置（见图 5-22）：UP（收上）和 DOWN（放下）。

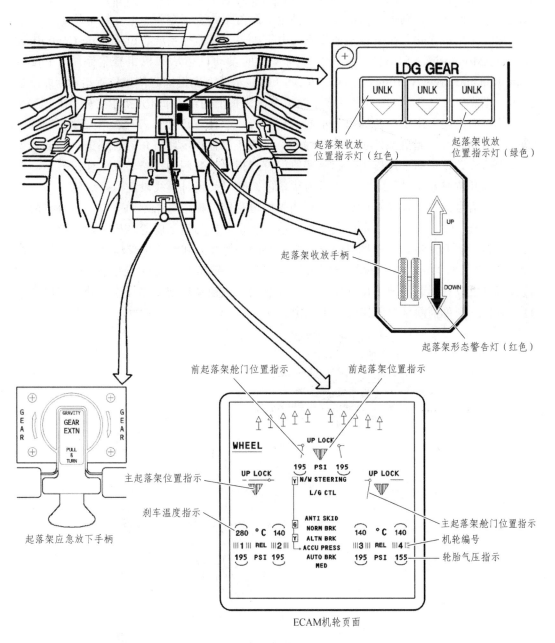

图 5-22　A320 飞机起落架收放控制与指示

5.3.4.2 起落架收放位置指示

CCAR-25 部规定可收放式起落架飞机驾驶舱内必须提供起落架位置指示，供飞行员判断起落架是否收放到位并锁定。起落架位置指示分为电气信号指示和机械信号指示。现代飞机普遍采用了电气信号指示，通常由起落架位置锁附近的接近传感器发出起落架位置信号，可分为灯光指示和屏显指示。图 5-21 所示 B737 飞机就采用了灯光指示，包括红灯和绿灯，红灯亮表示起落架收放手柄位置与起落架位置不一致，即起落架处于收放过程中，而绿灯亮则表示起落架放下锁定。起落架收上锁定后，红、绿灯均熄灭。

除灯光指示之外，在空客系列飞机的电子中央飞机监控系统（Electronic Centralized Aircraft Monitoring, ECAM）或波音系列飞机的发动机指示和机组警告系统（Engine Indication and Crew Alerting System, EICAS）的显示屏上也提供起落架位置指示，即屏显指示。以图 5-22 所示 A320 飞机为例，除中央仪表板上的红、绿灯光指示之外，在 ECAM 的机轮页面上还采用了三角标志表示起落架位置。绿色三角标志表示起落架放下锁定，红色三角标志表示起落架处于收放过程中，起落架收上锁定后三角标志消失。除起落架位置指示外，该页面上还提供了起落架舱门位置指示，舱门用一条转动的线段表示。舱门处于打开位或开关过程中时，线段为琥珀色，舱门关闭时，线段显示为绿色。

电气信号指示失效或不可靠时，有些飞机可利用机械信号指示由飞行员目视判断起落架是否放下锁定，包括指示标线、指示箭头、指示杆和指示牌等。机械信号指示通常设置在起落架下位锁处，其目视检查窗口一般位于驾驶舱和客舱中部地板上。以图 5-23 所示 B737 飞机为例，在目视检查主起落架是否放下锁定时，飞行员通过客舱地板上的检查窗口可以看到起落架下位锁位置，若观察到下位锁锁杆与侧撑杆连接处的三段红色标线对齐，则可判断该起落架已放下锁定。

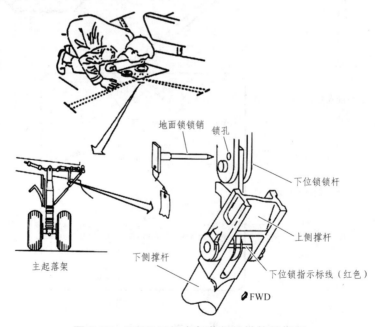

图 5-23　B737 飞机主起落架机械信号指示

5.3.4.3 起落架形态警告

起落架形态警告用于在飞机处于着陆状态时通过灯光（或屏显）和声响警告提醒飞行员放下起落架，以保证着陆安全。

现代民航运输机起落架收放位置指示红灯（见图5-21）不仅用于表示起落架处于收放过程中，还可作为起落架形态警告灯。当起落架未放下锁定，飞行员将发动机油门杆收回到慢车位时，起落架形态警告灯亮，从而提醒飞行员。而在有 EICAS 和 ECAM 的飞机上，除红色的起落架形态警告灯外（见图5-22），还采用了屏幕文字警告显示（如"CONFIG GEAR"）来提醒飞行员放下起落架。

起落架形态警告通常与油门杆位置、襟翼位置以及飞机无线电高度有关。当飞机着陆放襟翼、收油门、降低高度到一定程度，而任意一个起落架未放下锁定时，起落架形态警告系统就会发出声响警告，如图5-24所示。当飞机高度较高、襟翼放下角度较小时，声响警告喇叭可以通过一个切断电门人工止响。但当飞机高度太低或襟翼放下角度太大时，警告喇叭就不能止响了。

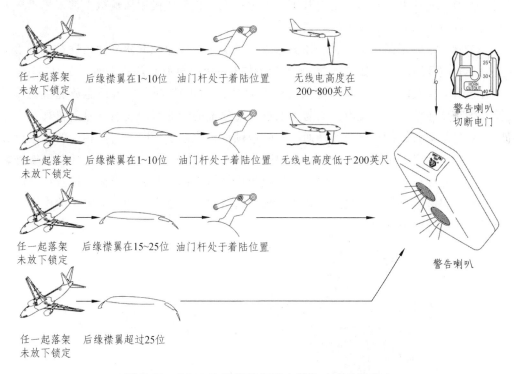

图5-24　B737飞机起落架形态警告（声响警告）

5.3.5　应急放起落架系统

着陆时，起落架不能放下将引发严重安全事故。CCAR25部第25.729（c）规定"必须有应急措施可在下列情况下放下起落架：（1）正常收放系统中任何合理可能的失效；

或（2）任何单个液压源、电源或等效能源的失效"。为了保证飞机能够安全着陆，可收放起落架的飞机都装备有应急放起落架系统。应急放起落架系统独立于正常起落架收放系统。

依据起落架收放系统的工作原理，起落架放下的关键问题集中在如下两个方面：开启上位锁和驱动起落架放下。

对收上锁为液锁的起落架，应急放下时主要操纵应急放下手柄，控制应急放下活门打开，使收上管路回油解除液锁，起落架在自身重量及气流冲压作用下放下并锁定。常见运输机起落架上位锁需要作动筒来进行开锁，同时，起落架放下也需要液压向收放作动筒提供驱动力。当系统出现故障而不能正常放下时，必须使用应急放起落架系统中的备用开锁方式及备用驱动力放下起落架。

常见的备用开锁方式包括机械开锁和动力开锁两种方式。常见的放起落架备用驱动力包括重力（气动力）及备用动力能源两类。根据起落架开锁和放起落架的驱动力不同组合方式，应急放起落架系统主要有 3 种类型：机械开锁，重力（气动力）放下；动力开锁，重力（气动力）放下；动力开锁，动力放下。在现代民用运输机中常采用机械方式开锁，重力（气动力）放下的方式。

B737 和 A320 采用机械开锁，重力放下，该类飞机应急放起落架通常通过机械手柄或曲柄来完成开锁动作。如图 5-25 所示为 B737 飞机应急放起落架手柄。当 B737 飞机正常放起落架失效时，可以将起落架收放手柄置于"OFF"位并打开应急放起落架接近面板，此时该面板上的位置电门向起落架选择活门上的旁通活门发出信号，将其置于旁通位，使起落架收放作动筒两腔连通，解除液锁。当拉起手柄时，与其相连的钢索通过传动机构驱动对应起落架上位锁开锁。如图 5-22 所示为 A320 飞机的应急放起落架操纵机构，拉出并转动该机构，将解除起落架收放作动筒液锁，并通过机械连接直接开启舱门上位锁和起落架上位锁。最后，两种飞机的起落架都在重力（和气动力）的作用下完成放下并锁定的整个过程。

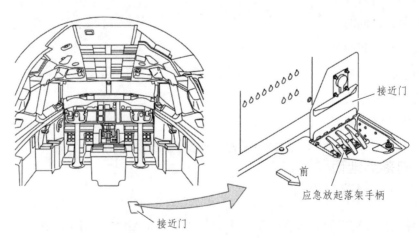

接近门
接近门
前
应急放起落架手柄

图 5-25　B737 飞机应急起落架手柄

B747 飞机采用动力开锁，重力放下的方式。该飞机的应急放起落架方式是依靠电机驱动上位锁打开，其操纵方式为采用电门控制，如图 5-26 所示为 B747-400 飞机应急放起落架电门。开锁后，该飞机依靠重力（气动力）放下起落架。

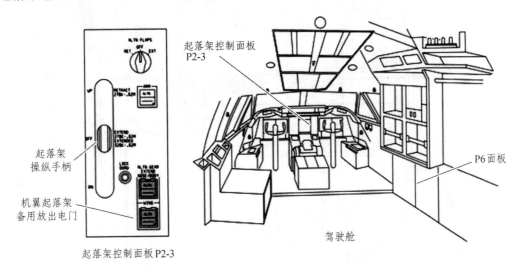

图 5-26　B747-400 飞机应急放起落架电门

部分小型飞机，由于起落架较小、气动干扰大等原因，仅依靠重力起落架不能可靠放下并锁定，因此在这类飞机中就必须采用备用的驱动能源完成起落架的应急放下。有的飞机采用应急液压源放下起落架，应急液压由电动油泵或手摇泵提供。采用应急液压或气压放下起落架时，一般也采用备用能源开锁，而不采用人工方式打开收上锁。

例如，湾流 450 飞机的应急放起落架系统采用高压氮气瓶作为备用能源，如图 5-27 所示。当飞行员用力拉起应急放下起落架的 T 形手柄时，该手柄通过机械连接驱动氮气释放活门，高压氮气从钢瓶中冲出，驱动起落架选择活门将上位锁及起落架作动筒回油管路接通油箱，同时通过往复活门隔离液压系统，并直接将高压氮气供向锁作动筒和收放作动筒，驱动起落架放下锁定。

飞行中，如果操纵应急放起落架手柄或者电门仍未能将起落架放下到指定位置，可以采用空中机动的方式尝试通过惯性力将起落架放下锁定。另外，通过应急放起落架之后，通常需要将起落架收放手柄设置为"放下"位，起落架位置指示系统才能正常指示。

5.3.6　起落架地面安全措施

飞机在地面停放时，要有地面安全装置，防止起落架意外收起而造成人员伤害和设备损坏。

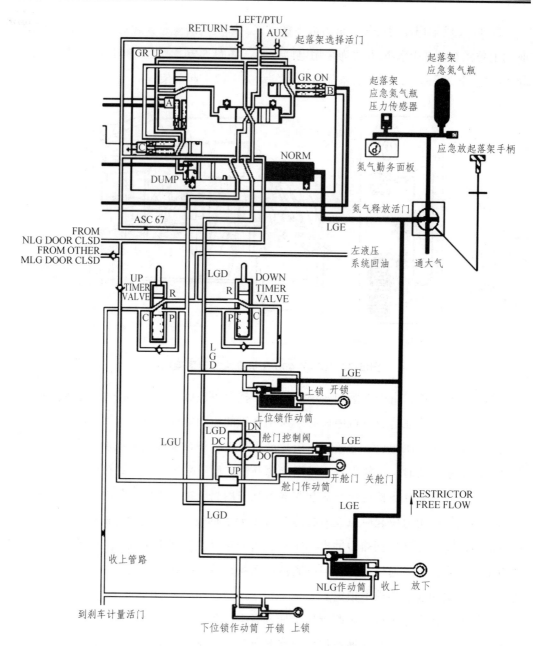

图 5-27　湾流 450 飞机应急放下起落架系统

5.3.6.1　起落架手柄防误动措施

　　起落架手柄通常不能直接扳动，图 5-28 所示为 B737 飞机起落架手柄构造，当起落架手柄在 DN、OFF 和 UP 位时，手柄上的滚轮在弹簧力作用下卡入卡槽中。如果不将手柄提起，则手柄不能扳动。手柄操作完成后松开，手柄卡销又进入新位置的卡槽中。该设计可以防止起落架意外被扳动而造成起落架收起的情况发生。

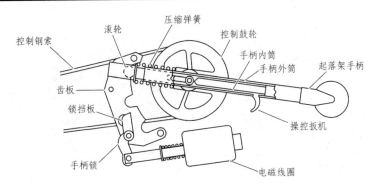

图 5-28 B737 起落架收放手柄机构图

5.3.6.2 起落架收放手柄电磁锁

民航运输机中通常采用起落架手柄锁将起落架手柄锁定在放下位，可以避免错误操纵。当飞机在地面时，位于起落架支柱上的空/地电门（安全电门）感受到起落架支柱压缩，使手柄锁电磁机构断电，弹簧通过手柄锁连杆驱动锁机构进入锁定位，使收放手柄不能扳到"收上"位，避免起落架被收起。当飞机离开地面时，空/地电门控制电磁锁通电，电磁力克服弹簧力将锁机构驱动到开锁位，起落架手柄可正常扳动到"收起位"。图 5-28 所示为 B737 飞机手柄锁机构。如果手柄锁发生故障，在飞行时没有解除起落架手柄锁，该飞机收放手柄上装有超控扳机，该装置可超控手柄电磁锁，使手柄扳到"收上"位。

5.3.6.3 地面机械锁

地面机械锁通过机械措施锁定收放机构，它是飞机防误收的最直接措施。地面机械锁常见的有两类：安全锁销和套筒锁。如图 5-29 所示为 B737 飞机主起落架安全锁销，将安全锁销插入到下位锁撑杆中的折叠转动部位或支撑结构的孔中，使上下锁连杆和侧撑杆不能转动折叠，防止地面误收起起落架。图 5-30 所示为 A320 飞机主起落架地面安

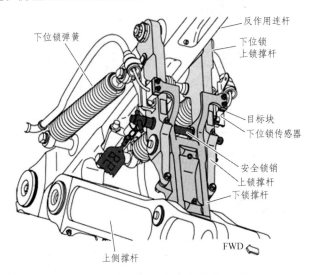

图 5-29 B737NG 地面安全锁销

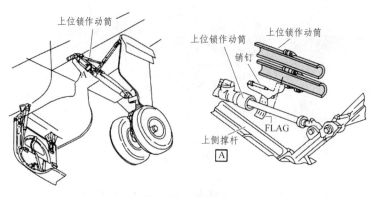

图 5-30 套筒锁

全措施。该飞机采用套筒将起落架下位锁作动筒伸出的活塞杆夹住，并用锁销固定，使活塞杆不能缩入，从而阻止了下位锁开锁过程，防止地面误收起起落架。

安全锁销或套筒上挂上红色标签，标签上有"REMOVE BEFORE FLIGHT"（起飞前拆下）文字标志，提醒注意。如果飞机起飞时未取下地面机械锁，起飞后起落架将不能收起。

5.3.6.4   收放电路控制

部分通用飞机起落架采用液压收放，其液压系统采用电动泵增压，这类飞机可以采用空/地电门（又称为安全电门）控制电动泵的电路。当飞机在地面时，空/地电门切断电动液压泵的电源，由于液压系统无压力，起落架不能收起。图 5-31 所示是 TB20 飞机空/地电门安装位置。

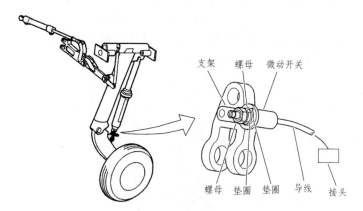

图 5-31   TB20 飞机空/地电门安装位置

5.4   起落架刹车系统

飞机起飞、着陆滑跑速度大，为了缩短滑跑距离，保证中断起飞与着陆过程的安全，现代飞机都设置了各类减速装置。小型机主要靠刹车时地面摩擦力和放襟翼的气动阻力减速，涡桨式飞机也可利用负拉力减速。现代大型客机的减速力包括放出减速板与襟翼的气动阻力，发动机反推力和刹车时产生的地面摩擦力。例如，B747 飞机着陆重量 500 000 lb（227 t）时，减速力可达重力的一半。在着陆滑跑前段地速大时，总减速力的 55% 是空气阻力和反推提供，45% 由刹车力提供；在低速时，刹车提供 80% 的减速力。因此干跑道上滑跑时刹车是主要的减速手段，刹车减速性能直接影响到飞机着陆与中止起飞的安全。

刹车系统还可以完成制动，保证飞机在地面试车或其他操纵时飞机不滑动。另外，刹车系统还可以完成或协助地面转弯。

5.4.1　刹车减速原理

飞机在地面滑跑时，驱动机轮转动的外力（滚转力矩）与阻止机轮转动的外力（阻滚力矩）如图 5-32 所示。机轮在飞机向前平动的过程中，地面摩擦力 F 使机轮向前滚转，滚转力矩为 $F \times R$（R 为机轮半径，假定不考虑轮胎径向变形）。机轮受压变形，加之飞机向前滑跑，致使地面反作用力 P 偏离中心 e 而形成阻滚力矩 $P \times e$。除此之外，阻滚力矩还包括刹车力矩 M_b 和轴承摩擦力矩 M_z。

当阻滚力矩大于滚转力矩时，机轮减速滚转；反之，机轮加速滚转；当阻滚力矩等于滚转力矩时，机轮匀速滚转。地面摩擦力 F 与飞机速度 v 方向相反，是飞机减速力。

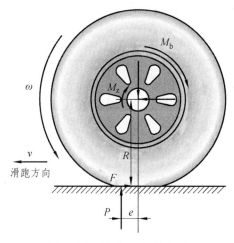

图 5-32　滚动机轮受力图

飞机着陆过程中，当飞机未接地时，起落架放出，但机轮没有开始转动。着陆瞬间，轮胎和地面间相对滑动产生摩擦力 F，同时由于未刹车（$M_b = 0$），所以 $F \times R > P \times e + M_z$，机轮开始加速滚动。

假设地面摩擦力 F 维持恒定，而机轮刹车也不工作，那么摩擦力 F 将使机轮一直加速。但是机轮不可能一直加速，因为在机轮没有其他动力驱动的情况下，机轮的滚动速度不可能大于飞机滑跑速度（否则会产生向前的摩擦力，机轮带动飞机加速）。真实情况是，当机轮接地后如果没有施加刹车，随着机轮的加速转动，轮胎与地面之间的摩擦力

F 逐渐减小，当机轮滚动速度与飞机地速接近时，$F \times R = P \times e + M_z$，此时机轮不再加速滚转，而维持匀速滚转运动（不考虑气动阻力、发动机反推等因素），但地面与轮胎之间的摩擦力 F 很小，对飞机减速起不到明显的效果。

要想增大飞机减速力 F，必须使机轮滚动速度与飞机滑行速度之间维持一个足够的差值，刹车就是完成此项功能的部件。在一定范围内，当施加刹车时，刹车盘在机轮上通过摩擦形成阻滚力矩 M_b，从而使机轮转速降低，地面摩擦力 F 开始增加，当 $F \times R = P \times e + M_z + M_b$ 时，机轮转速不再降低，此时 F 不再增加。与未刹车相比，此时减速力 F 较大，且随刹车力矩的增加而增加。

可见，在一定范围内，飞行员刹车越重，刹车阻滚力矩 M_b 越大，作用在机轮上的地面摩擦力 F 也会增大，飞机减速也就更快。必须注意，减速力 F 是由轮胎与地面摩擦产生，与正压力 P 和摩擦系数 μ 成正比，而不是由刹车直接产生，只是受刹车状态影响。其中正压力 P 主要与飞机重量、地面滑行速度、飞机构型等因素有关；而地面摩擦系数除了与跑道材质、表明粗糙度及干湿程度有关外，还与机轮滑移率有关。滑移率又称为打滑率，表示机轮与地面的相对滑动程度，其定义为

$$S = (v - v_r)/v \times 100\% \tag{5-2}$$

式中，v 表示飞机滑跑速度；v_r 表示机轮的滚动线速度。滑移率 $S = 0$ 表示机轮和地面之间没有相对滑动。滑移率 $S = 1$，即 $v_r = 0$，表示机轮锁死。研究发现轮胎与地面间摩擦系数与滑移率之间的典型关系如图 5-33 所示。通常机轮滑移率在 5%～30% 时，摩擦系数达到最大值，减速效率最高。

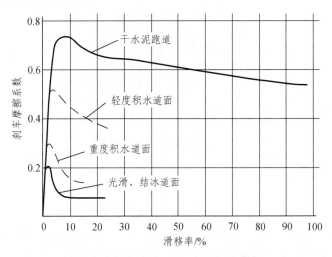

图 5-33　摩擦系数与滑移率之间的典型关系

机轮与地面之间的最大摩擦力称为机轮与地面的结合力 F_{max}，它是最大摩擦系数 μ_{max} 与正压力 P 的乘积。当通过刹车达到此极限值 F_{max} 时，地面摩擦不会再随刹车力矩 M_b 增大而继续增大。如果继续增大刹车压力，则 $F_{max} \times R$ 将一直小于 $P \times e + M_z + M_b$，机轮将持续减速滚转，最终机轮停止转动，这就是常说的机轮锁死或抱死。

机轮锁死严重影响飞机运行安全，因为此时飞机的平动动能不能有效地转化为机轮

的转动动能而被刹车装置耗散，大部分能量由轮胎与地面之间的摩擦来消耗，轮胎局部会被急剧磨损，同时产生巨大的热，且由于轮胎部分接触面一直处于接触状态，摩擦热不能有效散失而容易造成轮胎局部过热、灼伤等，甚至引起轮胎爆破。

可见，飞行员需通过刹车调节地面摩擦力，但是刹车力矩又不能大于地面最大摩擦力形成的滚转力矩，否则机轮会被锁死。跑道有冰雪或水时，由于地面最大摩擦力很小，刹车力矩不能太大，否则极易造成轮胎抱死。对于低速小型飞机没有防滞刹车装置，主要靠踩刹车的轻重来控制刹车压力，这对刹车的操纵提出了非常高的要求。对前三点式起落架飞机人工刹车的基本刹车方法是：飞机着陆，前轮接地后，随着滑跑速度减小逐渐增大刹车压力，跑道有水或结冰则应缓和加压力。对后三点式起落架的飞机基本刹车方法是：着陆接地后，带杆压紧尾轮，不刹滑跑前半段，待速度减小刹车后半段，动作由轻到重莫粗猛。此外，飞行员可采用"点刹"的方法控制刹车压力。"点刹"的特点是：在短时间内允许刹车压力略为超过临界刹车压力，比较容易控制，但机轮会与地面产生相对滑动，轮胎磨损比较严重。现代运输机都装备了防滞刹车装置，在机轮严重卡滞或滑移率超过规定时解除或调节刹车压力，降低了机组对人工高效刹车的控制要求。

现代飞机采用的防滞刹车系统有电磁阀式与电子式两种，民用运输机多采用电子式防滞刹车系统。图 5-34 所示为电子式防滞系统组成原理图。轮速传感器（见图 5-35）感

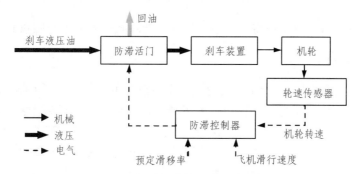

图 5-34　电子式防滞系统工作原理图

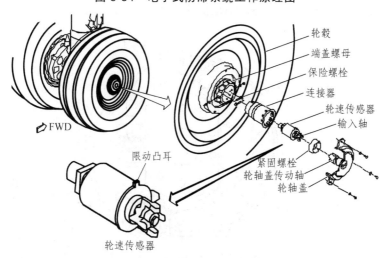

图 5-35　B737NG 轮速传感器

受机轮滚动速度，送到防滞控制器；防滞控制器根据轮速、飞机滑行速度计算机轮的滑移率，如果高于预定滑移率，则发出控制信号到防滞活门；防滞活门根据控制信号，适当降低向刹车装置的油液压力，使机轮的滑移率等于理想滑移率，从而达到最高的刹车效率。

运输机中，防滞刹车装置系统有接地保护、滑水保护、收轮刹车抑制、低速自动解除等工作状态。当飞机滑行速度降低到一定值时，防滞刹车系统自动退出工作。

5.4.2　刹车装置

刹车装置是刹车系统的核心部件，刹车装置的摩擦组件在刹车压力驱动下紧压在一起产生摩擦力，形成刹车力矩而增大机轮阻滚力矩。刹车装置必须能提供足够的刹车力矩，以保证足够大的地面摩擦力，从而获得高效的刹车减速效果，并消耗掉飞机的巨大动能。

除正确使用刹车外，还要求刹车装置能产生足够的刹车力矩，获得最高刹车效率；刹车装置的动、静摩擦件摩擦系数稳定，耐磨性与抗压性好，不易破碎；刹车热能尽快散失，不致引起机轮过热与熔焊；刹车灵敏，刹车间隙适当且能调节；发动机在地面达正常转速时，能刹住机轮不滑转；滑行时单刹车转弯好控制。对滑跑刹车减速的要求可归纳为安全、高效。

按刹车装置的组成及工作特点，主要形式有弯块式、胶囊式与圆盘式。

5.4.2.1　弯块式刹车

弯块式刹车盘如图 5-36 所示，由弯块、作动筒及主体等组成。主体与轮轴固定，不随机轮转动，两弯块一端与主体铰接，另一端与作动筒相连。刹车套装于轮毂内而随机轮转动。不刹车时，弯块与刹车套间保持一定间隙，大小由螺钉调节；刹车时，高压油液推动作动筒内的带杆活塞，使弯块压住刹车套，利用弯块与刹车套之间的摩擦力，形成刹车力矩。松刹车时，压力消失，弹簧将弯块拉回到原来位置。弯块式刹车的弯块与刹车套接触面积小，而且磨损不均，小型低速飞机上采用。

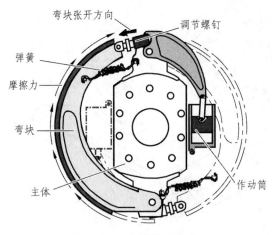

图 5-36　弯块式刹车盘

5.4.2.2　胶囊式刹车

图 5-37 所示为一种胶囊式刹车盘，它由主体、胶囊、刹车片及弹簧片等组成。主体固定安装在轮轴上，刹车主体两侧安装带卡槽的刹车支架，刹车片利用弹簧片置于刹车支架内的卡槽内，胶囊安装在主体与刹车片之间。

刹车时，高压油液或冷气进入胶囊，使胶囊鼓起，刹车片在膨胀胶囊的作用下沿刹车径向运动，最终紧压在刹车套上，产生摩擦力，形成刹车力矩。解除刹车时，胶囊收缩，刹车片靠弹簧片的弹力，恢复到原来位置。

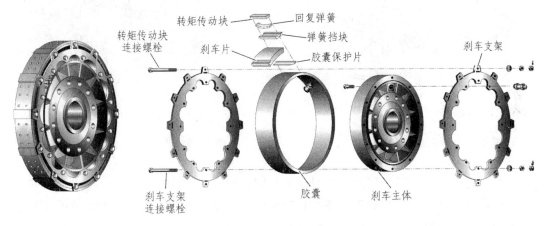

图 5-37　胶囊式刹车

胶囊式刹车与弯块式刹车盘相比，具有摩擦面积大、磨损均匀、效率高、刹车工作柔和并且不易产生卡滞等优点。但该类刹车时需要向胶囊内输送较多的油液，因而刹车反应慢，且胶囊容易受热老化，因此它仅用于小型低速飞机，例如运五。

5.4.2.3　圆盘式刹车

圆盘式刹车是现代飞机常用的刹车装置，它通过刹车圆盘层间摩擦产生刹车力矩，主要有单圆盘式刹车和多圆盘式刹车。单圆盘式刹车通常用于小型飞机，而多圆盘式刹车常用于大型运输机装置。部分飞机上还采用双圆盘式刹车，其结构与单圆盘刹车类似。

单圆盘式刹车由刹车盘和刹车钳组成，刹车作动筒安装于刹车钳内。根据刹车盘与刹车钳的位置协调关系，单圆盘刹车可分为固定盘式和浮动盘式两种。固定盘式刹车中，单刹车盘固定在轮毂侧面，而刹车钳可沿轮轴方向小范围移动，保证刹车钳中刹车片与刹车盘的接触关系。而浮动盘式刹车中，单刹车盘通过刹车盘上的键槽与轮毂上的轴向滑键匹配，随轮毂转动，但也可沿轮轴轴向运动，而刹车钳固定不动，图 5-38 所示为典型的浮动盘式单圆盘刹车。

典型的多圆盘式刹车如图 5-39 所示，由作动筒、刹车间隙调节器、刹车磨损指示销、液压接头、排气阀、动盘、静盘、扭力管、压力盘等组成。

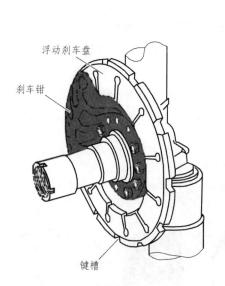

图 5-38 单圆盘式刹车

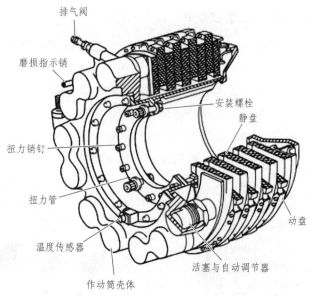

图 5-39 典型多圆盘式刹车

其中动盘与静盘间隔排列于扭力管上，静盘通过扭力管与起落架轮轴固定，而动盘通过轮毂驱动键与轮毂相连，随机轮转动。当操纵刹车时，经过压力调节的液压油进入多个刹车作动筒，作动筒推动静盘和动盘沿扭力管轴向运动，并压紧在扭力管尾端的支撑盘上，动、静盘之间产生摩擦力，使飞机减速并消耗飞机动能。

多圆盘式刹车中含有自动刹车间隙调节器，它可以根据刹车片磨损量的不同，自动保持刹车间隙恒定，确保刹车灵敏性，并为飞行员提供一致的操纵感觉。刹车装置的磨损指示销用于指示刹车的磨损严重程度，需要定期检查，必要时更换刹车，防止由于刹车盘磨损严重而造成强度不足，在刹车过程中发生碎裂等事故。此外，刹车装置中的温度传感器用于监控刹车温度，防止刹车温度过高。

扇形转子式刹车装置是多圆盘式刹车的一种，如图 5-40 所示。其典型特点是动盘由扇形块连接而成，扇形块间保持有足够的缝隙，可以提高刹车散热效率。通常用于大中型飞机的高压刹车系统中。

最新型的多圆盘式刹车是碳刹车，这种刹车装置与传统多圆盘式刹车装置类似，但是采用碳-碳复合材料作为刹车片的制造材料。这种刹车装置质量轻，可以使刹车质量降低一半。并且在高温情况下仍然能够保证足够大的摩擦系数，使该类刹车的工作温度极限大大提高。且这类刹车使用寿命比传统钢刹车提高 20% ~ 50%，可以减少维护工作。

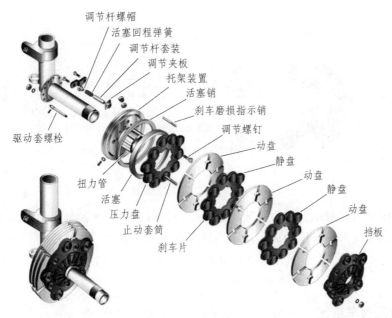

图 5-40 扇形转子式刹车

5.4.3 刹车系统构成

刹车系统实现飞行员对刹车装置的控制,现代飞机常用的刹车系统有独立刹车系统、增压刹车系统、动力刹车系统。

5.4.3.1 独立刹车系统

未配置液压系统的小飞机通常采用独立刹车系统。独立刹车系统主要由主油缸供压,如图 5-41 和图 5-42 所示,主油缸通常连接于飞机刹车脚蹬操纵机构中。踩下脚蹬

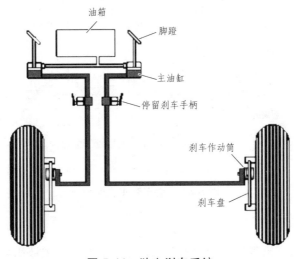

图 5-41 独立刹车系统

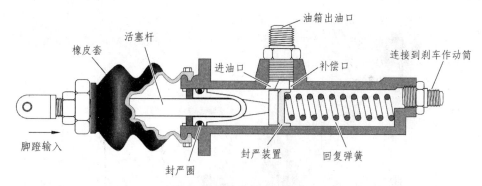

图 5-42　独立刹车主油缸

时，主油缸中的活塞移动，依次关闭进油口及补偿口，飞行员的操纵力经主油缸活塞压
迫油液产生刹车压力，该压力通过液压油管传递到刹车装置，最终驱动刹车装置工作；
松刹车时，主油缸活塞在弹簧作用下回到原位，补偿口及进油口打开，液压油连通油箱，
液压油压力消失，刹车解除。

5.4.3.2　增压刹车系统

　　增压刹车系统与独立刹车系统相似，但独立刹车系统中刹车动力完全来自于飞行员脚
蹬，而增压刹车系统可以利用主液压系统来提高主油缸的液压压强，减小在大力刹车时飞
行员的脚操纵力。通常增压刹车系统用于速度较大的中小型飞机的重刹车情况。增压刹车
系统中，主液压系统的液压油并不直接进入刹车装置。主液压系统仅仅协助脚蹬给主油缸
增压。典型的增压刹车油缸如图 5-43 所示。当踩下脚蹬时，脚蹬传动机构驱动油缸活塞杆
向右移动，从而关闭补偿口，驱动活塞向右移动，对刹车作动筒增压。当脚蹬位移较大时，
脚蹬传动机构驱动滑阀移动，使主液压系统压力油进入活塞左端，增加活塞向右作用力，
从而增大了刹车压力。松刹车时，滑阀回位，关闭压力油口，活塞左侧通回液压油箱。

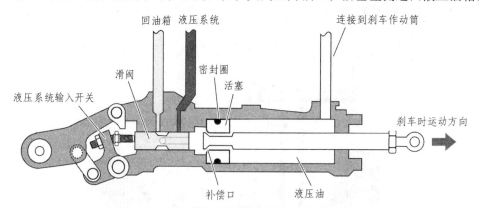

图 5-43　增压刹车主油缸

5.4.3.3　动力刹车系统

　　现代大中型民航客机都采用动力刹车系统，它需要飞机主液压系统作为刹车的动力
源。在动力刹车系统中，脚蹬仅仅提供控制信号，但不向刹车装置提供能量，驱动刹车

的能量完全由液压系统提供。图 5-44 所示为典型动力刹车系统组成，脚蹬驱动刹车计量活门的开闭并根据脚蹬位移调节管路中液压压力，经过防滞活门，进入刹车作动筒中。在电传飞机中，通常脚蹬信号通过计算机处理后，驱动电磁活门开启并调压，将液压油放入刹车作动筒中。

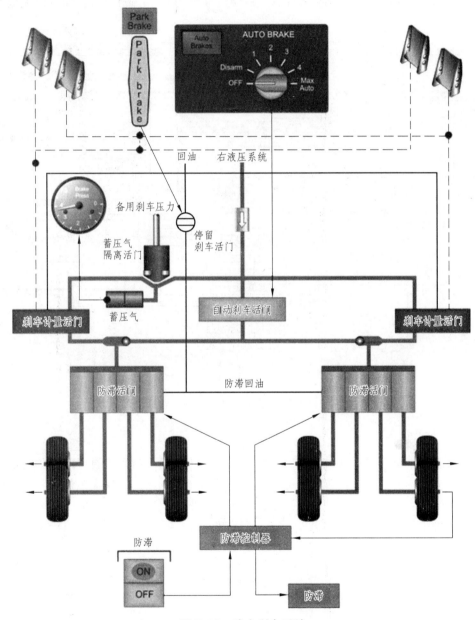

图 5-44　动力刹车系统

　　为了防止某液压系统失效后造成刹车不工作，现代飞机刹车系统通常有 3 套液压源：正常液压源、备用液压源、刹车蓄压器，保证刹车系统具有较高的可靠性。根据液压工作状态，上述 3 种液压源依次向刹车装置供给液压。

5.4.4 刹车工作模式

现代飞机动力刹车系统有多种工作方式，主要包括：人工刹车、自动刹车、收轮刹车、停留刹车。图 5-45 为 B737 飞机的动力刹车系统，其中正常刹车采用 B 液压系统，备用刹车采用 A 液压系统，当 A、B 液压系统失效后，刹车蓄压器可以完成有限次数刹车。

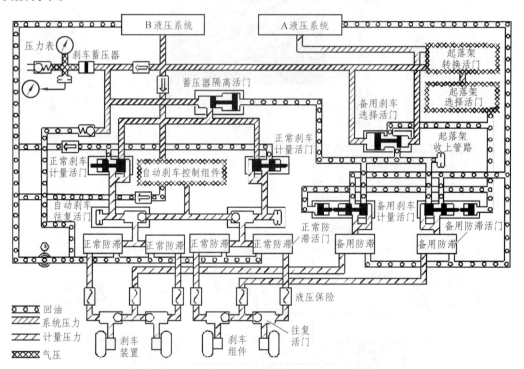

图 5-45　典型飞机液压动力刹车系统原理图

5.4.4.1 人工刹车

人工刹车指机组成员通过脚蹬完成刹车操纵。当机组成员踩下脚蹬时，脚蹬通过一系列的传动机构链接到液压管路上的刹车计量活门。计量活门根据操纵量调节对应的刹车压力供给刹车装置，完成刹车。在人工刹车方式下，根据液压系统的工作情况，刹车系统有 3 种工作状态，即正常刹车、备用刹车和蓄压器刹车。3 种状态的转换，不需要人为选择，它们通常利用液压管路中的活门根据液压系统的工作状态自动切换。

液压油进入刹车装置之前，刹车压力还要经过防滞系统调节。如果人工操纵量过大，导致打滑率超过规定时，防滞刹车装置传递信号到防滞活门调小刹车压力（电磁阀式则切断刹车压力），此时防滞装置工作信号灯亮，人工刹车时防滞装置配合工作，保证刹车安全、高效。

通常在刹车操作时，不需要关注刹车压力，但在使用蓄压器刹车或使用备用刹车系统时需要关注刹车压力及蓄压器的剩余压力值，因此部分飞机提供了刹车蓄压器或刹车压力指示。图 5-46 所示为 A320 飞机刹车蓄压器及备用刹车压力指示。

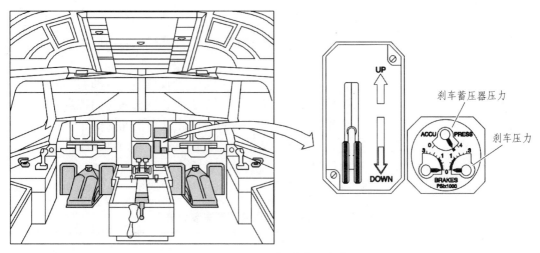

图 5-46　A320 飞机刹车压力指示

5.4.4.2　自动刹车

现代运输机常有自动刹车，在飞机着陆接地前，飞行员根据着陆性能要求和跑道条件，通过自动刹车控制面板设置了特定的自动刹车等级。如图 5-47（a）所示为波音 737NG 的自动刹车选择器。该飞机的自动刹车压力分为 4 级：1、2、3 挡和最大（MAX）挡。在飞机中断起飞刹车时，可选择"RTO"挡进行大力刹车。表 5-1 给出了该型飞机不同自动刹车等级时的飞机减速率。在干跑道上，通常自动刹车的最高等级减速率小于脚蹬最大减速率，因此必要时，采用人工刹车操控自动刹车可减小滑跑距离。图 5-47（b）所示为空客 A320 的自动刹车选择面板，该飞机自动刹车分为低、中、高 3 级，采用按钮来设置不同的自动刹车减速率。

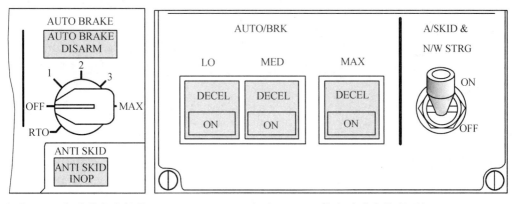

（a）B737 自动刹车选择器　　　　　（b）A320 飞机自动刹车控制面板

图 5-47　B737NG 飞机自动刹车选择旋与 A320 飞机刹车控制面板

当自动刹车设置完成后，自动刹车系统自检后进入预位状态，如果预位不成功，通常会有警告灯（见图 5-47）提醒机组。当飞机接地，机轮转速达一定值时，计算机比较地速与所选减速率，输出液压控制信号至自动刹车调压器（又称为自动刹车控制组件）

的伺服活门，调节进入刹车的液压，使飞机实际减速率与设置值一致。该计算机保持对飞机减速率的监控，如同时使用反推等其他减速措施，则计算机会自动减小刹车压力，以保持预选减速率。

在自动刹车过程中，防滞刹车也会一同工作。例如，当设置特定自动刹车等级降落后，由于跑道有水而造成地面摩擦力较低，则自动刹车会由于飞机未达到特定减速率而不断提高刹车压力，最终机轮锁死，防滞刹车系统可以防止这种情况发生。

人工刹车可超控自动刹车，当人工刹车力达一定值时，往复活门则关闭自动刹车进油，而将刹车计量活门的液压油供向刹车装置，刹车力完全由飞行员控制。

表 5-1 为 B737NG 飞机自动刹车参数表。

表 5-1　　B737NG 飞机自动刹车参数表

自动刹车选择开关位置	减速率/(ft/s²)	刹车压力/psi
1	4	1 285
2	5	1 500
3	7.2	2 000
MAX/RTO	14（＞80 kt） 12（＜80 kt）	3 000

5.4.4.3　收轮刹车

收轮刹车是飞机在收上起落架时使机轮停止转动而执行的刹车操作。动力刹车系统中，收轮刹车没有单独的操纵机构，当起落架收放控制手柄扳到收上位时，起落架液压收上管路的液压油会供向刹车装置，机轮停止转动。

对于非动力刹车系统，飞机起飞离地后，为了使高速转动的机轮尽快停转以便收轮入舱，应踩刹车，通过刹车主油缸驱动刹车刹住主轮。

前起落架轮舱内常安装有刹车板或刹车带，当机轮收进轮舱后，机轮胎面与刹车板（或刹车带）摩擦并最终停止停转。图 5-48 所示为 A320 飞机前起落架收轮刹车的结构组成。

收轮刹车可以防止机轮转动的陀螺力矩影响飞机操纵性能，且可减少机轮转动引起的振动。

5.4.4.4　停留刹车

停留刹车用于飞机在地面停放时，防止意外滑动，又称为停机刹车。停留刹车由驾驶舱内的停留刹车操纵机构来设置，不同飞机的具体操作方式也不相同。

部分飞机通过锁定机构将刹车脚蹬及传动机构固定在刹车位，实现停留刹车功能。如图 5-49 为 B737 飞机的停留刹车原理图，其中包含锁定卡爪、卡爪止动销、恢复弹簧等机构。当踩下刹车脚蹬，向上拉起停留刹车手柄时，锁定卡爪锁定刹车机构，使刹车不能松开，飞机处于保持刹车状态。当液压系统关闭后，停留刹车的液压源来自于刹车蓄压器。

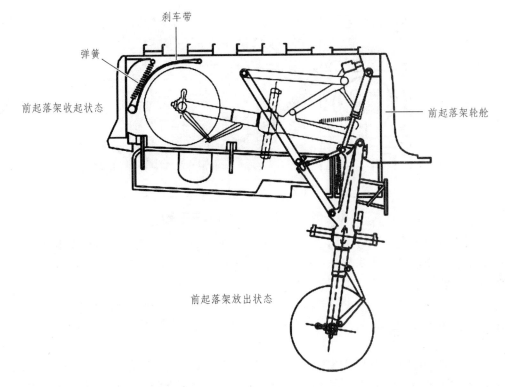

图 5-48　A320 飞机前起落架收轮刹车

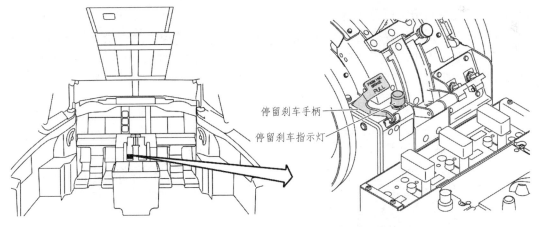

图 5-49　B737 停留刹车手柄及停留刹车指示

　　需要解除停留刹车时，只需踩下刹车脚蹬，锁定卡爪在弹簧的作用下回到其平衡位置，此时松开刹车脚蹬，锁定卡爪不能再阻挡刹车机构回位，刹车解除。

　　采用电传操纵系统的飞机，如 A320 飞机，其停留刹车不采用将刹车脚蹬锁定的方式来保持停留刹车，而是直接提起并旋转停留手柄，该操作将使停留刹车控制活门打开，液压油进入刹车作动筒，完成刹车。采用这种方式的飞机在设置停留刹车时不需要踩下刹车脚蹬。A320 飞机的停留刹车手柄如图 5-50 所示。

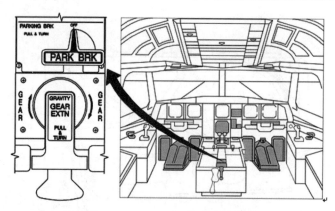

图 5-50　A320 飞机停留刹车手柄

不同飞机停留刹车压力不同，压力不足则禁止地面试车。现代客机停留刹车时，压力降低或超过规定可自动调节。一般飞机停留刹车时有信号指示，飞机滑动前松开刹车，信号灯灭才能加油门。

5.4.5　刹车温度指示

飞机地面减速时，刹车摩擦消耗飞机动能，转化成大量的热能，容易造成刹车过热。如果刹车温度过高，则会造成在下次减速过程中刹车效率下降，甚至刹车损坏。因此，运输机普遍设置有刹车温度传感器，用于监控飞机刹车温度。当出现过热时，刹车过热指示灯亮，提醒机组采用合适措施。

如图 5-51 所示为 B737NG 飞机的刹车温度指示，温度等级以数字显示于下 EICAM 显示器上，数字大小反映了刹车的温度高低，如果刹车温度过高，则代表刹车的符号变成实心琥珀色矩形块，并且驾驶舱 P3 面板的刹车温度警告灯亮起。

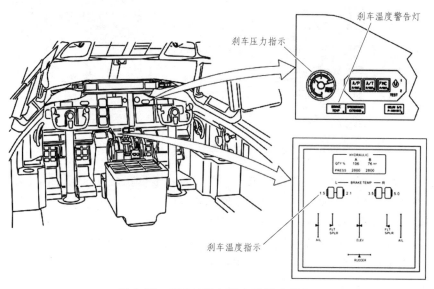

图 5-51　B737 刹车压力及温度指示

　　尽管具体的指示方式不同，其他飞机的刹车温度监控系统和指示内容与B737飞机类似。A320飞机的刹车温度监控系统如图5-52所示，位于下ECAM指示器（见图5-53）的WHEEL页面显示了刹车的工作状态，其中直接以摄氏度为单位显示了刹车的具体温度，当刹车温度过高时，该数字变为琥珀色，同时驾驶舱内的刹车过热警告灯亮。该飞机还特别为刹车设计了散热风扇，当刹车温度过高，机组可以按下刹车风扇按钮，启动散热风扇对刹车散热。此外，该页面还显示了轮胎压力等机轮相关参数。

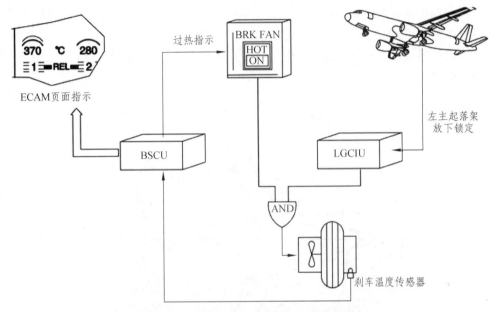

图 5-52　A320 飞机刹车温度监控系统

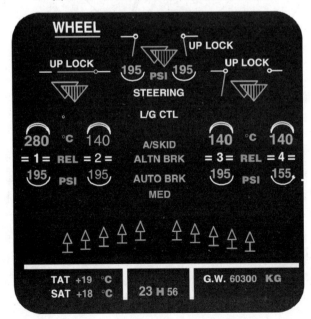

图 5-53　A320 飞机 ECAM 机轮页面指示

5.5 起落架转弯系统

5.5.1 飞机地面转弯方式

飞机起落架系统必须保证飞机地面运行时能够灵活转弯，实现飞机转弯的措施主要有 3 种，即非对称推力、非对称刹车、前轮（加主轮）偏转。而在通常情况下，前轮偏转是飞机地面滑行时的主要转弯方式，而非对称推力和非对称刹车通常在飞机作极小半径转弯时才会使用，这样可以减少机轮的磨损。当飞机在跑道端调头时，由于地面限制，需要前轮偏转到最大，外侧推力，内侧点刹以实现小半径转弯。如图 5-54 所示为飞机转弯最小限制图。

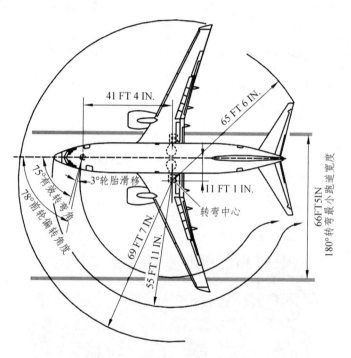

图 5-54 某飞机地面转弯参数

大型运输机作小半径转弯时，由于部分机轮方向与滑行轨迹有较大偏差，导致这部分轮胎具有较大横向滑动，容易造成轮胎刮擦、寿命降低。同时还会增大转弯阻力，限制转弯半径。因此，这类大型运输机通常会采用部分主起落架或机轮反向偏转的方式来协助飞机实现小半径地面转弯，如图 5-55 为 B747 与 A380 飞机主起落架转弯原理图。当前轮大角度偏转时，部分主轮（或部分主起落架）与前轮反向偏转一个较小的角度，一般主轮的最大偏转角度不超过 15°。只有在飞机地面滑行速度较低时（一般为 20～30 kt 以下）主轮才能配合前轮转弯。如果飞机速度超过这一值，主轮转弯功能将被锁定。

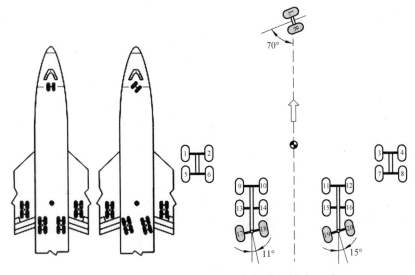

图 5-55　B747 和 A380 飞机主起落架转弯系统

5.5.2　前起落架组成特点

为了实现飞机地面转弯，仅仅使前起落架可以左右偏转是完全不够的。前轮还必须具有稳定距、中立机构、减摆措施等以保证其工作性能。

5.5.2.1　稳定距

如图 5-56 所示，前轮接地点（即地面对前轮的反作用力着力点）与起落架转动轴线的距离，叫做前轮稳定距，常记为 t。稳定距使飞机前轮在滑跑时具有方向稳定性。飞机前轮必须具有合适的稳定距。

如图 5-57 所示，当前轮因干扰而偏转了一个微小的角度 θ 时，会在前轮上产生侧向

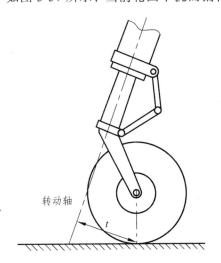

图 5-56　前轮稳定距的定义

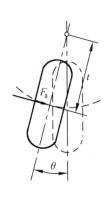

图 5-57　稳定距保持前轮方向稳定性

摩擦力 F_a，而 F_a 对前起落架转动轴线形成一个恢复力矩，该恢复力矩使前轮向原来的滑行方向转动，当前轮偏转回原有方向时，侧向摩擦力 F_a 消失。不对称刹车转弯时，两主起落架不同摩擦力形成的转弯力矩使机头偏转，前轮在稳定距作用下也随之偏转，保证飞机地面灵活运行。

但是，地面摩擦力与稳定距形成的回复力矩阻碍前轮偏转操纵。因此，稳定距太大会造成转弯操纵阻力过大，转弯操纵困难。现代飞机的前轮稳定距一般在（0.1～0.4）D，其中 D 为前轮直径。

5.5.2.2　中立机构

飞机离地收起落架时，如果前轮处于偏转位置，则可能妨碍起落架收放。着陆前，如果前起落架处于偏转位置，可能造成飞机接地时冲出跑道。为此，前起落架必须有自动的中立机构，以保证前轮在离地状态下指向正前方（中立位）。

小型飞机由装于支柱的滚轮或导向杆使前轮回中立，而现代民用运输机通常采用凸轮式中立机构。如图 5-58 所示为凸轮定中装置的基本原理，该装置由装在起落架减震装置内部的上、下凸轮组成。下凸轮固定在减震支柱外筒内下部；上凸轮则固定在减震支柱内筒上。当前轮离地时，支柱内筒在气体压力的作用下向下运动（伸张），上凸轮与下凸轮相互接触产生接触力，可以分解为一个周向分量和一个轴向分量。周向分量迫使内

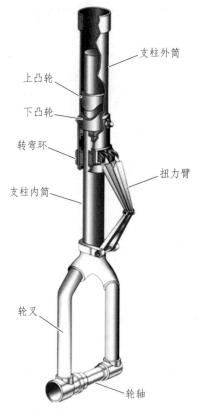

图 5-58　凸轮式中立机构

筒向下运动时产生转动，最后使上下凸轮相互啮合，支柱内筒转动到要求的中立位置，前轮指向正前方。着陆后，地面支反力压缩起落架支柱内筒，使上下凸轮脱开，此时内筒及前轮可以在转弯作动筒驱动下偏转，不受凸轮约束。

图 5-59 所示为 A320 飞机的前轮中立机构，由于该飞机起落架减震支柱的固定部分是内筒，而滑动部分（连接机轮）是外筒，因此下凸轮安装在上筒上，而上凸轮安装在下筒（滑动筒）上。

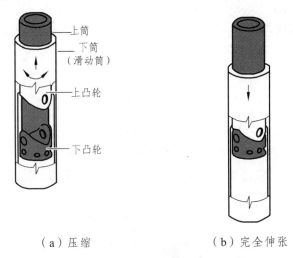

（a）压缩　　　　　　（b）完全伸张

图 5-59　A320 飞机前轮中立机构

5.5.2.3　减摆措施

前轮摆振是飞机在高速滑跑中，前轮受干扰（例如跑道不平）作用而偏离后，在结构弹性恢复力与地面摩擦力共同作用下形成的前轮不断左右摇摆，并在地面形成 S 形运动轨迹的高频自激振动。摆振会造成剧烈抖动，使滑跑方向难以控制，甚至造成轮胎撕裂、支柱折断等严重事故。摆振通常发生在飞机高速滑跑阶段，即着陆滑跑初期和起飞滑跑末期。

为了防止摆振，需要在飞机中设置减摆措施。飞机上除采用双机轮产生减摆作用外，通常还可加装减摆器消耗振动能量，从而减弱或制止摆振。现代飞机常用的液压减摆器利用油液高速流过小孔产生阻尼力，把摆振能量转换成热量耗散掉来防止摆振。常见液压减摆器有活塞式减摆器和旋板式减摆器，如图 5-60 所示。

活塞式减摆器由油缸和活塞组成，活塞的两侧充满油液。当前轮发生摆振时，前起落架的转动经传动机构传至拨叉，拨叉推动活塞移动，活塞在油缸内移动迫使油液经过活塞上的小孔高速流动摩擦，把摆振能量变为热能耗散掉。

旋板式减摆器内的固定板和旋板把油室分成 4 个充满油液的密封腔。当前轮发生摆振时，前起落架的转动经传动机构变为旋板的转动，油室间油液通过旋板上的小孔摩擦消耗摆振能量。

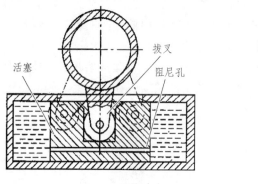
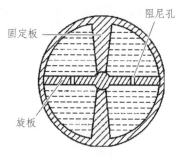

（a）活塞式减摆器　　　　　　　　（b）旋板式减摆器

图 5-60　液压减摆器原理

　　在小型飞机前起落架上，通常需要安装适当的减摆器来防止飞机摆振，如图 5-61 所示。采用液压前轮转弯系统的民用飞机通常不设置单独的液压减摆器，而是利用液压转弯系统中的转弯计量活门将转弯作动筒两腔通过节流小孔连通，其工作原理类似于活塞式减摆器。

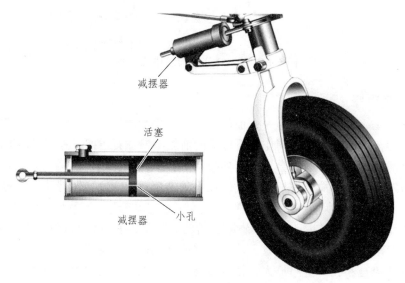

图 5-61　小型飞机前轮减摆器

5.5.3　转弯系统的形式

5.5.3.1　机械式转弯系统

　　对于较小的通用飞机，转弯系统通常采用机械式转弯系统。典型机械转弯操纵系统如图 5-62 所示。机械式转弯系统与脚蹬机构通过钢索或连杆机械连接，飞机在地面时，蹬舵信号和操纵力直接通过传动机构传递到前起落架转弯操纵摇臂组件上，使转弯操纵摇臂转动，驱动前起落架支柱及前轮偏转。飞机离地后，支柱伸张带动转弯摇臂与驱动组件脱开，空中蹬舵前轮不偏转。

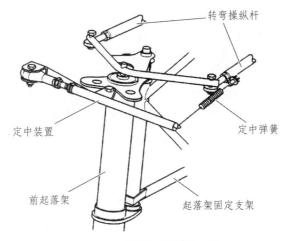

图 5-62 典型机械转弯系统

5.5.3.2 液压传动式转弯系统

运输机通常采用液压作为驱动前轮（和主轮）偏转的动力，根据转弯命令信号传递方式不同，可以分为机械液压转弯操纵系统和电子液压转弯操纵系统。两种转弯系统结构外观相似，如图 5-63 所示。

典型液压传动式前轮转弯系统如图 5-63 所示。起落架支柱外筒上安装有一个可以绕支柱轴线自由旋转的转弯环。上防扭臂安装在转弯环上，当转弯环转动时，它将带动上防扭臂、下防扭臂、支柱内筒、前轮一起偏转，完成转弯运动。转弯环由转弯作动筒来驱动，转弯作动筒的外筒通过安装板安装在支柱外筒上，而转弯作动筒的活塞杆铰接在转弯环的耳片上。

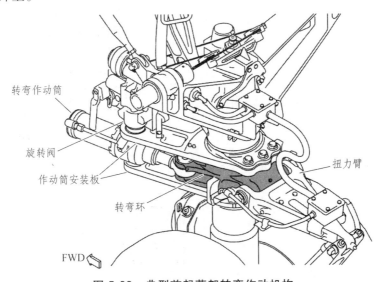

图 5-63 典型前起落架转弯作动机构

机械液压转弯操纵系统将脚蹬或转弯手轮的操纵信号通过钢索、连杆等机械机构传递到转弯计量活门，转弯计量活门根据转弯输入量和前轮偏转实际位置的对应关系，实时控制转弯作动筒的伸长/缩短，从而实现前轮的精确偏转。图 5-64 为 B757-200 飞机前轮转弯系统结构图。转弯操纵命令和起落架实际位置都通过钢索传递给转弯计量活门。由于该类系统中采用机械传递，为了避免在飞行过程操纵方向舵转弯时前轮偏转，通常转弯系统通过互联机构（又称为空地离合或者空中脱开机构）与方向舵转弯系统相连，飞机在地面时，方向舵脚蹬与前轮转弯系统相连，当飞机离地时，方向舵脚蹬与前轮转弯系统脱开。

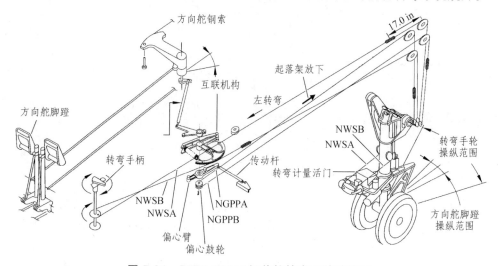

图 5-64   B757-200 飞机前轮转弯系统结构图

电子液压前轮转弯系统中，转弯手轮或者转弯脚蹬产生的转弯操纵信号通过电缆传递到转弯控制组件，转弯控制组件采集并分析相关系统或电门的状态，经综合处理后产生转弯操纵命令，并控制转弯电磁活门。图 5-65 为 A320 飞机的转弯系统工作原理图，

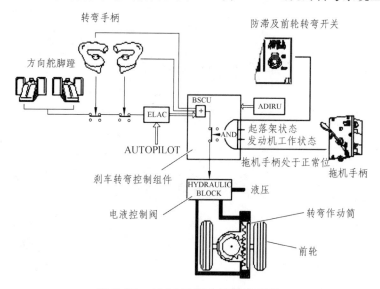

图 5-65   A320 飞机电液转弯系统

手轮或脚蹬的操纵指令被转换成电信号，经电缆传送到刹车转弯控制组件上（BSCU）。转弯控制组件通过比较操纵指令以及前轮位置传感器发送过来的位置信号，根据飞机运行状态，最终生成驱动命令并发送到电液伺服活门，该活门控制液压的通断及流向，实现前轮的偏转操纵。

5.5.4　飞机地面转弯操纵

飞机地面转弯通过转弯脚蹬操纵。采用机械转弯系统的飞机，方向舵脚蹬就完全可实现前轮全范围偏转的操纵。但对于较为高速的运输机，还为机组配备了转弯手轮来完成转弯操纵。图 5-66 为 A320 飞机转弯操纵机构布置图。

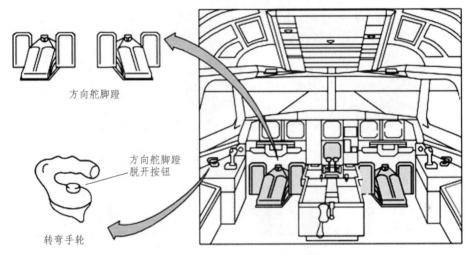

方向舵脚蹬

方向舵脚蹬脱开按钮

转弯手轮

图 5-66　A320 飞机的转弯操纵机构

民用运输机的转弯脚蹬和转弯手轮用于飞机地面运行的不同阶段，当飞机处于低速滑行时，可采用转弯手轮操纵，前轮可在最大范围内偏转（约 ±70°，见表 5-2）。而在高速滑跑过程中，如此大的前轮偏转范围可能造成飞机侧翻、严重机轮磨损、起落架结构损伤等问题。因此高速滑跑中的飞机仅使用方向舵脚蹬控制方向，其操纵范围小（约 ±7°，见表 5-2）。这样既保证了高速滑跑时不会由于操纵过量而造成安全事故，同时又能保证飞机低速时小半径转弯的能力。

表 5-2　飞机前轮偏转最大角度

	波音 737	波音 747	波音 757	波音 777	空客 A320	空客 A330	空客 A380
方向舵脚蹬	±7°	±7°	±7°	±7°	±6°	±6°	±6°
转弯手轮	±78°	±70°	±65°	±70°	±75°	±72°	±70°

5.5.5　拖行释压

用牵引车拖行飞机时，由于飞机驾驶舱内转弯手轮或者脚蹬并未输入转弯信号，此时飞机的转弯命令和驱动力完全来自于牵引车。当牵引车转弯时，牵引杆将驱动前轮偏转，此时，内筒通过下防扭臂、上防扭臂、转弯环来迫使转弯作动筒发生伸缩运动，液压油液必须能够在作动筒两腔之间自由流动，否则机轮不能转动。因此，在拖飞机时，需要设置拖机手柄或电门，以解除转弯作动筒液锁状态并切断转弯系统的液压油，该过程称为拖行释压。

如图 5-67 所示为 A320 飞机的拖机手柄。地面拖机时，地面人员需要操纵拖机释压手柄，并用销钉将释压机构锁定在拖机位。现在民用运输机在旅客登机后，飞机通常需要通过牵引车推出泊位后，飞机才可以开始滑行。开始滑行前需要确认拖机手柄复位，否则由于转弯系统旁通，飞机滑行中无法进行方向控制。为防止出现意外，地面人员通常需要高举锁定销红色警告旗向机组示意，然后机组才会开始地面滑行。

图 5-67　A320 飞机拖机手柄

思 考 题

1. 飞机起落架配置形式有哪些？各有什么优缺点？
2. 飞机起落架结构形式有哪些？各有什么优缺点？
3. 阻力撑杆、侧撑杆、扭力臂的功用是什么？
4. 轮毂、轮胎的构造有哪些？
5. 现代运输机为什么采用无内胎轮胎？
6. 试述飞机着陆减震原理。减震装置主要有哪些？
7. 油气式减震支柱的基本工作原理是什么？影响减震性能的因素有哪些？
8. 简述轮胎过热的原因及危害。保证飞机轮胎安全运行应注意哪些问题？
9. 什么是起落架的过载？起落架严重受载情况有哪些？
10. 对起落架收放系统的要求有哪些？
11. 现代民用运输机起落架正常收放动力是什么？

12. 起落架收放位置锁的功用是什么？有哪些形式？

13. 试述起落架地面安全装置的功用。现代飞机防止地面误收起落架的安全措施有哪些？

14. 起落架收放位置信号有哪些？

15. 起落架形态警告的判断依据是什么？

16. 起落架应急放下方式有哪些？

17. 大中型运输机着陆滑跑减速力主要有哪些？

18. 简述飞机滑跑刹车减速原理。什么是机轮打滑与打滑率？

19. 飞机着陆滑跑刹车减速有哪些要求？

20. 现代运输机常用的刹车系统与刹车装置是什么？

21. 什么是机轮与地面的结合力？主要影响因素有哪些？

22. 防滞刹车的工作原理是什么？

23. 现代大中型客机的刹车工作模式有哪些？

24. 对前起落架有哪些特别要求？其组成特点有哪些？

25. 前起落架中立机构及减摆器的功用是什么？

26. 简述前轮摆振的产生阶段及危害。现代飞机如何防止前轮摆振的发生？

6　飞机燃油系统

6.1　飞机燃油系统概述

　　一架飞机完整的燃油系统可分为飞机燃油系统和发动机燃油系统两大部分。飞机燃油系统一般是指从燃油箱到发动机驱动燃油泵之间的供油管路系统，包括油箱、增压泵和燃油控制活门等部件。而发动机驱动燃油泵及其之后的部分则被称为发动机燃油系统，包括发动机驱动泵、燃油滤、燃油调节器和燃油喷嘴等部件。

　　飞机燃油系统的基本功用是存储足够的燃油并在规定条件下安全可靠地将其供给飞机发动机和辅助动力装置（Auxiliary Power Unit，APU），以满足飞机动力装置在各个飞行阶段和工作状态下的燃油需求。此外，燃油还可作为一种冷源，用于冷却飞机液压油和发动机滑油等。有些大型运输机还可利用燃油转输控制来调整飞机重心及平衡，以减小机体结构受力和飞机飞行阻力，降低燃油消耗。

6.2　航空燃油

　　航空燃油是含有化学能的液体燃料，通过在发动机燃烧室内燃烧以释放热能，并由发动机将一部分热能转换为机械能，从而产生推力或拉力。航空燃油分为航空汽油和航空煤油两大类，航空汽油用于活塞发动机，航空煤油用于燃气涡轮发动机。

　　对航空汽油的性能要求包括：良好的蒸发性和抗爆震性能；燃烧不产生沉积物和积炭；对发动机部附件无腐蚀；良好的物理化学性能；水分和杂质含量很低。

　　对航空煤油的性能要求包括：良好的燃烧性，燃烧完全不积炭；良好的物理化学稳定性，存储、运输过程中不变质；良好的输送性，燃油清洁、流动性好；无腐蚀性，不腐蚀发动机部附件；良好的着火安全性，高温工作条件下不自燃、不爆燃。

6.3　飞机燃油系统的组成

　　飞机燃油系统主要由燃油箱、燃油泵、燃油滤、各种燃油控制活门及燃油显示/警告等部分组成。

6.3.1 燃油箱

6.3.1.1 燃油箱的类型

飞机燃油箱的基本作用是存储飞机飞行所需要的燃油。油箱最低处有放油口，每次加油后和飞行前需放油检查燃油牌号以及燃油中是否含有水、沉淀等杂质。飞机燃油箱按结构特点不同可分为硬壳式油箱、软油箱和结构油箱。

硬壳式油箱通常由铝合金制成，设置在机身或机翼内，可整体拆装。油箱内的带孔隔板既可提高油箱的强度和刚度，也可防止因飞机姿态变化引起油箱内燃油晃荡，如图6-1 所示。硬壳式油箱的优点是抗漏性好，但机体结构空间利用率较低，且质量相对较大。许多老式飞机和小型飞机都采用了硬壳式油箱，现代运输机的中央辅助油箱也通常采用硬壳式油箱。

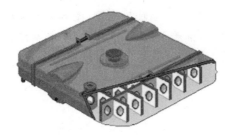

图 6-1 硬壳式油箱

软油箱由多层合成橡胶或尼龙织物制成，由金属结构框架支撑，安装在机翼或机身内，也可整体拆装，如图 6-2 所示。软油箱的优点是机体结构空间利用率较高，抗漏性好，缺点是额外增加了质量。软油箱一般应用在一些老式飞机和小型飞机上，现代运输机很少采用。

图 6-2 软油箱

结构油箱又称为整体油箱（Integral Tank），油箱本身就是飞机机身、机翼或尾翼结构的一部分。如图 6-3 所示机翼结构油箱就是利用机翼前梁、后梁、翼肋和蒙皮形成的结构空间来装载燃油的。设置了这种结构油箱的机翼也被称为"湿翼（Wet Wing）"。为防止漏油，油箱结构件之间的接缝处都采取了密封措施。油箱中的翼肋作为隔板可防止飞行中油液晃荡，并且为保证燃油从翼尖流向翼根方向，某些翼肋上还安装了单向活门。结构油箱在现代运输机上得到了广泛应用。其优点是能够最大限度地利用机体结构空间，增大储油量，但不额外增加飞机质量。其缺点是维护比较困难，成本高，油箱结构密封要求高。

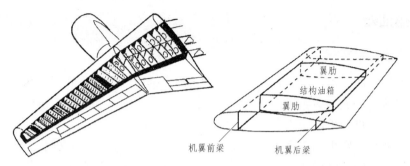

图 6-3 结构油箱

6.3.1.2 燃油箱的布局

燃油箱的布局与飞机的发动机数量、航程和燃油装载量要求等因素有关，现代飞机通常都会设置多个油箱。以双发中程运输机为例，图 6-4 所示 B737 飞机采用了 3 个油箱，包括 1 号主油箱（左机翼结构油箱）、2 号主油箱（右机翼结构油箱）和机身中央油箱，机翼主油箱编号与相应发动机序号一致。图 6-5 所示为 A320 飞机的油箱布局情况，包括左、右机翼的内侧、外侧油箱和中央油箱。

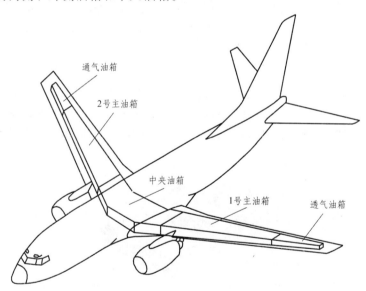

图 6-4 B737 飞机燃油箱布局

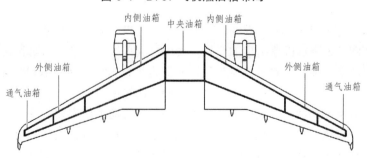

图 6-5 A320 飞机燃油箱布局

多发大型远程飞机燃油箱的布局情况稍微复杂一些。图 6-6 所示 B747 飞机采用了 8 个燃油箱，包括 1、2、3、4 号机翼主油箱、机身中央油箱、2 号和 3 号辅助油箱以及平尾配平油箱。某些大型飞机水平安定面内的配平油箱除了可以增加燃油装载量之外，利用燃油转输功能还可在飞行中调整飞机重心位置，减小水平安定面配平角度，降低配平阻力，从而减小燃油消耗。为了增大航程，有些飞机还在机身中设置了中央辅助油箱。

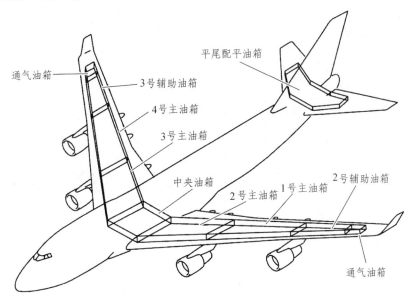

图 6-6　B747 飞机燃油箱布局

翼尖区域的通气油箱不装燃油，仅用于油箱的通气。有些飞机在翼吊发动机上方高温区域和机身中央油箱处设置了不存储燃油的干舱，以防止失火的危险。

6.3.1.3　燃油箱通气系统

飞机燃油箱通气的目的是平衡油箱内外气压差，保证加油、供油和抽油的正常进行；避免油箱内外压差过大导致油箱结构损坏；高空飞行过程中在油箱液面上产生一定的冲压空气压力可提高燃油泵的供油能力，确保高空供油可靠性。除此以外，燃油箱通气还可排出油箱内的燃油蒸气，防止形成爆燃条件。

如图 6-7 所示，现代飞机燃油箱通气系统主要由翼尖通气油箱、冲压通气口、消焰器、多根通气管道、通气浮子活门、油箱释压活门、回油单向活门和回油浮子活门等组成。翼尖通气油箱不装燃油，仅用于油箱的通气。每个油箱都由通气管道与通气油箱相连，而通气油箱则通过机翼下表面的冲压通气口与外界大气相通。冲压通气口内部设置有消焰器以防止外部火焰或过多热量进入油箱引发危险。如果通气口或消焰器堵塞导致油箱内外压差过大时，油箱释压活门可自动打开以提供额外通气。为防止飞行中因飞机姿态剧烈变化造成燃油通过通气系统漏出，系统中安装有通气浮子活门，当油箱液面升高到接近满油状态时关闭通气。如果已有部分燃油通过通气管道漏出到通气油箱中，回油单向活门可保证油液流回机翼主油箱（因机翼有上反角）。在每根通气管道中也安装有回油浮子活门用于保证管道中的油液流回油箱。

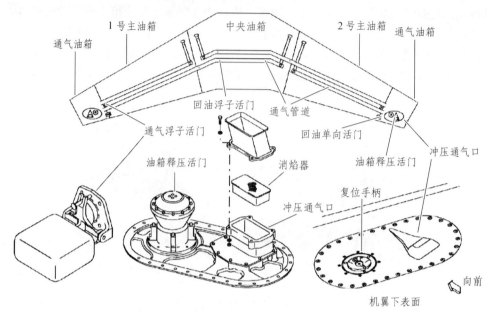

图 6-7　B737 飞机燃油箱通气系统

6.3.2　燃油泵

现代飞机燃油系统广泛采用了电动式离心增压泵（见图 6-8），安装在油箱底部，泵体浸没在燃油中。油泵工作时，电动机带动泵体内部的叶轮高速转动，燃油在离心力作用下被增压并经供油管排出，以增大发动机驱动燃油泵的进口压力，保证飞机燃油系统向发动机的可靠供油。离心泵具有输出流量大、压力小的特点，即使在泵失效停转时燃油也可顺利流过。增压泵也通常为现代飞机油箱间燃油转输（即转输泵）或地面抽油提供动力。

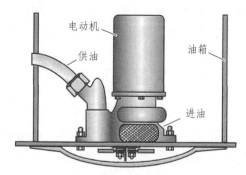

图 6-8　电动式离心增压泵

有些飞机燃油系统还使用了基于文氏管效应的引射泵（见图 6-9），用于将无泵油箱的燃油抽吸至消耗油箱（见图 6-10），或将辅助油箱的剩余燃油抽吸至主油箱（即搜油泵），也可用于增压泵出口处防止水分集中进入供油管。

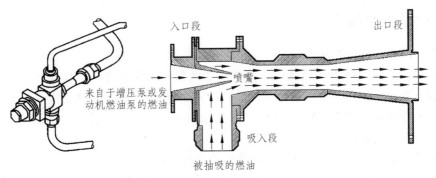

入口段　　　　　　　　　　　出口段

来自于增压泵或发动机燃油泵的燃油

喷嘴

吸入段

被抽吸的燃油

（a）引射泵外形　　　　　（b）引射泵工作原理

图 6-9　引射泵

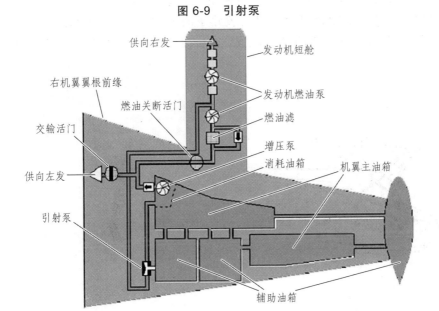

供向右发

发动机短舱

右机翼翼根前缘

燃油关断活门

发动机燃油泵

交输活门

燃油滤

供向左发

增压泵

消耗油箱

机翼主油箱

引射泵

辅助油箱

图 6-10　引射泵的应用

6.3.3　燃油滤

　　燃油滤安装于油箱或增压泵出口（见图 6-10），用于滤除燃油中的机械杂质和污染物，以保证燃油高度清洁，其结构与液压油滤类似。根据滤芯过滤精度不同，燃油滤分为粗油滤和细油滤两种，粗油滤只能滤除尺寸较大的杂质微粒，在燃油进入喷嘴之前通常都采用细油滤。

　　燃油滤堵塞会导致系统供油流量下降，严重时甚至导致发动机空中停车。所以燃油滤都设置有旁通油路，当滤芯堵塞时旁通活门打开，燃油绕过滤芯而经旁通活门流出，以保证向发动机连续供油。油滤旁通时，驾驶舱中的"油滤旁通"警告灯亮，为飞行员提供油滤堵塞信息。由于此时燃油未经过滤，可能导致发动机工作性能降低。飞行员应当做好记录，便于机务人员及时维护。

6.3.4　燃油控制活门

　　飞机燃油系统中的控制活门主要包括燃油关断活门和交输活门等，如图 6-10 所示。

　　燃油关断活门也称为供油活门，安装在通往发动机的油路上，受发动机起动手柄/电门控制，发动机正常工作期间打开，发动机关车时关闭。有些飞机的燃油关断活门也具有防火关断功能，当发动机着火时，飞行员拨出灭火手柄/电门将导致该活门关闭，从而切断供向发动机的燃油。

　　交输活门安装在双发飞机燃油系统供油管路的中间位置。在双发正常独立供油期间，交输活门关闭。在发生某个发动机停车或其他需要平衡两侧机翼油箱油量的情况时，该活门受控打开以实现交输供油，克服飞机横侧不平衡的影响。

　　除此以外，在单发飞机燃油系统中还使用了油箱选择活门（或称燃油选择活门），供飞行员操作选择供油油箱，同时也可起到燃油供应通断控制的作用，如图 6-11 所示。

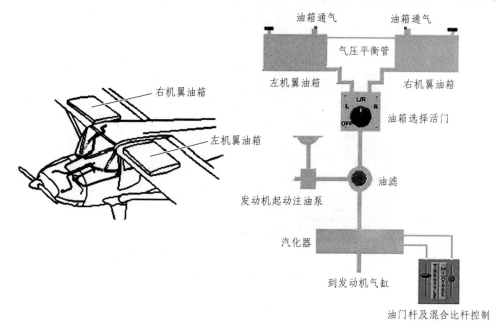

图 6-11　单发飞机燃油系统及油箱选择活门

6.3.5　燃油显示/警告

6.3.5.1　燃油量显示及警告

　　燃油量显示系统为飞行员和机务人员提供飞机各燃油箱中的可用燃油量显示。可用燃油是飞机所装载的总燃油中可以在飞行中消耗的那部分燃油，而不可用燃油是不能输送到发动机使用的燃油，是飞机空载重量的一部分。

　　现代飞机通常采用电容式（或称电子式）油量传感器给驾驶舱或地面加油控制面板上的油量显示器提供信号，油量显示的计量单位通常为千克或磅。图 6-12 所示为 B737

飞机驾驶舱燃油量显示的两种形式。图 6-13 为燃油量警告（包括油量低警告、油量形态警告及油量不平衡警告）的两种形式。

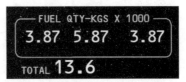

图 6-12　B737 飞机驾驶舱燃油量显示

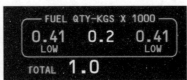

（a）油量低警告

（b）油量形态警告

（c）油量不平衡警告

图 6-13　B737 飞机驾驶舱燃油量警告

　　除此以外，飞机右机翼前侧下部的地面加油控制面板上也提供了油箱油量显示，方便机务人员加油时观察油量，并且每个机翼主油箱下面还安装有多个油尺，供机务人员在需要时检查油箱的燃油量，如图 6-14 所示。B737 飞机地面加油控制面板如图 6-15 所示。

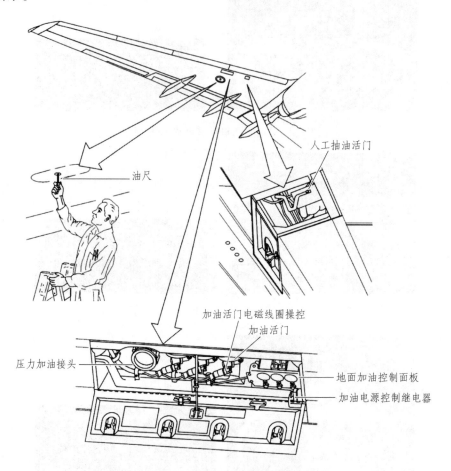

图 6-14　B737 飞机地面加油控制面板及油尺

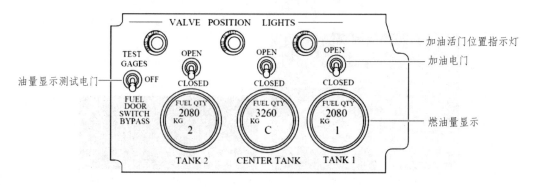

图 6-15　B737 飞机地面加油控制面板

6.3.5.2 燃油流量及燃油消耗量显示

燃油流量显示属于发动机燃油系统，显示单位时间内供往某发动机的燃油量。燃油消耗量显示为某发动机累计消耗的燃油总量，该数据一般于每次飞行前重置为零，如图 6-16 所示。在飞行过程中飞机燃油量显示可能存在故障的情况下，飞行员可根据起飞前的燃油总量和燃油消耗量对剩余燃油量进行计算判断。

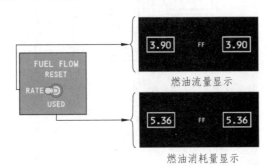

图 6-16 B737 飞机燃油流量及燃油消耗量显示

6.3.5.3 油泵工作状态显示及警告

燃油增压泵工作状态显示的页面显示形式如图 6-17 所示。有些飞机燃油增压泵工作正常时有相应绿灯指示。有些飞机燃油增压泵出口压力过低时，燃油系统控制面板上相应低压警告灯亮，以提醒飞行员注意油泵供油状态及发动机工作状态，如图 6-18 所示。

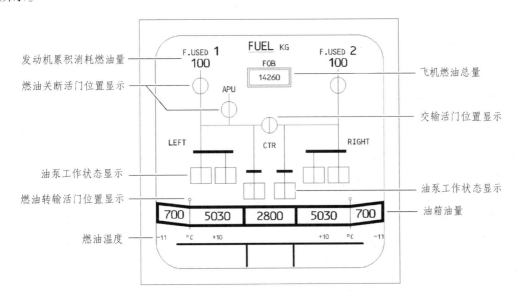

图 6-17 A320 飞机 ECAM 燃油系统页面

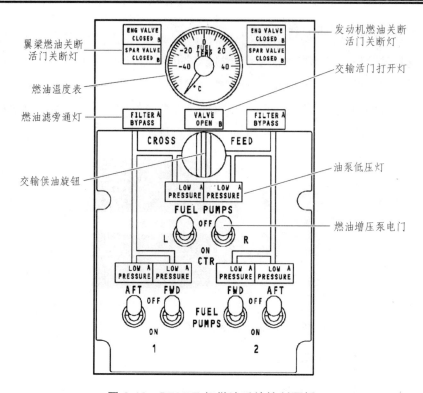

图 6-18   B737 飞机燃油系统控制面板

6.3.5.4   燃油温度显示

燃油温度显示显示了飞机某燃油箱内的燃油温度值，如图 6-17 和图 6-18 所示。在高空低温飞行环境下，燃油温度过低可能因水分杂质结冰造成燃油滤堵塞而影响供油，同时影响燃油的燃烧性能。燃油温度过低时，飞行员应按照操作手册要求采取必要措施，例如增加空速、改变飞行高度、接通燃油循环装置或打开燃油加温器等。

6.3.5.5   燃油滤旁通警告

如图 6-18 所示为 B737 飞机燃油系统控制面板，琥珀色的燃油滤旁通灯亮表示相应油滤滤芯堵塞，油滤旁通活门即将打开或已经打开。

6.3.5.6   燃油控制活门位置显示

燃油控制活门位置显示包括燃油关断活门、交输活门的位置状态显示，供飞行员判断活门的工作位置。页面显示形式如图 6-17 所示。灯光显示形式如图 6-18 所示。这种活门位置指示灯通常为蓝色，分 3 种状态显示：明亮、暗亮和熄灭。以图 6-18 所示"交输活门打开灯"为例，当燃油交输活门按指令完全打开时，灯暗亮；当活门处于开关过程当中时，灯明亮；当活门按指令完全关闭时，灯熄灭。

6.4　飞机燃油供给系统

　　根据飞机发动机数量不同，飞机燃油供给系统（或称供油系统）一般可分为单发选择供油系统、双发独立与交输供油系统、多发总汇流管供油系统 3 类。

6.4.1　单发选择供油系统

　　单发选择供油系统（或称单发重力与动力供油系统）一般用于小型活塞式发动机飞机，如图 6-11 所示。飞行员通过油箱选择活门（或称燃油选择器）控制供油油箱（左/右油箱或左+右油箱）及油路通断。在寒冷天气条件下飞行时，为防止油箱选择活门冻结而阻碍正常的供油选择，飞行员应经常性转换供油油箱。

　　根据油箱与发动机的相对位置关系不同，这种燃油供给系统的供油动力可以是燃油自身重力、发动机驱动泵抽吸或电动燃油增压泵增压，或者是它们的组合。重力供油方式适用于油箱比发动机安装位置高的飞机（如某些上单翼单发轻型飞机），燃油靠自身重力自动向下流动，向发动机供油。重力供油系统构造简单，但供油可靠性较差，特别是在飞机飞行速度变化较快或机动飞行时，供油不能满足发动机稳定工作的需要。与只采用重力供油方式相比，增加设置燃油泵能提高飞机在不同飞行阶段和飞行姿态下的供油可靠性。

　　当发动机安装位置高于燃油箱时，需采用动力供油方式。动力供油系统采用电动离心泵作为供油动力源，将燃油增压后供向发动机。动力供油方式可保证飞机在各种规定的飞行状态和工作条件下安全可靠地将燃油供给飞机动力装置。

6.4.2　双发独立与交输供油系统

　　双发独立与交输供油系统广泛应用在现代民航运输机上。以 B737 飞机燃油系统为例（见图 6-19），该飞机安装了两台发动机（从左向右编号为 1 发和 2 发），共有 3 个燃油箱：左、右机翼主油箱和中央油箱。每个油箱内安装了 2 个电动燃油增压泵，即中央油箱的左泵和右泵以及机翼主油箱的前泵和后泵，分别受驾驶舱燃油系统控制面板上的 6 个燃油增压泵电门控制（见图 6-18）。各增压泵将燃油经油泵出口的单向活门送入供油管路，并最终供向发动机和 APU。这种供油系统一般有 3 种供油方式：独立供油、交输供油和抽吸供油。

　　独立供油为飞机正常供油方式，供油可靠性最高。在独立供油方式下，图 6-19 中所示交输活门处于关闭状态。在起动发动机之前，飞行员先将 6 个增压泵电门都打开，并确认油泵出口压力正常（即油泵低压灯都熄灭）。发动机工作过程中，由于中央油箱增压泵出口单向活门打开压力较低，活门下游压力高于机翼主油箱增压泵出口单向活门下游压力，故先由中央油箱向发动机供油，其中左泵向左发供油，右泵向右发供油，因此中央油箱增压泵也被称为超控泵。待中央油箱燃油消耗完，该油箱两个增压泵的低压警告

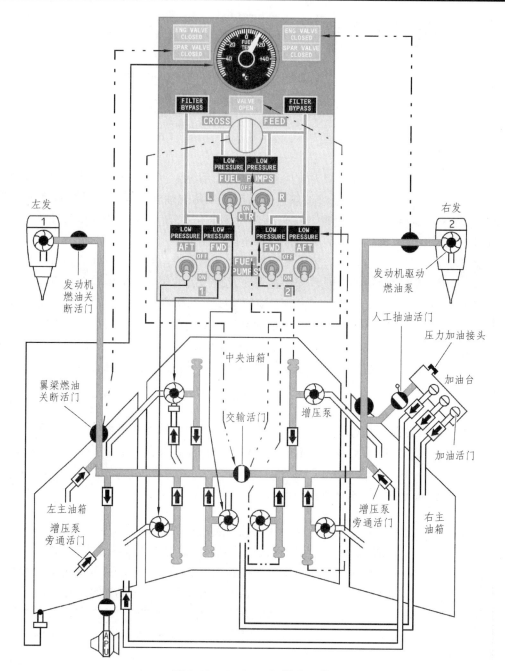

图 6-19 B737 飞机燃油系统

灯亮（见图 6-18），此时系统将自动转换为由两侧机翼主油箱分别向两台发动机进行独立供油，直至完成飞行任务。所以，正常独立供油方式下的基本用油顺序是先中央油箱，后机翼油箱。这种用油顺序有利于减小飞机机翼根部的弯矩。

当两侧机翼主油箱油量不平衡或一台发动机失效时，为保证飞机的横向平衡，飞行员应按手册要求采用交输供油方式，将交输活门打开，以实现从某机翼油箱向对侧发动机供油或同时向两台发动机供油的需要。在转换供油方式过程中，飞行员应严格遵照飞行手册规定的操作顺序，防止供油中断导致发动机停车。以 B737 飞机正常独立供油过程中由于某种原因导致左机翼油量偏多为例，飞行员应首先转动交输供油旋钮（见图6-18）打开交输活门，然后关断右机翼油箱的增压泵，让左机翼油箱单独向两台发动机同时供油，直至两侧机翼油箱油量平衡。当两机翼油量相等时，飞行员应首先打开右机翼油箱的增压泵，然后才能关闭交输活门，将供油方式转换回正常的双发独立供油方式，以避免供油中断。

如果某机翼主油箱的所有增压泵都失效（相应油泵低压灯亮），则相应发动机的供油自动转换为抽吸供油方式，由发动机驱动燃油泵通过增压泵旁通活门从机翼主油箱直接抽吸燃油。中央油箱一般不设增压泵旁通活门，所以当中央油箱有油而增压泵都失效时，其剩余燃油不可用。与正常独立供油方式和交输供油方式相比，抽吸供油可靠性较差，在高空飞行时可能出现发动机推力降低甚至停车的情况，飞行员应密切注意观察发动机工作状态，以便及时采取相应措施。

6.4.3　多发总汇流管供油系统

多发总汇流管供油系统应用于三发及三发以上的飞机，是双发独立与交输供油系统的演变类型。各主油箱可独立向相应发动机供油；各油箱也可先向总汇流管供油，再由总汇流管向各发动机供油；某发动机失效时，对应主油箱燃油经总汇流管向其余发动机供油。

以图 6-20 所示 B747 飞机燃油系统为例，该机型安装有 4 台发动机（从左向右编

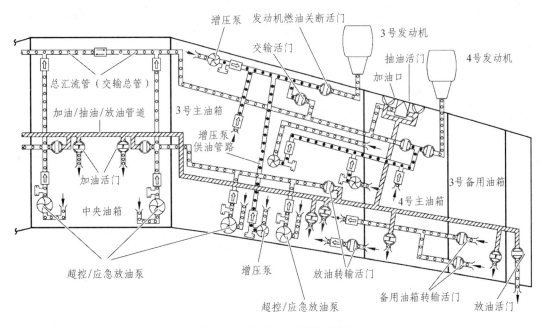

图 6-20　B747 飞机燃油系统

号依次为 1、2、3、4 号），共有 7 个燃油箱，包括 4 个机翼主油箱（从左向右编号依次为 1、2、3、4 号）、1 个中央油箱和两个备用油箱（从左向右编号依次为 2、3 号）。中央油箱内有两个超控/应急放油泵，每个内侧主油箱（2、3 号）有两个超控/应急放油泵和两个增压泵，每个外侧主油箱（1、4 号）有两个增压泵。两个备用油箱内没有增压泵，不能直接向发动机或总汇流管（或称交输总管）供油，燃油只能通过转输活门流到内侧主油箱来完成供油。与 4 台发动机相对应，该燃油系统共有 4 个交输活门。当交输活门关闭时，4 台发动机只能从各自对应的机翼主油箱获得燃油。而当交输活门打开时，各发动机就能从总汇流管获得其他机翼主油箱和中央油箱的燃油。

飞机起飞前，飞行员打开 4 个交输活门、中央油箱超控/应急放油泵以及所有燃油增压泵，由于超控/应急放油泵出口压力高于增压泵，先由中央油箱通过总汇流管向各台发动机供油。起飞时，交输活门关闭，各发动机由相对应的机翼主油箱增压泵独立供油，以保证起飞过程中的供油可靠性。起飞后，交输活门打开，各发动机仍由中央油箱供油。中央油箱燃油耗尽后，中央油箱超控/应急放油泵关闭，内侧主油箱超控/应急放油泵工作，由于其出口压力高于增压泵，所以由内侧主油箱通过总汇流管向各发动机继续供油。当内侧主油箱油量较低时，备用油箱转输活门自动打开，备用油箱燃油在自身重力作用下流入内侧主油箱（因机翼具有上反角），内侧主油箱继续供油。当内侧主油箱与外侧主油箱油量相同时，交输活门关闭，各机翼主油箱增压泵向对应发动机独立供油，直至完成飞行任务。与双发独立与交输供油系统类似，这种供油系统的基本用油顺序也是先中央油箱，后机翼油箱。

如前所述，飞行中，为减小机翼根部弯矩，飞机中央油箱燃油被首先使用。当中央油箱燃油耗光时，油箱内充满了燃油蒸气，存在爆炸起火的危险。为解决这个问题，现代飞机加装了基于空气分离方法的氮气抑爆系统（也称燃油箱惰化系统），利用空气分离装置将空气中的氧气分离出去，并将高浓度的氮气输送到燃油箱，以降低油箱中的氧气浓度和油箱爆炸起火的危险性。

6.5　飞机地面加油/抽油系统

飞机地面加油/抽油系统的作用是：在地面利用加油设备给飞机各油箱加注燃油；将油箱中的燃油抽出，排空油箱以方便维护；在各个油箱之间进行燃油转输。

6.5.1　飞机地面加油

飞机加油包括地面加油和空中加油，民航飞机都采用地面加油，分为重力加油和压力加油两种方式。通常小型飞机都只采用重力加油，加油口位于机翼上表面，加油口处标注有飞机所需的燃油等级和相应油箱可加注燃油量。加油时，加油员手持加油枪从加油口注入燃油，燃油在自身重力作用下流入油箱，如图 6-21 所示。重力加油方式存在加油速度较慢和燃油易受到污染等缺点，大型飞机通常只将重力加油作为备用加油方式。

图 6-21 小型飞机地面重力加油

现代运输机通常采用压力加油，加油口位于机翼下方或起落架舱等位置。根据加油量大小不同，压力加油口可能有 1 个或 2 个。加油时，工作人员将加油车的加油软管连接到飞机的压力加油接头上（见图 6-22），经人工或自动控制，燃油在加油车油泵压力作用下注入飞机各燃油箱。与重力加油方式相比，压力加油速度快，安全性高，并且燃油不容易受到污染。

图 6-22 大型飞机地面压力加油

以 B737 飞机为例，其正常加油方式为压力加油。如图 6-14、图 6-15、图 6-19 所示，整架飞机只有一个压力加油接头，位于飞机右机翼前缘下侧的加油台上。压力加油时，加油员将加油软管连接到飞机加油接头上，操作加油控制面板上的加油电门，打开相应油箱的加油活门，按计划给各油箱注入燃油。加油过程中，每个油箱的燃油量可通过加油面板上的油量表进行观察，达到计划油量时需及时关闭加油活门。有些飞机的加油量可预先设定，加油过程能自动进行。

如果机场没有专用的压力加油设备，现代运输机通常也可采用重力加油。重力加油口一般位于左、右机翼上表面，即机翼结构油箱上部（见图 6-23），而机身中央油箱通常没有重力加油口。所以在给机翼油箱加油后还需要进行地面燃油转输操作，利用机翼油箱增压泵提供动力，从两侧机翼油箱将燃油经交输活门、人工抽油活门和机身油箱加油活门转输至机身中央油箱（见图 6-19），以保证燃油装载量要求。

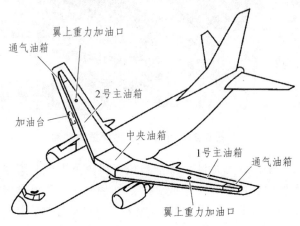

图 6-23　大型飞机重力加油口

飞机地面加油时应特别注意燃油牌号、油量单位、加油顺序、防污染和防火安全。加注正确牌号的燃油是保证飞机动力装置正常工作的必要前提。现代飞机油量显示单位通常为质量单位（千克或磅），但有些飞机可能采用容积单位（升或加仑），加油时务必注意计划加油量的计量单位，以保证加油量正确。为减小飞机飞行中机翼根部弯矩，飞机各油箱的加油顺序一般是先加机翼油箱，再加机身中央油箱。加油过程中还应注意保持飞机的横向及纵向平衡。加油结束后务必盖好加油口盖，以防止燃油泄漏和污染；当天飞行结束后，应将燃油箱加满，以排出空气，防止空气中的水分污染燃油；对于重力加油，翼上重力加油口必须清洁，以防水分和污染物混入油箱；在加油前、加油后和飞行前，应把飞机油箱中的水分和沉淀物放掉。防火是飞机地面加油时需重点注意的方面，加油场地严禁烟火，车辆应远离；飞机雷达及高频通信关闭，不能检查电气设备；加油前，飞机、加油车和加油管/枪必须接地，以防静电跳火引发火灾；加油场地应开阔通风，以防止燃油蒸气溢出发生火灾；加油场地附近应有消防设备，以保证及时灭火的需要。

6.5.2　飞机地面抽油

飞机地面抽油是当飞机在地面时，为了对燃油箱或油箱内的附件进行维护，将飞机燃油箱内的燃油通过增压泵压力排出或通过油罐车油泵抽出，从而排空油箱。图 6-19 所示 B737 飞机在地面抽油时就是利用各油箱内的燃油增压泵供压，通过人工抽油活门和压力加油接头将燃油排出的。

6.6 飞机空中应急放油系统

　　根据国际民航组织的规定，最大起飞重量与最大着陆重量的比值大于 105% 的飞机必须设置空中应急放油系统。FAR 和 CCAR 等适航规章要求，一架飞机以最大起飞重量起飞后，除去 15 min 飞行（包括在出航机场起飞、复飞和着陆）期间所消耗的燃油外，如果飞机重量不能满足适航规章中所规定的飞机起飞、进场和着陆爬升性能要求，则该飞机必须设置空中应急放油系统。B747、B787、A380 等大型远程飞机都设有空中应急放油系统。

　　设置空中应急放油系统的主要目的是使飞机在紧急情况下快速排放燃油，满足飞机最大允许着陆重量限制，以避免超重着陆导致飞机结构受损。另外，在迫降时，空中应急放油系统还可使飞机以较小的机载燃油量着陆，从而降低飞机着陆后起火爆炸的危险。

　　飞机空中应急放油系统有重力放油系统和动力放油系统两种形式。

　　重力放油系统在早期飞机（如 B707）上使用，放油口位于燃油系统中位置较低的机翼后缘根部，当放油活门打开时，燃油在自身重力作用下流出从而向外界排放。重力放油系统的放油喷嘴靠近机身，放出燃油污染飞机的可能性较大，不能用于发动机后置的飞机。

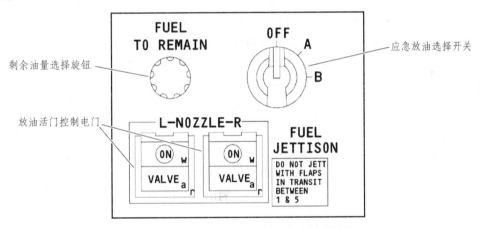

图 6-24　B747 飞机空中应急放油控制面板

　　现代大型远程飞机通常采用动力放油系统。如图 6-20 所示，B747 飞机动力放油系统主要由放油管道、位于机身中央油箱和内侧主油箱的多个操控/应急放油泵、放油转输活门、备用油箱转输活门以及位于机翼翼尖的放油活门和放油喷嘴等组成。放油时，飞行员首先操纵应急放油控制面板上的应急放油选择开关和剩余油量选择旋钮（见图6-24），使放油系统预位并设定剩余燃油量。当飞行员按压任一放油活门控制电门时，应急放油系统即开始工作，自动控制应急放油泵、转输活门和放油活门。燃油在应急放油泵增压作用下，经放油管道中的放油转输活门和翼尖放油活门排出。当油箱油量达到预定剩余油量时，应急放油系统自动停止工作。动力放油系统的放油喷嘴位于翼尖，距离机身较远，放出燃油污染飞机的可能性较小。

空中放油时，为防止污染和着火，机组人员应注意密切配合，按要求执行操作程序，并遵从空管部门的指挥，到指定空域、规定高度上放油，避开居民区和工业区，以保证地面人员和财产安全；并注意留够余油，一般以达到最大允许着陆重量为宜；另外，放油时飞机应处于净形状态，即起落架和增升装置处于收回状态。

思 考 题

1. 飞机燃油系统和发动机燃油系统有何不同？
2. 飞机燃油系统的功用有哪些？
3. 航空燃油的分类和性能要求分别是什么？
4. 对于飞机燃油系统，每次飞行前进行放油检查的位置和目的是什么？
5. 飞机燃油箱按结构特点不同有哪些类型？现代运输机通常采用哪种类型？为什么？
6. 飞机燃油箱通气的目的是什么？
7. 飞机燃油系统增压泵通常是什么类型？
8. 驾驶舱"油滤旁通"警告意味着什么？
9. 燃油关断活门和交输活门有什么作用？
10. 现代飞机燃油量表通常采用质量单位还是容积单位显示？
11. 某些小型飞机单发重力供油系统设置燃油增压泵的目的是什么？
12. 双发独立与交输供油系统有哪些供油方式？各有什么特点？
13. 双发飞机燃油系统油箱正常供油的顺序是怎样的？
14. 重力加油和压力加油两种方式有什么区别？
15. 飞机燃油系统地面加油时有哪些注意事项？
16. 某些运输机设置空中应急放油系统的主要目的是什么？
17. 现代运输机空中放油时有哪些注意事项？

7 飞机气源系统

7.1 气源系统概述

现代飞机气源系统可为起落架和襟翼收放、机轮刹车、舱门密封、翼面除冰等系统提供压缩空气，为座舱空调和增压系统提供引气，为某些飞机仪表的运转提供真空抽吸动力，也可作为飞机液压系统的备用能源提供应急传动能量。

气源系统的优点包括：作为工作介质的空气容易获得且用之不竭；系统组成简单且质量轻；不存在着火的危险；通过对系统精心设计和正确使用，爆炸的危险可降至最低；合理安装气滤可有效减少介质污染。但也存在一些缺点，如传动速度快，机件容易损坏；气体黏性小，易泄漏，对系统密封要求高；气体膨胀做功时温度降低，空气中的水分可能凝结成冰导致管路堵塞等。

根据气源压力的不同，现代飞机气源系统可分为高压、中压和低压气源。3 种气源的获得方式及系统组成和应用情况各不相同。

7.2 高压气源系统

7.2.1 气压传动原理

使用高压气源系统的通常是中小型通用飞机，主要用于驱动机轮刹车、液压泵、起动机、喷水泵、舱门开关及密封带充气、应急放下起落架或操纵其他应急设备。高压气源系统常采用金属气瓶储存压缩气体，利用气体膨胀做功传动其他部件工作。常用的压缩空气也被称为"冷气"，有的气源系统采用压缩氮气作为工作介质。

一个简单的冷气传动系统如图 7-1 所示。储存压缩空气的冷气瓶通过导管、开关与作动筒相连。打开冷气开关时，冷气瓶中的压缩空气进入作动筒内活塞上端的工作腔，下腔空气则直接排出，活塞在上下腔压差作用下向下运动，从而传动部件。冷气不断膨胀，推动活塞做功，将自身内能转换为机械能。冷气做功能力大小取决于冷气瓶的容积和冷气压力两个因素。对于特定飞机而言，冷气瓶容积是确定的，所以冷气压力的高低就决定了系统做功能力。高压气瓶的工作压力通常为 1 000 ~ 3 000 psi。

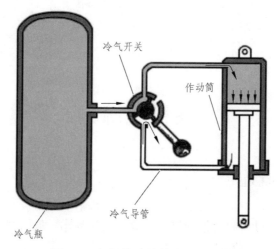

图 7-1 气压传动的基本工作原理

7.2.2 高压气源系统的组成及工作

为满足某些工作系统的连续供气需求，只采用有限容积的高压气瓶是不够的。所以，为提高气源系统的做功能力，在有的飞机上还安装了冷气泵，用于在飞行中将空气压缩并储存于冷气瓶中，如图 7-2 所示。这样一个高压气源系统的组成部件主要包括冷气泵、冷气瓶、充气活门、单向活门、气滤、分油分水器、释压活门和减压活门等。

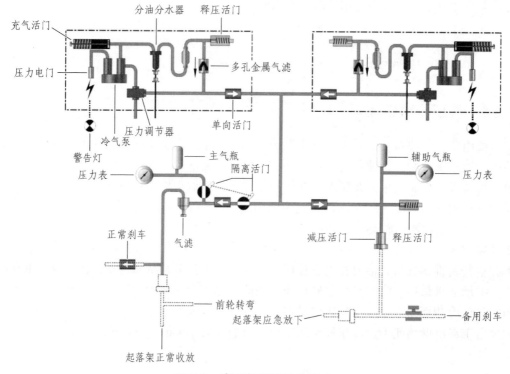

图 7-2 高压气源系统的组成

要得到高压冷气，冷气泵通常需要进行分级增压。根据系统所需压力大小不同，冷气泵可分为二级泵和三级泵。图 7-3 所示是一种典型的活塞式二级冷气泵，由电动机或发动机驱动其连续运转，利用两个缸筒对外界空气进行脉动式抽吸和压缩，最终向冷气瓶提供经两级增压的高压冷气。冷气瓶用于储存高压冷气，待起落架收放、机轮刹车、前轮转弯等工作系统需要时供气。充气活门可实现地面压缩气源直接向冷气瓶充气。单向活门的作用是控制气体单向流动，不允许反向流动。气滤用金属滤网或纸质滤芯来滤除空气中的尘埃杂质，其结构及工作原理与液压油滤类似。分油分水器安装在冷气泵出口，用于将压缩空气中的水分和滑油蒸气分离出来，防止其进入冷气瓶和系统。在气源系统中安装释压活门的目的是防止系统超压，避免因气压过高而损坏导管或挤压出密封装置。减压活门的作用是根据工作系统的需要适当减小空气压力，避免传动过程中的冲击和振动。

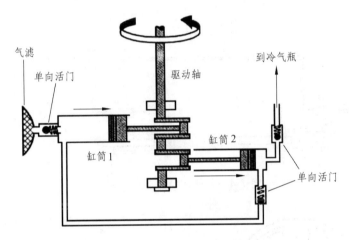

图 7-3　二级冷气泵工作原理图

高压气源系统在有的飞机上用于应急放起落架或应急刹车。图 7-4 所示为某机型氮气应急放起落架系统。飞机前、主起落架舱各有一个氮气瓶，构成 3 个独立的高压气源。当正常液压放起落架失效时，飞行员按压应急放起落架按钮，经逻辑控制电路打开相应氮气瓶出口爆炸活门，高压氮气流出，首先驱动起落架收上锁应急开锁作动筒开锁，然后经往复活门流入起落架收放作动筒的放下端，为应急放起落架提供足够动力。

7.2.3　系统工作显示

高压气源系统的主要工作状态信息是气体压力，所以在冷气瓶出口处装有冷气瓶压力表，便于维护人员检查。在驾驶舱中也设有冷气压力表（见图 7-5），与冷气瓶出口压力表的显示相同。有些利用冷气刹车的飞机，在驾驶舱中还设有刹车压力表（见图 7-6），便于飞行员判断刹车是否可以正常工作。

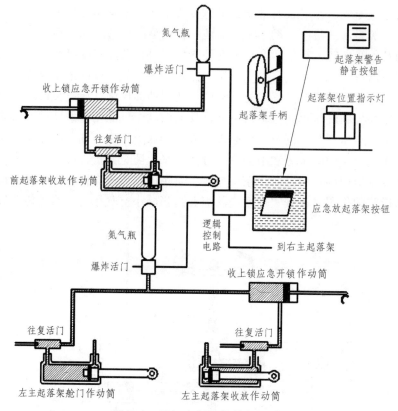

图 7-4　氮气应急放起落架系统

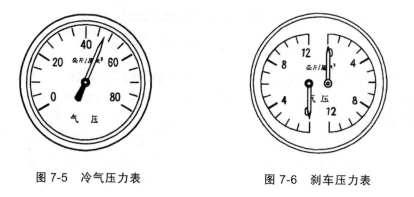

图 7-5　冷气压力表　　　　　　　　图 7-6　刹车压力表

7.3　中压气源系统

　　与高压气源系统不同，中压气源系统广泛应用于现代大中型运输机，系统工作压力通常为 50～150 psi。中压气源系统供气可用于飞机座舱空调和增压、发动机防冰、机翼除/防冰、液压油箱增压、发动机起动等。在某些飞机上，气源系统还可为水箱增压和液压系统的空气驱动泵（Air Driving Pump，ADP）提供能源。

7.3.1 中压气源系统的引气来源

中压气源系统的引气来源包括主发动机、辅助动力装置（Auxiliary Power Unit, APU）和地面气源，如图7-7所示。现代民航运输机通常使用航空燃气涡轮风扇发动机，它是气源系统最主要的引气来源。在其稳定工作期间，从发动机压气机处可获得高温高压的引气，引气经温度和压力调节后可供使用。由于主发动机功率状态在实际飞行中是变化的，为保证引气稳定，发动机引气控制非常重要。而APU作为一台小型燃气涡轮发动机，其主要作用就是给飞机提供辅助能源，包括电能和气源。在地面工作期间，APU可在主发动机起动前给飞机提供电能和座舱空调所需的引气，也可用于起动主发动机。而在空中飞行过程中，APU工作可减小由于发动机引气对发动机推力和燃油消耗的影响，但其使用高度受到一定限制。

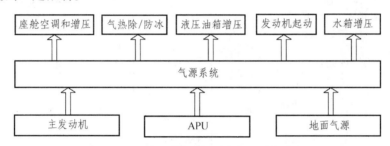

图7-7　现代民航运输机的主要引气来源

除上述典型的引气来源外，有些飞机（如B707和空中国王90）还采用了单独的座舱空气压缩机为空调和增压系统提供引气，由发动机转子通过附件齿轮箱驱动或利用发动机压气机引气驱动。在早期飞机发动机封严性能不够完善的情况下，采用单独的座舱空气压缩机可减小发动机工作状态对气源供气的影响，而且引气较洁净。另外，新型的B787飞机也采用了单独的电动座舱空气压缩机（Cabin Air Compressor, CAC）代替传统的引气来源向空调组件供气，通过采取控制电机转速等措施控制空调组件空气流量。

7.3.2 引气控制

图7-8所示是一个典型的双发运输机气源系统，主发动机、APU和地面气源引气都汇入气源总管，再分配到各用气系统，如发动机起动机和座舱空调系统。气源总管被隔离活门分为左右两部分，分别供气给不同的用气系统。如图7-9所示，隔离活门受驾驶舱气源系统控制面板上的隔离电门控制，可在需要时打开或关闭，以连通或断开两侧气源管道。以空调供气为例，正常情况下，当隔离活门关闭时，左、右发动机分别向左、右空调组件提供引气；而当隔离活门打开时，可使两台发动机为任一空调组件提供引气。由于APU供气到左侧气源管道，而地面气源供气到右侧气源管道，所以APU供气可直接用于起动左发，地面气源可直接用于起动右发。只有在隔离活门打开的情况下，APU供气才可用于起动右发，地面气源才可用于起动左发，或进行主发动机的交叉起动。

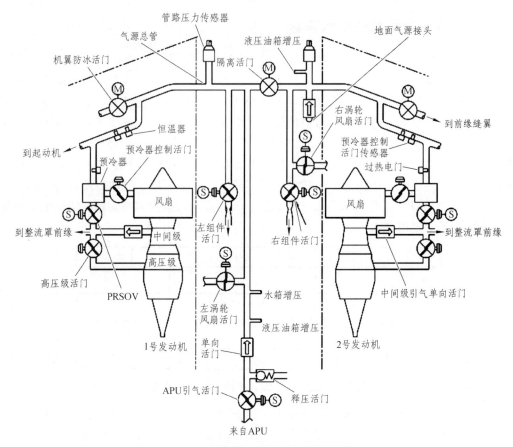

图 7-8　典型的双发运输机气源系统

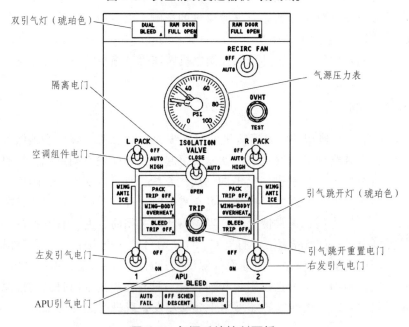

图 7-9　气源系统控制面板

发动机是现代运输机气源系统最主要的引气来源。图 7-8 所示气源系统中的发动机引气系统采用了双级引气方式，根据发动机功率以及用气需求变化情况，系统从高压压气机的中间级或高压级引气。在用气需求较低和发动机高功率状态下，系统从中间级引气。在用气需求较高或发动机低功率状态下，系统通过气动的高压级活门从高压级引气。双级引气方式在一定程度上减小了引气的压力和温度波动，既保证了气源系统在不同状态下都有足够的引气功率输出，也降低了引气对发动机推力和燃油消耗的影响。中间级引气出口单向活门用于防止高压级引气工作时出现倒流。

压力调节和关断活门（Pressure Regulator and Shutoff Valve，PRSOV）也称为引气活门，即引气通断控制的开关，是气源系统中最重要的控制活门之一。PRSOV 是一个电控气动活门，用于保证在发动机功率及引气压力变化时，活门下游引气压力基本稳定，同时具有防止引气倒流和限制引气温度的作用。如图 7-9 所示，飞行员通过驾驶舱气源系统控制面板上的引气电门可人工控制该活门通断。在引气超温、超压时 PRSOV 将自动关断，同时气源系统控制面板上琥珀色的"引气跳开"灯亮，引气故障消除后按压引气跳开重置电门可重新打开 PRSOV 并使"引气跳开"灯熄灭。另外，拔出发动机灭火手柄时，PRSOV 也将关断。

与发动机引气类似，APU 引气活门也是一个电控气动活门，受 APU 引气电门控制。通常不允许主发动机和 APU 同时向一侧气源总管供气，所以在气源系统控制面板上设置了琥珀色的"双引气"警告灯（见图 7-9），灯亮表示某主发动机引气对 APU 引气活门形成了反压，此时应限制发动机功率或将 APU 引气活门关断。

预冷器系统利用发动机的风扇空气作为冷源流体对热引气进行换热制冷，防止高温导致引气管道的相邻部件受损。预冷器位于 PRSOV 的下游，为一叉流式空气-空气热交换器，来自于发动机风扇的冷路空气与来自 PRSOV 的热引气在此换热，以降低引气温度。预冷器控制活门根据预冷器下游引气温度自动调节开度和风扇空气流量，改变换热量，从而使下游引气温度得到控制。

7.3.3 系统工作显示

如图 7-9 所示，在传统的气源系统控制面板上，除"双引气"灯和"引气跳开"灯之外，气源系统工作状态显示还包括非常重要的气源压力表，它的两个指针分别显示了左、右侧气源管道压力。气源压力过低可能导致用气系统工作不正常。

在新型民航运输机上，气源系统的工作状态显示在驾驶舱电子飞行仪表系统（Electronic Flight Instrument System，EFIS）的显示屏上，例如波音系列飞机的发动机指示和机组警告系统（Engine Indication and Crew Alerting System，EICAS）显示和空客系列飞机的中央电子监控系统（Electronic Centralized Aircraft Monitoring，ECAM）显示。显示屏位于驾驶舱中央仪表板，方便机长和副驾驶查看。图 7-10 所示是一个典型的双发运输机气源系统工作状态显示，该页面形象地表示出了相关控制活门的位置以及气源管道压力等系统工作状态信息。

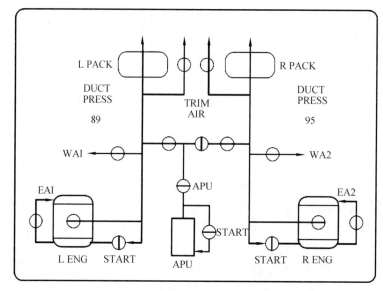

图 7-10　典型的气源系统工作状态屏幕显示

7.4　低压气源系统

　　低压气源系统的工作压力为 1 ~ 10 psi，其作用主要是为飞机姿态仪以及方位陀螺指示器等仪表的运转提供真空气源，也可为某些飞机翼面气动除冰提供动力。燃气涡轮发动机飞机主要由发动机引气的引射作用形成真空压力，活塞发动机飞机则主要利用发动机或电动机驱动的叶片泵提供真空压力。如图 7-11 所示，叶片泵由壳体、泵轴和两个叶片组成。在泵壳体内部，泵轴被偏心安装，两个叶片可以在泵轴的滑槽中沿径向自由滑动。当泵轴转动时，进口一侧两叶片之间的工作腔容积增大，而出口一侧两叶片之间的工作腔容积减小。工作腔容积的变化使泵从进口边抽吸空气、从出口边挤出空气，实现供压。

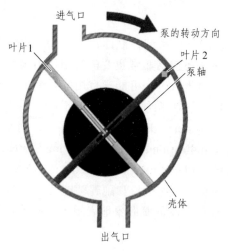

图 7-11　叶片泵

思 考 题

1. 现代飞机气源系统的分类及功用是什么?

2. 高压气源系统的气瓶压力通常是多少?

3. 高压气源系统的的主要组成部件有哪些? 各有什么作用?

4. 现代运输机气源系统的工作压力通常是多少? 主要引气来源有哪些?

5. 发动机双级引气方式的工作特点是什么?

6. 发动机引气系统中的压力调节和关断活门(PRSOV)的作用是什么?

7. 飞机气源系统"引气跳开"的原因及影响是什么?

8. 低压气源系统的工作压力通常是多少? 真空压力如何获得?

8　飞机座舱环境控制系统

8.1　座舱环境控制系统概述

8.1.1　座舱环境控制系统的作用

现代民航运输机的巡航高度通常可达 10 000 ~ 12 000 m。在这样的高度飞行，燃气涡轮发动机的燃油消耗率低，经济性好，同时遭遇紊流及其他恶劣天气情况的概率较低。但高空低气压、缺氧、低温环境使人体难以承受。所以现代飞机采用了气密座舱以及座舱环境控制系统，以保证在不同的飞行状态和外界条件下，飞机座舱、设备舱及货舱都具有良好的环境参数，包括座舱空气温度、湿度、清洁度、压力及其变化率等，确保飞行乘员安全舒适的生活和工作环境、机载设备的正常运行及货物安全。对民航运输机来说，良好的座舱环境还可以提高飞机的客座率。

8.1.2　大气物理特性及其对人体生理的影响

8.1.2.1　地球大气

包围着地球的整个空气圈称为地球大气，由干洁空气、水汽和大气杂质组成。地球大气具有相当大的厚度。从垂直方向看，不同高度上的空气性质是不同的，但在水平方向上空气的性质却相对一致，表现出具有一定的层状结构。根据气层气温的垂直分布特点，大气可分为对流层、平流层、中间层、暖层和散逸层，现代飞机主要在对流层内飞行。对流层是地球大气层的最底层，因该层空气具有强烈的对流运动而得名。在对流层中，大气温度随高度升高而降低，大约每增加 1 km 高度，大气温度下降 6.5 ℃，在对流层顶部，大气温度保持在 – 56.5 ℃ 左右。由于地球引力的作用，地球大气的分布很不均匀，越远离地球表面，大气压力越小，如图 8-1 所示。

由于实际大气状态是随季节、时间、地理位置和高度的不同而变化的，为便于比较飞机性能和设计仪表，国际民航组织（International Civil Aviation Organization，ICAO）以北半球中纬度地区大气物理特性的平均值为依据制定了国际标准大气（International Standard Atmosphere，ISA）规定。我国国家标准总局于 1980 年发布了《中华人民共和国国家标准大气（30 km 以下部分）》（GB/T 1920—1980），基于该标准制定的国家标准大气的气温、气压和相对密度随高度的变化情况见表 8-1。

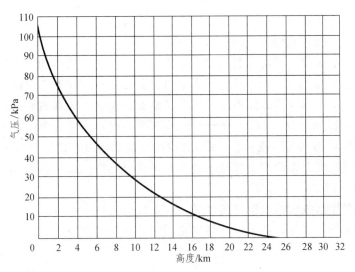

图 8-1 大气压力随高度变化的规律

表 8-1 国家标准大气简表

高度/m	温度/°C	气压/kPa	相对密度/%
0	15.00	101.325	100
1 000	8.50	89.876	90.75
2 000	2.00	79.501	82.17
3 000	−4.49	70.121	74.23
4 000	−10.98	61.660	66.89
5 000	−17.47	54.048	60.12
6 000	−23.96	47.217	53.89
7 000	−30.45	41.105	48.17
8 000	−36.93	35.651	42.92
9 000	−43.42	30.800	38.13
10 000	−49.90	26.499	33.76
11 000	−56.38	22.699	29.78
12 000	−56.50	19.399	25.46
13 000	−56.50	16.579	21.76
14 000	−56.50	14.170	18.60
15 000	−56.50	12.111	15.90

8.1.2.2 大气压力及其变化率对人体生理的影响

大气压力随高度增加而降低，对人体的影响主要是高空缺氧和低气压物理性影响，另外，压力变化速率过大也会对人体生理造成严重危害。

高空缺氧是由于在高空低气压环境下，大气中氧气分压降低导致人体组织得不到正常氧气供应或不能充分利用氧气来进行代谢活动所致。高度越高，人体缺氧反应越剧烈，其症状包括头昏、头痛、反应迟钝、视力减退、心跳加速、嘴唇和指甲发紫等，长时间缺氧可导致昏迷甚至死亡。根据生理试验，在海拔 2 000 m 以下，人体对于氧气分压的降低能够补偿，为无感觉区；海拔 2 000 ~ 4 000 m 范围内，人体有轻度缺氧反应，长时间停留会感觉头痛和疲劳；4 000 ~ 6 000 m 高度范围内，人体有中度缺氧反应，包括嗜睡、头痛、嘴唇和指甲发紫、视力和判断力减弱、气促和心跳加快以及情绪变化；6 000 m以上为严重缺氧高度，人会产生惊厥、丧失意识直至死亡；如果在 7 000 m 以上，人在5 min 内便失去知觉。

低气压物理性影响包括高空胃肠胀气、高空减压病和体液沸腾 3 个方面。随着高空大气压力逐渐降低，人体胃肠道内气体膨胀，来不及排出而导致腹胀、腹痛；组织体液中溶解的氮气析出形成气泡，堵塞血管或压迫局部组织，引起关节痛、皮肤瘙痒或刺痛、咳嗽、胸痛等；当高度达到 19 000 m 时，出现人体体液沸腾，皮下组织气肿、心脏扩张受损而致死亡。

飞机急速上升或下降以及爆炸减压时，大气压力变化速率很大，对人体也会产生比较严重的危害，主要是减压综合征和肺损伤，引起人体肺部、胸腔和耳腔等器官的疼痛，其中中耳炎发病率最高。爆炸减压是指在飞机高空增压飞行过程中，因机体结构破损等原因导致座舱快速释压。爆炸减压会严重危及人员和飞机安全，其危害程度取决于减压时间长短和座舱内外压差的大小。

8.1.2.3 大气温度和湿度对人体生理的影响

大气温度变化对人体生理也会造成影响。人体自身具有一定的体温调节能力，但如果外界温度过高或过低，人就会产生一些不适反应。环境温度过高时，人体内会蓄积太多热量，导致体温升高，心率加快，机体耗氧量增加，消化功能及中枢神经系统功能失调。环境温度过低时，人体散热量太多，导致体温下降，出现寒颤、手脚僵硬等现象，工作效率降低，严重时甚至发生冻伤。

湿度是表示大气干燥程度的物理量。湿度过大的情况下，在高温时主要表现为阻碍人体汗液蒸发，人体感觉"闷热"；在低温时表现为人体与环境空气的传热量加大，人体感觉"湿冷"。航空医学试验证明，低湿度环境在短时间内对人体生理的影响不明显。

8.1.3 座舱环境控制参数

8.1.3.1 座舱高度

现代民航飞机通常采用座舱高度来表示座舱空气压力的大小。座舱高度是指座舱内空气绝对压力所对应的标准气压高度。座舱高度越高表示座舱压力越小。为避免乘员出现低压缺氧症状，飞机座舱高度不能太高。在不提供氧气的情况下，能保证飞行员正常身体机能的最大安全座舱高度是 15 000 ft。但对民航旅客机而言，由于其所搭载旅客的年龄和身体素质各异，为保证所有乘员的安全，适航条例要求：在增压系统正常工作条件下，当旅客机以最大飞行高度飞行时，增压座舱及行李舱的气压高度不得超过 2 438 m（8 000 ft）；当飞机需要在 7 620 m（25 000 ft）以上高度飞行时，必须保证在增压系统发生任何可能失效情况后座舱高度不超过 4 572 m（15 000 ft）。8 000 ft 是飞行员的飞行技能和判断能力未受到严重影响的最大高度，并且空气中的氧分压对于旅客而言也是足够的。在一些现代民航飞机上，当座舱高度由于增压系统故障或座舱失密等原因上升达到 10 000 ft 时，驾驶舱中会发出座舱高度警告，提醒飞行员及时执行相关非正常程序。

8.1.3.2　座舱高度变化率

座舱高度变化率是指座舱高度的变化速率，它反映了座舱空气压力变化的快慢程度，其大小受飞机座舱压力制度和飞机升降率影响。飞机在上升和下降过程中可能引起座舱高度发生变化，如果变化过快会使中耳产生不舒适感（胀耳或压耳），严重时中耳会发生气压性损伤。所以，飞机飞行高度迅速变化时，座舱高度变化率不能太大。现代民航运输机通常要求在正常增压方式下，座舱高度上升率（或称爬升率）不得超过 500 ft/min，下降率不得超过 350 ft/min。

8.1.3.3　座舱余压

座舱余压是指飞机气密座舱内外空气压力之差，即座舱增压载荷。由于现代民航客机飞行高度大，而座舱高度又受到限制，所以飞机在增压飞行过程中将承受较大余压。飞机增压飞行中保持较大余压也可保证在座舱失密时，飞行员有足够时间操纵飞机下降到安全高度。但余压过大可能导致机体结构受损。飞机飞行中的实际余压与飞行高度有关，通常为正值，但在某些特殊情况下也可能出现负余压。飞行员应注意到由于飞机机体采用薄壁结构，其承受负余压的能力远远低于承受正余压的能力。飞机所能承受的最大余压值取决于增压座舱的结构强度，采用燃气涡轮风扇发动机的现代大中型民航运输机的最大余压通常为 7 ~ 9 psi（48.3 ~ 62.1 kPa），采用涡轮螺旋桨发动机的中小型民航飞机的最大余压通常为 5 ~ 7 psi（34.5 ~ 48.3 kPa）。

8.1.3.4　座舱温度和湿度

现代飞机的飞行高度和地理位置变化范围很大，外界环境温度变化也很大。为保证乘员的乘坐舒适性，座舱温度需要进行调节。根据航空医学知识，人体感觉最舒适的座舱温度为 20 ~ 22 ℃。因此，现代飞机座舱空调温度范围一般在 17 ~ 24 ℃。同时要求座舱内温度场均匀，各方向上座舱温度差一般不超过 3℃，座舱地板和舱壁温度应与座舱空气温度基本一致，舱壁温度应高于露点，以防止水汽凝结。民航旅客机由于乘员较多，座舱空气湿度因乘员呼吸和汗液蒸发而偏大，所以向座舱的供气应进行除水处理，以降低空气湿度。

8.1.3.5　座舱空气新鲜度

在相对封闭的飞机座舱中，为保证乘员的乘坐舒适性，在正常情况下每人每分钟需要 0.7 ~ 0.9 kg 的新鲜空气。现代飞机通过不间断的通风换气来满足座舱空气新鲜度要求，每小时的换气次数不少于 25~30 次。现代民航旅客机可利用座舱空气再循环系统使一部分座舱空气得以循环使用，以减小对气源引气的需要，从而降低对发动机功率和燃油的消耗。

8.1.4　气密座舱

现代民航客机主要在对流层到平流层底部飞行。在高空低压、缺氧、低温环境下，为保证飞行乘员的生命安全和乘坐舒适性，现代飞机采用了气密座舱结构和座舱环境控制系统，由座舱环境控制系统在飞机增压飞行过程中，向气密座舱供气并按需调节，以满足座舱温度和压力控制等要求。

为保证座舱环境控制系统的正常工作，在高空飞行的飞机必须采用气密座舱并满足气密性要求。与宇宙飞行器采用的再生式气密座舱不同，现代民航运输机普遍采用了半密封结构的通风式气密座舱，如图 8-2 所示。其基本工作原理是：从飞机气源系统获得引气，经预冷器、引气活门、组件活门和温度控制活门等进行引气压力、流量和温度调节后，形成空调空气并供入气密座舱，以实现座舱温度调节和增压；利用排气活门控制座舱向外界的排气量，实现座舱压力调节，形成适宜的座舱气压环境；通过不断的供气和排气控制，实现座舱的通风换气、电子电气设备冷却和货舱加温。

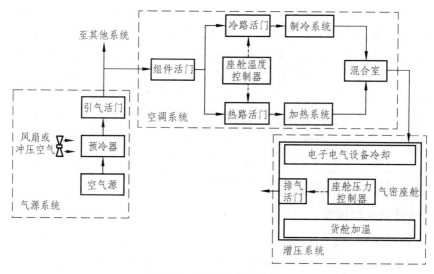

图 8-2　通风式气密座舱

座舱气密性指气密座舱的漏气程度。座舱漏气量过大将导致环境控制系统失效。如果飞机在使用中发生结构损伤，如疲劳裂纹和外来物撞击受损等情况，机体结构强度降低可能造成舱壁破损而发生爆炸减压。增压座舱结构尽管采取了一些密封措施，但在座舱内外存在压差的情况下并不能完全防止座舱漏气，因此"气密"是相对的。为保证座舱气密性，座舱空调供气管道应具有防倒流功能，避免供气失效时座舱空气泄漏。在使用中也应保持飞机机体结构的完整性，严格限制机体结构缝隙的漏气量。飞机增压飞行过程中，如果机体结构严重破损，将导致座舱快速释压，甚至发生爆炸减压事故。机组人员应采取应急措施，并立即下降高度，同时在下降过程中为机组人员和乘客提供氧气。

8.2 座舱空调系统

飞机座舱空调系统的基本作用是对座舱温度进行调节，以满足飞机乘员的生理需求，改善其工作和生活条件。绝大多数现代民航运输机以气源系统引气作为空调能源，通过控制座舱空调供气的流量、温度和湿度，最后将空调空气分配到座舱的各个出气口。座舱空调系统主要由空调引气流量控制装置、制冷系统、温度控制系统、湿度控制系统和空调空气分配系统等几个部分组成。

8.2.1 空调引气流量控制

空调系统是绝大多数现代民航运输机气源系统最主要的用户。为保证座舱温度和压力调节以及通风换气的需要，空调系统采用流量控制活门（或称空调组件活门，简称组件活门，见图 8-2）控制通往空调组件的引气流量相对稳定，同时实现空调组件的通断控制。飞行员通过驾驶舱气源系统控制面板上的空调组件电门控制该活门的工作，参见图7-9 所示。

8.2.2 制冷系统

由于飞机飞行高度及外界环境温度变化范围较大，飞机空调系统必须能够对进入座舱的空气进行温度控制。现代飞机通常采用加温的环境空气作为空调系统气源，有的飞机使用专门的加温器，有的飞机直接利用来自于航空燃气涡轮发动机压气机等气源的热引气。如图 8-2 所示，热引气在空调系统中按照一定比例分为热路和冷路空气，最后再混合形成空调空气供入座舱。由于飞机高速飞行中对机体的气动加热、太阳辐射热、飞机电子电气设备产热等原因，现代飞机空调系统主要面临制冷的问题，即如何对气源系统引气进行制冷和温度调节，以实现座舱温度控制。

现代飞机空调组件的主要作用是冷却热引气，根据冷却原理不同可分为蒸发循环制冷和空气循环制冷两种方法。

8.2.2.1 蒸发循环制冷系统

蒸发循环制冷系统的制冷原理与家用空调、冰箱类似，它是一个闭环系统，通过制冷剂的循环流动和相变吸热制冷，使空调引气在进入座舱前降低温度。其工作原理如图 8-3 所示，在密闭容器内装有液态制冷剂，经热膨胀阀之后，低压液态制冷剂进入蒸发器，在蒸发器中吸收供向座舱的热空气的热量，转变为低压低温的气态制冷剂，然后再进入压缩机，以提高气态制冷剂的压力和温度，从而提高制冷剂的相变温度，使得高温高压的气态制冷剂在下游的冷凝器中通过与外界冲压空气对流换热，更容易由气态变回液态，并最终回到容器中。系统以此方式循环工作，循环动力由电动机或发动机引气驱动的压缩机提供。通过制冷剂的循环流动和相变过程，使蒸发器的热源流体（即供向座舱的热空气）得以冷却。

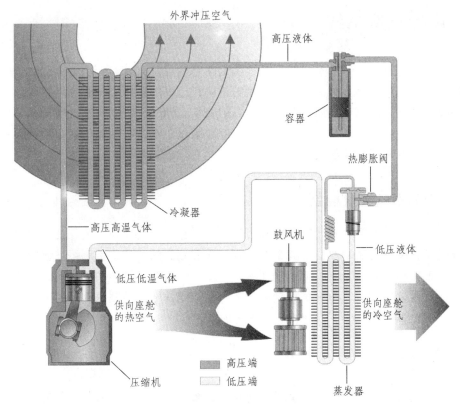

图 8-3　蒸发循环制冷系统

　　蒸发循环制冷系统比空气循环制冷系统的制冷性能好，在地面停机状态下也具有良好的制冷能力，应用在某些对制冷功率要求较大的飞机上，而且在高性能飞机电子设备舱冷却方面也具有较好的应用前景。但由于其调温范围较小，质量、体积较大，并且通常使用的氟利昂制冷剂会破坏大气臭氧层，该系统在现代民航客机上较少采用。

8.2.2.2　空气循环制冷系统

　　空气循环制冷系统的基本工作原理是先利用热交换器对热引气进行初步冷却，再让热引气流过涡轮冷却器（或称空气循环机）膨胀做功，传动同轴的风扇或压气机，从而进一步降低引气温度和压力，最终获得需要的冷空气。

　　根据涡轮冷却器的类型不同，空气循环制冷系统可分为 3 种类型：简单式（涡轮风扇式）空气循环制冷系统、升压式（涡轮压气机式）空气循环制冷系统和三轮式（涡轮压气机风扇式）空气循环制冷系统。

　　1. 简单式（涡轮风扇式）空气循环制冷系统

　　利用外界冲压空气作为冷源流体对来自于气源系统的高温引气进行换热制冷是比较容易实现的办法。但只采用热交换器进行制冷的方法有其局限性，因为冲压空气温度会随着飞机空速的增加而增加，并且空气密度将随飞行高度增加而减小，从而导致热交换器的换热制冷效率下降。为提高系统的制冷性能，除热交换器之外，简单式空气循环制冷系统中还使用了冷却涡轮,如图 8-4 所示。高温高压引气首先流过热交换器,通过与外界冲压冷空气对流换热进行初步冷却,然后再流过冷却涡轮,通过气体膨胀驱动涡轮做功,自身内能下降而得到进一步降温。另外,当飞机在地面或低速飞行时,冲压空气流量比较小,制冷效果可能变差。所以,在冲压空气通道中还设置一个由冷却涡轮驱动的风扇来抽吸外界空气,增大通风量,以保证热交换器的换热性能。

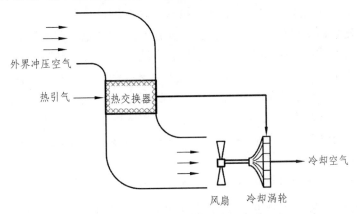

图 8-4　简单式空气循环制冷系统

涡轮风扇式涡轮冷却器以风扇作为消耗涡轮功率的负载,一方面可改善热交换器的换热效果,即使飞机在地面或低速飞行时也能保证其制冷能力,另一方面可避免因冷却涡轮负载太小而导致涡轮超转,影响涡轮寿命和制冷效果。但随飞机飞行高度增加,外界空气密度逐渐减小,风扇负载也在减小,所以简单式空气循环制冷系统的使用高度受到一定限制。

2. 升压式(涡轮压气机式)空气循环制冷系统

如图 8-5 所示,升压式空气循环制冷系统主要由两级热交换器以及压气机和涡轮组成的涡轮冷却器组成。来自于气源系统的热引气首先流过一级热交换器(或称主热交换

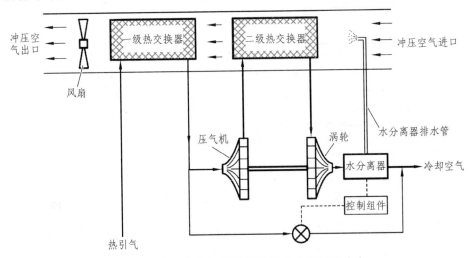

图 8-5　升压式空气循环制冷系统(低压除水)

器），通过与外界冲压冷空气对流换热进行初步冷却，然后流入由涡轮驱动的压气机。压气机对引气做功后，提高了引气压力和温度。然后，高温高压的引气流过二级热交换器（或称次级热交换器），通过与外界冲压冷空气对流换热再次进行冷却。二级热交换器出口的高压引气继续流向涡轮，在涡轮中膨胀降温，最终获得冷却空气。

涡轮压气机式涡轮冷却器以压气机作为消耗涡轮功率的负载，一方面可在引气压力比较低的情况下（如高空飞行时）由压气机提高涡轮进口压力和涡轮膨胀比，保证冷却涡轮仍然具有良好的制冷能力，另一方面可使涡轮运转平稳，有效避免涡轮超转，保证涡轮寿命。与简单式空气循环制冷系统相比，升压式空气循环制冷系统在相同制冷能力下的供气压力或引气量可以较小，对发动机的功率和燃油消耗要少一些，经济性好。该系统在早期英美制飞机，尤其在客机上应用广泛。

另外，为避免飞机在地面停机状态下或起飞着陆阶段低速运动时，流过两个热交换器的外界冲压冷空气流量不足，导致系统制冷能力不够，在两个热交换器的冲压冷空气通道中安装风扇，由电动机或空气涡轮驱动，当飞机在地面或飞行速度较低时工作，抽吸外界空气，保持冲压空气通道内有足够的空气流量，保证热交换器的换热效果。

3. 三轮式（涡轮压气机风扇式）空气循环制冷系统

三轮式空气循环制冷系统的工作原理如图 8-6 所示，热引气首先经过一级热交换器初步冷却，然后经涡轮驱动的压气机增压升温，再由二级热交换器换热冷却，然后通过回热器、冷凝器和水分离器到达涡轮，经涡轮膨胀降温，最终获得冷却空气。两个热交换器都是利用外界冲压冷空气作为冷源流体进行对流换热，以降低引气温度。为保证冲压空气流量和热交换器的制冷效果，在冲压空气通道中设置了一个由涡轮驱动的风扇。

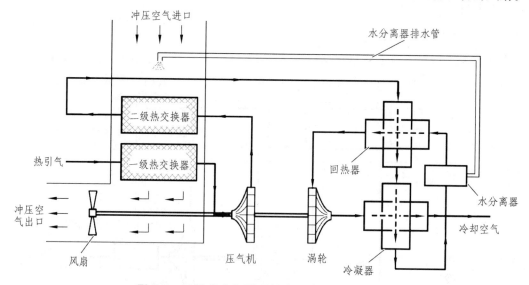

图 8-6　三轮式空气循环制冷系统（高压除水）

由此可见，三轮式空气循环制冷系统的主要特点是：风扇和压气机都由涡轮驱动，三者安装在同一根轴上。它是前两种系统的自然发展，既具有升压式空气循环制冷系统供气压力小、供气流量小以及发动机功率和燃油消耗低的优点，也具有简单式空气循环制冷系统地面制冷能力高的优点。与升压式空气循环制冷系统不同，它不需要驱动风扇的额外动力，减轻了系统质量。与简单式空气循环制冷系统相比，由于涡轮需要同时驱动压气机和风扇，涡轮的功率消耗更为合理，对于提高系统制冷能力和避免涡轮超转更为有利。三轮式空气循环制冷系统在现代民航运输机上得到了广泛应用。

在三轮式空气循环制冷系统基础上，为进一步提高制冷能力，个别飞机（如B777）还采用了四轮式空气循环制冷系统，设置了两级冷却涡轮。

空气循环制冷系统随着飞机飞行速度和高度的增加，热交换器的换热效果逐渐变差。为保证系统具有足够的制冷能力，现代飞机空气循环制冷系统中都采用了高效率的涡轮冷却器，也称为空气循环机（Air Cycle Machine，ACM）。涡轮冷却器的制冷原理是在高压引气高速流过涡轮时，气体膨胀做功使涡轮旋转，导致引气压力和温度都降低。为提高系统制冷能力并防止涡轮超转，由涡轮驱动压气机和/或风扇转动，该负载的大小在一定程度上决定了涡轮的制冷功率和效率。所以根据涡轮驱动的负载不同，涡轮冷却器可分为涡轮风扇式、涡轮压气机式和涡轮压气机风扇式 3 种类型。涡轮风扇式涡轮冷却器以风扇作为吸收涡轮功的负载，应用在简单式空气循环制冷系统当中，如图 8-4 所示；涡轮压气机式涡轮冷却器以压气机作为吸收涡轮功的负载，应用在升压式空气循环制冷系统当中，如图 8-5 所示；涡轮压气机风扇式涡轮冷却器以压气机和风扇作为涡轮的负载，应用在三轮式空气循环制冷系统当中，如图 8-6 所示。

空气循环制冷系统比蒸发循环制冷系统质量轻、调节控制方便、可靠性高、检查维护工作量小，座舱空调、增压和通风换气可由一个系统来完成，系统集成度高，所以在现代飞机上得到广泛应用。但它不适合用于热载荷很大从而对制冷功率要求很高的飞机，一方面因为大直径的空调引气管道安装比较困难，另一方面是因为大量引气会导致发动机性能受到严重影响。另外，空气循环制冷系统在调温精度、系统工作性能、地面停机状态下的制冷能力等方面不如蒸发循环制冷系统。

8.2.3　座舱温度控制

8.2.3.1　座舱温度控制原理

保持向座舱的供气流量基本稳定，利用温度控制活门改变空调系统中冷、热路空气流量比例以调节流入座舱的供气温度是飞机座舱温度控制的基本方法。

温度控制活门通常分为双活门和单活门两种形式。双活门式温度控制活门也称为空气混合活门，包括冷路活门和热路活门（见图 8-2），气源系统引气经组件活门（即流量控制活门）调节后，输出一定流量的空气到空调系统，然后分为两路：一路通过制冷系统降温获得冷空气，称为"冷路"；另一路通过加热系统升温获得热空气，称为"热路"。由于现代运输机气源系统的引气温度一般都比较高，所以"热路"中通常不需设置加热系统就可获得热空气。冷路空气和热路空气在混合室里混合成为空调空气并最终供入座舱。通过改变温度控制活门（冷路活门和热路活门）的开度就可以控制冷、热路空气流量比例，从而调节供气温度。所以，座舱温度控制的关键是对温度控制活门的开度调节。

双活门式温度控制系统在调节温度时，两活门由伺服电机同时驱动，但开关方向相反，即一个活门开大时，另一个活门关小，冷、热路空气流量相应变化。采用这种控制方式可获得比较高的调温效率。

　　单活门式温度控制活门只安装在热路管道上，而冷路上没有控制活门，所以单活门式温度控制活门也称为热空气旁通活门，如图 8-7 所示。一定流量的空气进入冷、热路管道时，冷热路空气流量按管道阻力分配。所以，只控制热空气旁通活门开度就可以同时调节冷、热路空气流量，实现冷、热空气混合比例控制。

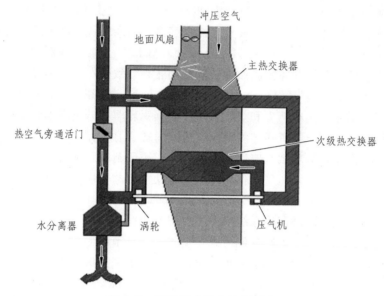

图 8-7　单活门式温度控制活门

　　如图 8-8 所示，座舱温度控制有两种方式：自动方式和人工方式。自动方式为座舱

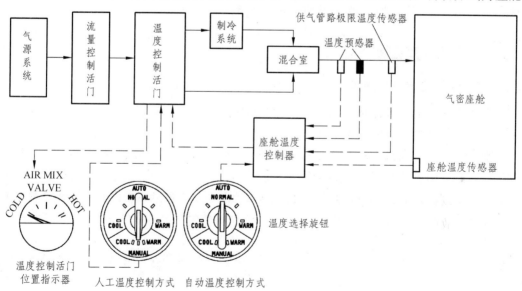

图 8-8　座舱温度控制原理

温度控制的正常方式，在该方式下，温度控制活门的开度由座舱温度控制器根据供气温度预感器、极限温度传感器、座舱温度传感器感受的温度以及座舱温度选择旋钮输入的预置温度进行调节，从而控制冷、热路空气流量，混合后得到所需供气温度，以供给座舱一定温度和流量的空调空气，使座舱温度保持在选择范围内。自动方式失效后，飞行员可选择人工方式。人工方式为座舱温度控制的备用方式，在该方式下，温度控制活门开度直接由温度选择旋钮控制。在两种温度控制方式下，驾驶舱的温度控制活门位置指示器都实时指示该活门的实际开度。

8.2.3.2 座舱温度控制系统的工作

图 8-9 所示为一典型的采用双活门式温度控制活门的飞机座舱空调系统。驾驶舱空调系统控制面板上的空调组件电门控制空调组件活门打开，一定流量的气源系统引气进入空调组件。一部分气体经空气混合活门的热门直接流到混合室，另一部分气体经空气混合活门的冷门和升压式空气循环制冷系统冷却后流到混合室。冷路空气和热路空气在混合室内混合形成空调空气供向混合总管并最终供入座舱。空气混合活门是座舱温度控制的关键部件，它是一个由电机驱动的双联蝶形活门，其冷门和热门的开关方向相反，当热门完全打开时，冷门完全关闭。在活门轴上安装有一个感受活门位置的电位器，将活门位置信号提供给驾驶舱空调面板上的空气混合活门位置指示器。

在图 8-9 所示自动温度控制方式下（温度选择旋钮的上半扇形控制区域），自动温度控制器根据调温旋钮选择的温度和座舱实际温度以及空调供气温度等信号，控制双活门式温度控制活门（包括冷路活门和热路活门）的开度，调节冷路和热路空气流量以及冷空气和热空气在混合室内的混合比例，从而使座舱温度等于选择温度。如果在温度控制过程中发生故障，座舱空调供气温度达到了预定极限温度，温度控制器将控制空气混合活门的冷门完全打开，热门完全关闭，以避免供气超温，保证安全。当自动温度控制方式失效时，飞行员可把温度选择旋钮扳至下半扇形区域，选择人工方式控制座舱温度。在人工温度控制方式下，调温旋钮直接控制空气混合活门开度，飞行员应注意根据座舱温度变化和空气混合活门位置指示器的指示，实时调节温度选择旋钮，以满足座舱空调需要。

另外，为保证飞机在地面或起飞着陆阶段空气循环制冷系统的制冷效率，图 8-9 的空调系统采用了涡轮风扇抽吸外界空气。当飞机在地面或襟翼放出时，冲压空气门完全打开，以提供最大的冲压空气流量，改善飞机低速时两个热交换器的换热效果。如果因系统故障导致空气循环机的压气机出口或涡轮进口温度过高，该系统的空调组件活门将自动关闭（即空调组件自动跳开，驾驶舱空调系统控制面板上琥珀色的"组件跳开"灯会亮），从而关断空调引气，以保证安全，同时空气混合活门也将工作到全冷位。

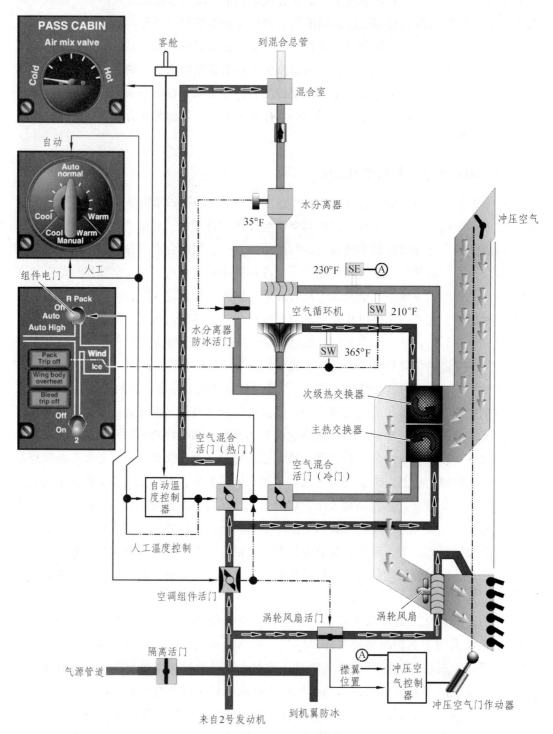

图 8-9 典型飞机座舱空调系统

8.2.4　座舱湿度控制

飞机在地面或低空飞行时，外界大气湿度比较大。气源及空调系统引气湿度过大将导致座舱内出现水雾甚至水滴从空调出风口流出的现象。这将给乘客和机组人员带来不舒适感，加剧机体结构腐蚀，也会由于隔热毯被水浸湿而导致飞机质量增加，甚至可能因电气线路短路引发设备故障。所以，为保证乘坐舒适性和机载电子电气设备正常工作，现代飞机座舱环境控制系统需要对座舱空气进行湿度控制。

在低空湿热大气环境下，飞机座舱湿度控制的方法是利用安装在空调系统中的水分离器分离、收集和除去空气中的过量水分，以降低空调供气的含水量，保证供气中不含有游离水分，从而向座舱提供相对干燥的空调空气。根据水分离器的安装位置不同，除水系统可分为低压除水和高压除水两种类型。

8.2.4.1　低压除水

水分离器安装在空气循环机冷却涡轮下游低压段的称为低压除水，主要应用于中小型飞机空调系统。如图8-5所示，空调引气流过冷却涡轮后膨胀做功，其自身内能下降，空气压力和温度都会降低，所以在空气循环机冷却涡轮出口低压段设置水分离器可有效去除空气中的水分。在一些老式飞机的空调系统中，水分离器分离出来的水可直接排出机外。在现代运输机上，这些水可在飞机高空低湿度环境下飞行时被用于增加空调供气湿度，或被输送到空调系统热交换器的冲压空气通道入口处喷出，以改善热交换器的制冷效果（参见图8-5）。由于低压水分离器位于冷却涡轮的出口，温度较低，所以水分离器容易出现结冰情况。水分离器结冰后，冷气流动阻力增加，冷路空气流量减小，并且冷却涡轮出口压力增加，导致制冷系统的工作性能受到影响。所以，低压水分离器需要采取防冰措施。图8-9所示低压水分离器采用了温度控制型防冰方法，由安装在水分离器上的温度传感器向防冰控制器提供温度信号，当水分离器将要结冰时，由防冰控制器控制防冰活门打开，来自涡轮冷却器上游的热空气通过防冰活门直接流到水分离器，使水分离器温度升高，从而达到防冰的目的。

8.2.4.2　高压除水

水分离器安装在冷却涡轮上游高压段的称为高压除水。如图8-6所示，热引气流经一级热交换器、压气机和二级热交换器之后，进入回热器的热端，被来自于水分离器出口的冷空气冷却降温，此处往往会出现少量水分凝结。然后，引气流入冷凝器的热端，被来自于冷却涡轮出口的冷空气进一步冷却降温。由于冷凝器传热表面的温度低于空气的露点温度，所以空气中的水蒸气在此处大量析出凝结为大水滴。通过高压水分离器后，空气中析出的绝大部分水分都能被分离出来，部分没有分离的水分在流过回热器时再蒸发。流出回热器的干燥空气进入冷却涡轮，在涡轮内膨胀做功，空气温度进一步降低。流出涡轮的冷空气继续流过冷凝器，一方面作为冷凝器的冷源流体，另一方面可把涡轮出口凝结出的少量水分或冰融化并蒸发，最终在冷凝器出口获得低温干燥的冷却空气。

　　与低压除水相比，高压除水的优点是：① 除水效率高。在相同温度下，压力越高的空气中凝结出来的水分越多，高压除水系统中冷凝器析出的水滴很容易被高压水分离器除去，除水效率一般可达 95%~98%。② 防冰效果好。由于空气中绝大多数的水分已经在进入涡轮前就被除去，涡轮出口结冰情况可有效避免，所以高压除水系统不需要采取额外的防冰措施。③ 制冷能力强。因为涡轮出口不容易出现结冰情况，涡轮出口温度可进一步降低，空调系统的制冷能力可进一步增强，在满足相同制冷功率要求的前提下，空调引气量大大减少，这有利于节省发动机功率。同时，由于高压水分离安装在冷却涡轮上游，涡轮出口空气流阻小，反压低，这有利于改善冷却涡轮的制冷效果。所以，高压除水广泛应用于现代大中型客机空调系统。

8.2.5　座舱空气分配系统

8.2.5.1　空调空气分配

　　座舱空气分配系统的作用是将调节好的空调空气通过合理排布的分配管道及供气口输送到座舱内，在座舱内形成合适的气流分布和循环流动状态，给飞机乘员提供一个温度、湿度适宜、空气新鲜的座舱环境，避免座舱内出现较大温差、气流噪声和穿堂风。

　　一个典型的双发运输机空调空气分配系统如图 8-10 所示。该飞机空调系统包括两个

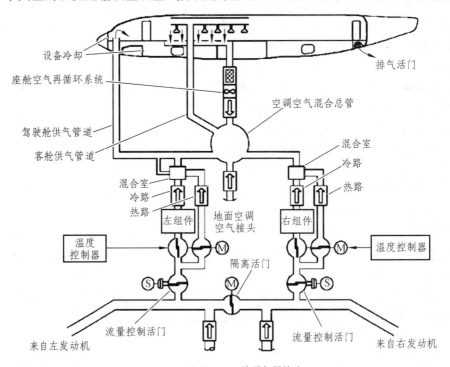

图 8-10　空调空气分配系统

空调组件，即左组件和右组件。在正常情况下，驾驶舱空调供气仅来自于左组件，左组件输出的剩余空调空气与右组件的供气在混合总管里混合后再供入客舱，驾驶舱和客舱可根据需要选择不同的空气温度。如果左组件失效，驾驶舱也可使用右组件提供的空调空气。

典型的客舱空气分配系统如图 8-11 所示，来自空调组件的空调空气经主分配管道、侧壁竖管和舱顶分配管道由舱顶供气口和侧壁扩压供气口流入客舱，通过靠近地板的排气格栅排出，以减少乘客之间的交叉空气污染。为保证客舱内部各处温度基本均匀，也为了使得每位乘客都拥有适宜的空气流动和良好的通风环境，客舱空气分配系统沿机身长度方向均布了多个供气管道和供气口。

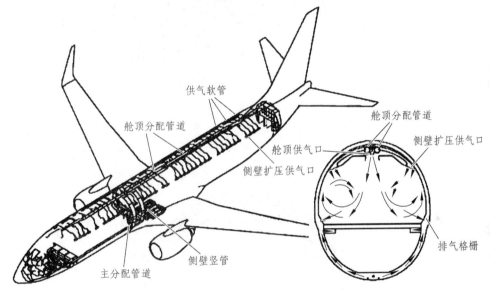

图 8-11 客舱空气分配

典型的驾驶舱空气分配系统如图 8-12 所示，由左组件提供的空调空气经驾驶舱舱顶、侧壁、座椅下部供气口、飞行员脚部加温供气口以及个人通风供气口等流入座舱，风挡供气口流出的空调空气还可对风挡玻璃起到加温防冰、除雾的作用。

8.2.5.2 座舱空气再循环系统

为保证座舱空调和增压系统工作正常，现代运输机空调供气量需求很高。为减小气源系统引气量以及发动机的推力损耗和燃油消耗，在满足座舱空气新鲜度要求的前提下，现代运输机普遍采用了座舱空气再循环系统。如图 8-10 和图 8-13 所示，在再循环电风扇的抽吸作用下，座舱空气通过靠近地板的排气格栅、收集管流过气滤（高效空气过滤器 HEPA），经过滤、杀菌后重新送入空调空气混合总管，与从空调组件来的新鲜空气混合后再次供入座舱，以实现对座舱空气的再循环利用。座舱空气再循环系统的工作受驾驶舱内再循环风扇电门控制，再循环通风量一般可达座舱空调供气总量的 50%。

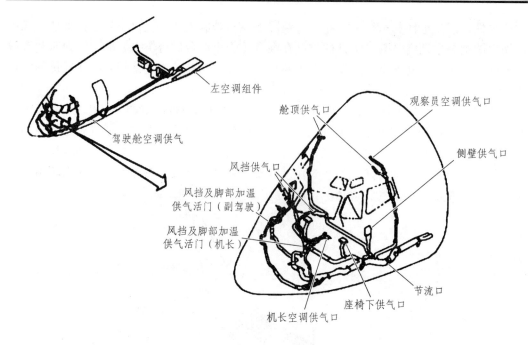

图 8-12 驾驶舱空气分配

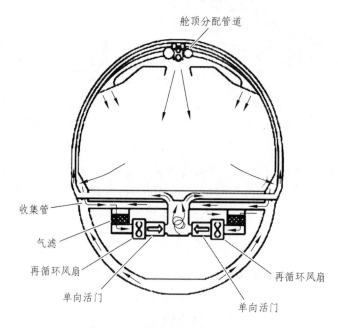

图 8-13 座舱空气再循环系统

8.2.5.3 分区供气及区域温度控制

某些大中型运输机的机身较长，为使座舱空气温度均匀，采用了分区供气的方式，即把飞机整个座舱分为多个区域（或舱段），例如驾驶舱、前客舱和后客舱，从空调空气混合总管分出相应数量的供气管道向各区域分别供气，如图 8-14 所示。在分区供气的基础上，飞行员可根据需要进行各区域温度的独立控制，如图 8-15 所示。区域温度控制系统的基本工作原理是根据飞行员设定的各区域预选温度情况，以最低预选温度作为基准去控制空调组件的工作，使空调组件出口供气温度满足最低预选温度区域的温度控制需要，而其他更高预选温度的区域则通过调节相应区域的调整空气活门开度，将从气源系统来的热空气直接引入相应区域供气管道，以提高该区域供气温度，从而实现独立控制

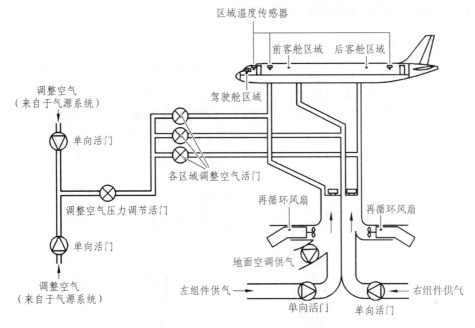

图 8-14　分区供气及区域温度控制

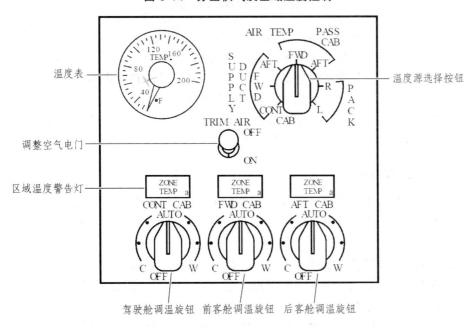

图 8-15　驾驶舱空调面板（区域温度控制）

不同区域温度的需要。驾驶舱空调面板上的调整空气电门用于控制调整空气系统的接通或断开，温度表可指示各区域供气温度、区域温度或空调组件的工作温度，由温度源选择旋钮控制。当相应区域供气管道超温或温控器失效时，琥珀色的区域温度警告灯亮，以提醒飞行员。

8.2.6 设备冷却及货舱加温系统

8.2.6.1 设备冷却系统

设备冷却系统用于对飞机驾驶舱和电子电气设备舱内的电子电气设备进行冷却，以保证其正常工作。现代运输机通常采用座舱空气作为设备冷却介质。如图 8-16 所示，在供气风扇和排气风扇的抽吸作用下，经气滤过滤的座舱空气通过管道分别流经驾驶舱各仪表板、飞行管理计算机（Flight Management Computer，FMC）控制显示组件、断路器板以及电子电气设备舱内的设备架，带走热量，然后直接排出机外或用于货舱加温。

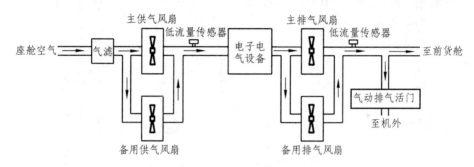

图 8-16 设备冷却系统

供气风扇和排气风扇为设备冷却通风提供动力，它们都采用了双风扇设计，一个为主风扇，另一个为备用风扇。这些单级轴流式风扇均安装有一体式单向活门，防止风扇不工作时空气倒流。空气管道中的低流量传感器为自加热的热敏电阻。在主风扇正常工作并有足够气流流过传感器时，热敏电阻的电阻值保持在一定范围内。但如果流过传感器的空气流量不足，热敏电阻温度升高，电阻值减小，在驾驶舱中就会发出低流量警告信号，此时飞行员可通过风扇电门选择备用风扇工作，如图 8-17 所示。

8.2.6.2 货舱加温系统

货舱加温系统用于保持飞机货舱温度高于冰点温度，防止冻坏货物。货舱加温方式包括座舱排气加温、设备冷却系统排气加温、气源系统引气加温以及货舱内部空气循环加温。

以波音 737 飞机货舱加温系统为例，如图 8-18 所示，客舱空气经客舱侧壁靠近地板的排气格栅进入后货舱侧壁夹层，对货舱进行加温，然后经排气活门排出机外。而前货舱主要依靠设备冷却系统排气进行加温。在飞机增压飞行过程中，来自于设备冷却系统的空气被引导至前货舱地板下部，然后沿货舱侧壁上升，从而对前货舱进行加温。

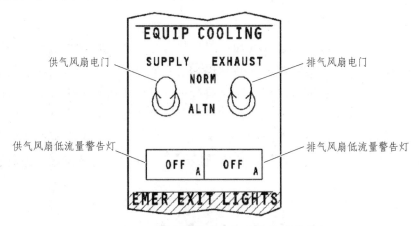

图 8-17 设备冷却风扇电门及低流量警告灯

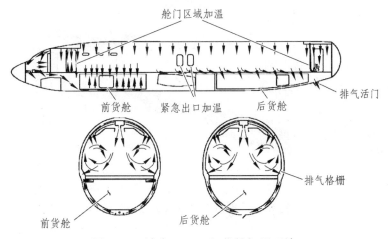

图 8-18 波音 737 飞机货舱加温系统

8.3 非气密座舱通风加温系统

8.3.1 座舱通风和加温的基本原理

因飞行高度较低，大多数活塞式发动机飞机采用了非气密座舱，通过控制通风流量和提高供气温度的方法对座舱温度进行一定程度的调节。

在高温天气条件下飞行时，为使飞机乘员感到凉爽，需要加大座舱通风量。最简单的座舱通风方法是在飞机侧窗上设置可调通风口，根据需要人为调节通风流量。但多数小型飞机设计了专门的座舱通风系统，可将外界冲压空气引入座舱，以加速舱内空气流动速度，带走热量和潮湿空气，最后从机身底部的座舱排气口或机体结构缝隙排出机外。在低温天气条件下飞行时，用于座舱加温的冲压空气在进入座舱前，要先经过发动机废气加温器或燃烧加温器加热。通过调节冷、热冲压空气流量及混合比例可控制座舱空气温度。

图 8-19 所示为一单发轻型飞机的座舱通风加温系统。用于座舱加温的冲压空气从飞机头部进气口引入，经发动机废气加温器加热后送入座舱，从飞机乘员的脚部加温空气供气口流出，对脚部进行加温，并利用空气对流特点，提高座舱内空气温度。该热空气也可直接用于风挡玻璃除雾。座舱通风进气口位于机翼和垂直安定面前缘。为改善飞机在地面时的座舱通风效果，机身后部通风管道里设有鼓风机。有些飞机的通风进气口还可能设置在机头左右两侧。这些冲压空气进气口安装有可调节气门，利用驾驶舱内相应手柄可调节其开度，以控制通风加温空气的通断及流量，进而控制座舱温度。

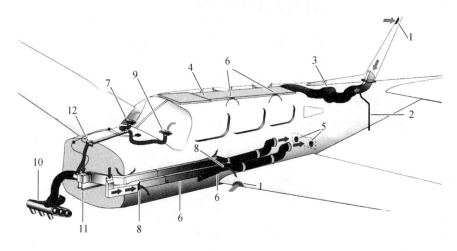

图 8-19　非气密座舱通风加温系统

1—座舱通风进气口；2—排水管；3—鼓风机；4—通风管道；5—座舱排气口；6—座舱通风供气口；
7—右风挡除雾供气口；8—加温空气供气口；9—左风挡除雾供气口；
10—发动机废气加温器；11—空气盒及温控活门；
12—风挡除雾控制活门

8.3.2　空气加温装置

座舱加温系统的关键部件是空气加温装置，包括发动机废气加温器、燃烧加温器、电加温器以及涡轮增压加温装置等。大多数的单发轻型飞机都采用发动机废气加温器对座舱进行加温。如图 8-20 所示，外界空气从飞机机头冲压空气进气口流入一个金属套管，与套管内安装的发动机排气管道进行热量交换。该套管同时还可起到发动机排气消音作用，所以发动机废气加温器有时也被称为"冲压空气/排气消音套管热交换器"。被发动机排气加温的冲压空气经加温器活门控制，将全部或部分热空气导入座舱或排出机外。在发动机着火时，飞行员应选择"加温关断"功能将所有热空气排出机外，以防止烟雾进入座舱。这种加温方式的优点是利用了发动机的废热对座舱进行加温，而不额外消耗飞机电能或发动机功率。

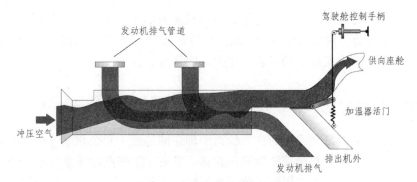

图 8-20　发动机废气加温器

8.4　座舱增压控制系统

8.4.1　座舱增压控制原理

飞机座舱增压控制系统的基本任务是保证在预定飞行高度范围内，座舱内部气压及其变化速率满足乘员较舒适生存的需求，并保证飞机结构安全。所以，座舱增压控制系统需要对座舱高度、座舱高度变化率及余压这 3 个座舱环境控制参数进行调节。

在高空低压、缺氧、低温环境下，为保证飞行乘员的生命安全和乘坐舒适性，现代民航客机采用了增压气密座舱，由座舱空调系统不断把经过调节的具有一定温度和压力的空调空气供入座舱，对座舱进行温度调节后，经排气活门排出机外，如图 8-21 所示。从原理上来说，当座舱气密性良好时，通过控制供气流量和排气流量就可以控制座舱压力及其变化规律。因为座舱温度控制的基本方法通常是改变供气温度，而供气流量相对稳定。所以，为了使座舱增压控制和温度控制相对独立，现代飞机普遍采用通过座舱压力控制器控制排气活门从而改变排气流量的方法来实现座舱增压控制：当控制排气流量小于进气流量时，座舱压力上升；当控制排气流量大于进气流量时，座舱压力下降；当控制排气流量等于进气流量时，座舱压力保持不变。

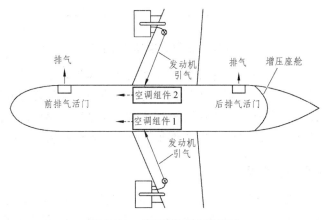

图 8-21　座舱增压控制原理

根据适航条例规定，除排气活门外，旅客机座舱增压系统必须至少装备一个自动或人工座舱压力控制器、两个安全活门（或正压释压活门）、两个负压释压活门及显示座舱高度、余压和座舱高度变化率的仪表和座舱高度警告装置等。

8.4.2 座舱压力制度

座舱压力制度是指气密座舱内空气压力（即座舱高度）和余压随飞机飞行高度变化的规律，也称为座舱调压规律或座舱增压规律，它表示了座舱增压系统处于平衡状态时的静态调节特性。现代飞机常用的座舱压力制度有 3 种：三段式座舱压力制度，两段式座舱压力制度，直线式（或近似直线式）座舱压力制度。

8.4.2.1 三段式座舱压力制度

三段式座舱压力制度如图 8-22 所示。以飞机起飞爬升过程为例，在飞机爬升到一定高度之前，座舱与外界自由通风，座舱内外压力相等，这个阶段被称为自由通风段。然后，座舱从这个高度开始增压，随飞机飞行高度增加，由座舱增压系统保持座舱空气压力（即座舱高度）不变，直到余压达一定值，这个阶段被称为等压控制段或座舱高度保持段。随后，增压座舱进入等余压控制段，即随着飞机爬升，座舱余压保持不变，这个阶段被称为余压保持段。飞机下降、进近和着陆过程中座舱增压系统的工作也相应分为这 3 个阶段。

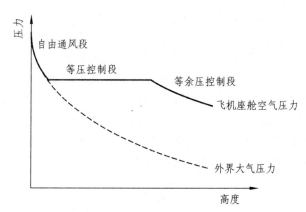

图 8-22 三段式座舱压力制度

三段式座舱压力制度飞机在起降过程中发动机功率损失较小，适用于发动机剩余功率较小的小型低速螺旋桨飞机，增压控制的自由通风段有利于保证飞机起飞滑跑及初始爬升过程中有足够的发动机推力。但在飞机起飞和着陆过程中座舱压力随飞机高度变化较快，旅客有不舒适感，所以飞机的爬升率和下降率应受到限制。

8.4.2.2 两段式座舱压力制度

两段式座舱压力制度如图 8-23 所示，飞机从起飞就开始增压。在等压控制段（即座舱高度保持段），随飞机飞行高度增加，座舱空气压力（即座舱高度）保持不变，直到余压达一定值。随后,增压座舱进入等余压控制段(即余压保持段)。相对于三段式座舱压力制度,两段式座舱压力制度飞机在起降过程中发动机功率损失较大,但其避免了低空外界大气压力随高度变化较快所导致的不舒适感,应用于某些高性能螺旋桨飞机。

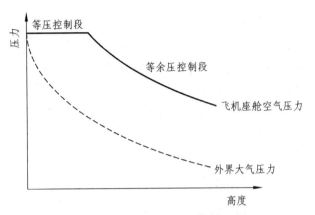

图 8-23　两段式座舱压力制度

8.4.2.3　直线式座舱压力制度

直线式(或近似直线式)座舱压力制度如图 8-24 所示。飞机在起飞、着陆的地面滑跑阶段座舱进行预增压,防止座舱压力波动,提高乘坐舒适性。在飞机爬升和下降阶段,座舱压力和余压随飞机升降按一定比例均匀变化。在飞机正常巡航阶段则保持座舱高度不变。采用直线式(或近似直线式)座舱压力制度的飞机在起降过程中发动机功率损失较大,对发动机功率要求较高,安装燃气涡轮发动机的现代民航运输机通常采用这种座舱压力制度。

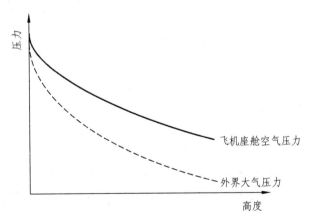

图 8-24　直线式座舱压力制度

8.4.3　座舱增压控制方式

参见图 8-2 所示,座舱压力控制器(控制部件)和排气活门(执行部件)是飞机座舱增压控制系统最基本的组成部分。座舱压力控制器根据飞行员操作和座舱内外气压等信号，按照一定的增压控制模式和程序，在各飞行阶段输出相应指令，控制排气活门开度和排气流量，从而实现座舱增压参数的控制。根据座舱压力控制器工作原理及排气活门驱动动力不同，现代飞机座舱增压控制方式可分为两种：气动式和电子电动式。

8.4.3.1 气动式座舱增压控制

气动式座舱增压控制方式广泛应用于中小型通用飞机的三段式座舱压力调节。如图 8-25 所示，气动式座舱增压控制系统包括气动式压力控制器和气动式排气活门这两个基本组成部分。气动式排气活门受座舱压力控制器控制，其打开和关闭取决于活门控制腔压力和座舱空气压力的差值。驾驶舱增压系统控制面板上有 3 个调压控制旋钮：初始增压调节旋钮用于设定起始增压高度，余压调节旋钮用于设定等余压控制过程中的余压，压力变化率调节旋钮用于设定最大座舱高度变化率。飞行员在每次起飞前都需要输入这3 个参数，气动式压力控制器由此确定本次飞行过程中各个阶段的座舱增压参数。

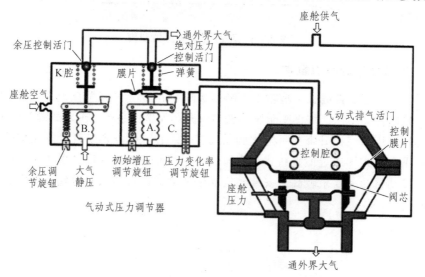

图 8-25　气动式座舱增压控制系统原理图

8.4.3.2 电子电动式座舱增压控制

如图 8-26 所示，电子电动式座舱增压控制系统包括电子式压力控制器和电动式排气活门这两个基本组成部分。电子式压力控制器为系统控制部件，由增压程序发生器、座舱高度变化率限制器和余压限制器组成。增压程序发生器用于在各飞行阶段根据飞机状态和飞行员操纵按程序输出电控信号，座舱高度变化率限制器用于限制座舱压力的变化速率，余压限制器用于限制座舱内外压差。排气活门为系统执行部件，由交流或直流电动机驱动，受压力控制器输出的电信号控制。现代飞机通常有 1~2 个排气活门。

以 B737 飞机为例，该机型座舱增压控制有 3 种工作方式：自动方式、备用方式和人工方式，由驾驶舱增压系统控制面板上的增压方式选择旋钮进行控制，如图 8-27 所示。其中，自动方式是增压系统的正常工作方式。在自动方式下，电子式压力控制器根据飞行员在起飞前输入的计划巡航高度、着陆机场高度以及大气数据惯性基准组件

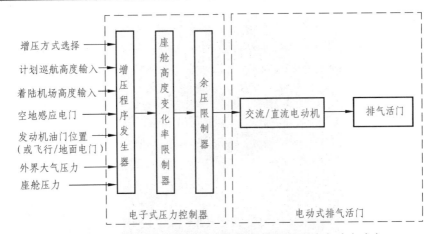

图 8-26　电子电动式座舱增压控制系统原理图（自动方式）

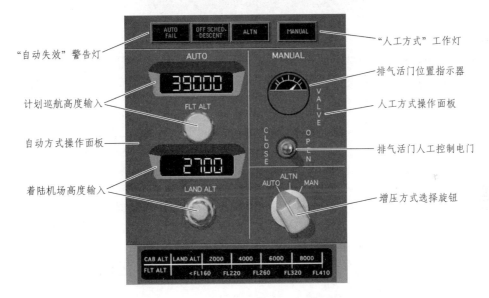

图 8-27　B737 飞机增压系统控制面板

（ADIRU）提供的外界大气压力（飞行高度）、座舱空气压力（座舱高度）等参数，在空地感应电门以及发动机油门手柄或飞行/地面电门的控制下，在各个飞行阶段按增压程序自动输出相应电控指令，控制电动机工作，驱动排气活门，从而控制座舱高度、座舱高度变化率和余压。自动方式失效后（"自动失效"警告灯亮），座舱增压控制将自动（也可人为转换）为备用方式（"备用方式"工作灯亮）。如果备用方式也失效，飞行员还可选择人工方式（"人工方式"工作灯亮），通过人工方式操作面板上的排气活门人工控制电门（三位弹性电门）直接控制排气活门驱动电机的工作及排气活门开度，从而控制座舱增压。在人工方式操作时，飞行员需密切注意监控驾驶舱内的座舱高度表、座舱高度变化率表、余压表以及排气活门位置指示器的显示（见图 8-28），根据需要适时调节排气活门开度。在各种工作方式下，排气活门位置指示器都能给飞行员提供排气活门的开度大小指示。

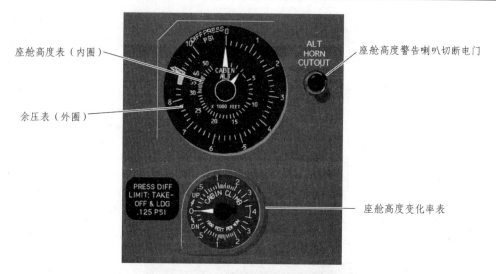

图 8-28　B737 飞机增压控制参数显示

座舱高度表（内圈）

余压表（外圈）

座舱高度警告喇叭切断电门

座舱高度变化率表

PRESS DIFF LIMIT: TAKE-OFF & LDG .125 PSI

　　现代民航运输机的直线式座舱压力制度通常采用电子电动式座舱增压控制系统来实现。在自动方式下，整个飞行过程中的座舱增压情况如图 8-29 所示，自动增压工作过程如下所述。

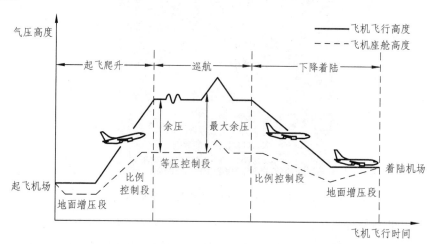

图 8-29　现代民航运输机座舱增压剖面简图（自动方式）

　　飞机起飞前，起落架上的空地感应电门处于"地面"状态。当飞行员操纵的发动机油门手柄处于低功率状态或飞行/地面电门处于"地面"位时，电子式座舱压力控制器输出一个使座舱高度高于机场高度的控制指令，使排气活门完全打开，飞机座舱处于自由通风状态，座舱不增压。当飞行员把发动机油门手柄前推至高功率状态或将飞行/地面电门置于"飞行"位时，压力控制器输出一个使座舱高度低于机场高度大约 189 ft 的指令，使排气活门部分关闭，从而在座舱内外建立大约 0.1 psi 的余压，这就是座舱预增压。在飞机地面滑跑阶段（包括起飞和着陆过程）保持一定的座舱增压可防止在飞机速度变化或姿态突然改变时引起座舱压力波动，提高乘坐舒适性。

飞机起飞离地后，起落架上的空地感应电门转换为"空中"状态，压力控制器进入爬升程序，目标座舱高度由飞行员在起飞前输入的计划巡航高度所确定。在飞机爬升过程中，压力控制器按增压程序在各飞行高度上输出相应座舱高度控制指令，控制电动排气活门工作，使座舱高度随飞机爬升按一定比例均匀提高，这就是座舱高度的比例控制。如果飞机爬升率过大，座舱高度变化率限制器将起主要控制作用，关小排气活门，以避免座舱压力下降过快导致乘坐的不舒适感。现代民航旅客机座舱高度上升率通常不超过 500 ft/min。

在飞机爬升到计划巡航高度之前，当外界大气压力比巡航高度标准气压高 0.25 psi 时，座舱增压提前转换到等压控制阶段，随后飞机继续爬升到计划巡航高度。设置提前转换的目的是防止飞机在巡航过程中因气流干扰引起飞行高度波动（不超过 0.25 psi 气压差所对应的大约 450 m 高度差）而导致座舱增压控制系统工作阶段的频繁切换，从而在等压控制阶段使座舱压力更稳定，以提高乘坐舒适性。在巡航过程中，由于飞机飞行高度和座舱高度都保持不变，余压也保持相对稳定。但如果飞行员大幅提高飞机巡航高度，导致余压相应增大超过限制值时，压力控制器的余压限制器将起主要控制作用，开大排气活门，以避免余压过大对飞机和乘员可能造成的危害。此时飞机进入一种等余压控制方式，即座舱高度将跟随飞机飞行高度上升而增加。

飞机开始下降后，当飞机下降到外界大气压力比计划巡航高度标准气压高 0.25 psi 时，座舱压力控制器进入下降程序，增压控制转换到下降过程中的比例控制阶段，目标座舱高度比飞行员在起飞前输入的着陆机场高度低约 300 ft。在飞机下降过程中，压力控制器按增压程序在各飞行高度上输出相应座舱高度控制指令，控制电动排气活门工作，使座舱高度随飞机下降按一定比例均匀降低。如果飞机下降率过大，座舱高度变化率限制器将起主要控制作用，开大排气活门，以避免座舱压力上升过快导致乘坐的不舒适感。现代民航旅客机座舱高度下降率通常不超过 350 ft/min。

飞机着陆接地后，起落架上的空地感应电门转换为"地面"状态，座舱增压控制进入地面增压阶段，压力控制器和排气活门工作使座舱高度低于着陆机场高度大约 189 ft，即在座舱内外建立大约 0.1 psi 的余压。如果飞行员将发动机油门手柄收至低功率状态或将飞行/地面电门置于"地面"位，则压力控制器将输出使座舱高度高于机场高度的控制指令，控制排气活门完全打开，座舱内外自由通风，此时可打开舱门。

8.4.4 座舱增压安全措施

正常增压控制失效可能导致座舱高度过高或座舱内外压差过大。另外，在飞机急速下降时，由于座舱高度下降率受到限制，还可能出现座舱外部大气压力大于座舱内部压力的情况，即负余压。座舱高度过高将导致飞机乘员出现一定程度的低压缺氧反应，严重时甚至危及生命安全。而如果座舱内外压差过大则会对飞机结构安全造成影响，在负余压情况下尤为如此，因为飞机座舱结构采用了薄壁结构，它能承受较大拉应力而几乎不能承受压应力。座舱增压安全措施就是为了尽量避免出现上述情况而设计的，包括正压释压活门、负压释压活门和座舱高度警告系统。

正压释压活门也称为安全活门，在座舱余压超过限制值时打开，以释放过高座舱压力，保证机体结构安全。以 B737 飞机为例（见图 8-30），座舱正常的最大余压值为 8.45 psi，当余压达到 8.95 psi 时，正压释压活门打开释压。

负压释压活门的作用是在座舱外部压力稍大于座舱内部压力时打开，让外部环境空气能够直接流入座舱内部，以平衡压差，防止出现较大的负余压，从而保证机体结构安全。以 B737 飞机为例（见图 8-30），当负余压达到 – 1 psi 时，负压释压活门打开。

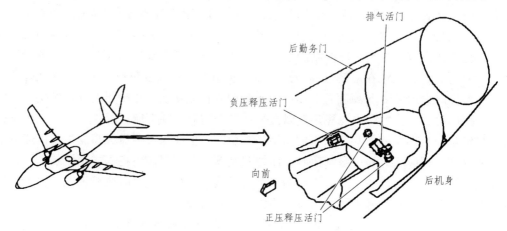

图 8-30　B737 飞机座舱增压系统的正压释压活门和负压释压活门

现代民航旅客机在最大飞行高度范围内正常增压飞行时，座舱高度不超过 8 000 ft，以保证乘坐舒适性。但当增压系统故障或座舱失密等情况发生时，座舱高度可能过高从而危及乘员生命安全。所以，现代民航旅客机普遍设置座舱高度警告系统（见图 8-31），当飞机座舱高度上升超过一定值（一般为 10 000 ft）时在驾驶舱中发出音响警告，提醒飞行员及时执行相关非正常程序。

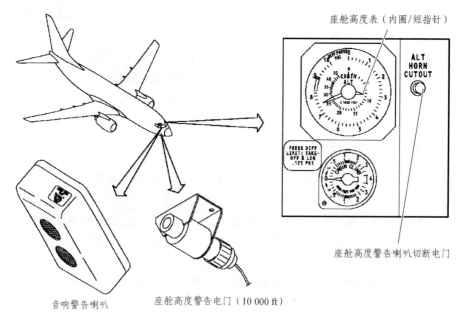

图 8-31　B737 飞机座舱高度警告

思 考 题

1. 现代运输机座舱环境控制系统的作用是什么？

2. 大气压力及其变化率对人体生理有何影响？

3. 座舱环境控制参数有哪些？

4. 座舱高度与飞机飞行高度有何区别？

5. 座舱高度变化率过大的危害是什么？民航运输机正常增压方式下最大的座舱高度变化率是多少？

6. 什么是座舱余压？为什么座舱余压不能过大或过小？现代大中型民航运输机的最大余压通常是多少？

7. 现代飞机座舱空调温度范围通常是多少？

8. 通风式气密座舱的工作原理是什么？

9. 如何保证增压座舱的气密性？

10. 现代运输机座舱空调系统的基本组成部分有哪些？

11. 空调组件活门的作用是什么？

12. 蒸发循环制冷系统的组成及制冷原理是什么？

13. 空气循环制冷系统与蒸发循环制冷系统在工作原理和性能特点上有何不同？

14. 根据涡轮冷却器的类型不同，空气循环制冷系统可分为哪几种？

15. 简单式空气循环制冷系统的组成及工作原理是什么？有何使用限制？

16. 升压式空气循环制冷系统的组成及工作原理是什么？与简单式空气循环制冷系统相比有何优点？

17. 三轮式空气循环制冷系统的组成及工作原理是什么？与升压式空气循环制冷系统相比有何优点？

18. 空气循环机（ACM）有哪些类型？其负载分别是什么？

19. 现代飞机座舱温度控制的基本原理是什么？

20. 双活门式温度控制活门的"冷门"和"热门"开关方向有何特点？单活门式温度控制活门安装在冷路还是热路管道上？

21. "组件跳开"的原因及影响是什么？

22. 座舱温度控制的自动方式和人工方式有何不同？

23. 座舱温度选择旋钮的作用是什么？

24. 空调系统中的低压除水和高压除水的原理分别是什么？两种除水方式有何区别？

25. 高压除水系统中冷凝器和回热器各有什么作用？

26. 与低压除水相比，高压除水的优点有哪些？

27. 座舱空气分配系统的作用是什么？

28. 座舱空气再循环系统的作用是什么？再循环通风量一般可达多大比例？

29. 某些大中型运输机座舱采用分区供气的原因是什么？区域温度控制的基本原理是什么？

30. 现代运输机设备冷却和货舱加温的基本原理是什么？

31. 非气密座舱温度调节的基本方法是什么？与气密座舱温度调节有什么不同？空气加温装置有哪些？

32. 发动机废气加温器的工作原理是什么？

33. 座舱增压控制的基本原理是什么？

34. 适航条例对旅客机座舱增压控制有何要求？

35. 什么是座舱压力制度？现代飞机常用的座舱压力制度有哪些类型？

36. 现代民航运输机通常采用哪种座舱压力制度？有什么特点？

37. 电子电动式座舱增压控制的工作过程及特点是什么？

38. 座舱增压安全措施包括什么内容？各有什么作用？

9 飞机氧气系统

9.1 飞机氧气系统概述

现代民航运输机的巡航高度可达 10 000～12 000 m。在高空低压、缺氧环境下，为保证乘员的生命安全和乘坐舒适性，现代民航运输机采用了气密座舱和座舱增压控制系统。在飞机正常增压飞行过程中，座舱增压控制系统可保证飞机座舱高度不超过 8 000 ft，机组人员和乘客都不需要额外供氧。但当增压系统故障或座舱失密导致座舱高度过高时，飞行乘员能够及时使用到氧气就非常重要。所以，现代民航运输机都装备了氧气系统，以应对高空飞行过程中可能出现的低压缺氧情况。除此之外，飞机氧气系统还可用于飞行中的应急医疗救助以及灭火时进行保护性供氧。

现代民航运输机氧气系统通常由 3 个部分组成：机组氧气系统、旅客氧气系统和便携式供氧设备（见图 9-1）。机组氧气系统给驾驶舱内的飞行员和观察员提供氧气，通常采用高压氧气瓶供氧，其优点是储氧量大、供氧时间长并可重复使用。旅客氧气系统给客舱内的所有旅客和乘务人员提供氧气，通常采用化学氧气发生器供氧，其优点是供氧安全可靠并且系统质量轻，只有少数飞机采用氧气瓶供氧。便携式供氧设备可供飞机机

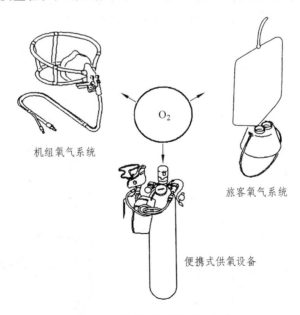

机组氧气系统

O_2

旅客氧气系统

便携式供氧设备

图 9-1 飞机氧气系统的组成

组人员或旅客使用，通常由手提式氧气瓶或化学氧气发生器提供氧气。对于一些座舱不增压的通用飞机，考虑到在 8 000 ft 以上飞行时可能存在的用氧需要，通常也会提供一些便携式供氧设备。

9.2 机组氧气系统

现代民航运输机机组氧气系统通常采用氧气瓶供氧，氧气瓶供氧系统一般由高压氧气瓶、压力传感器、减压活门（或称减压调节器）、氧气关断活门、氧气面罩及供氧调节器、氧气瓶压力表等组成。以图 9-2 所示机组氧气系统为例，瓶口氧气压力表直接指示氧气瓶压力，机务人员可据此判断氧气瓶剩余氧气量。该压力表位于关断活门上游，其指示不受关断活门的开关状态影响。氧气瓶关断活门用于打开或关闭氧气瓶供氧，机务人员在对氧气系统进行维护前需要关断该活门，维护结束后打开，以保证飞行员在应急情况下的供氧。释压保险片在氧气瓶因过热而超压时破裂，将氧气释放到机外，以避免氧气瓶爆裂造成危险，氧气瓶的这种超压释放功能与氧气瓶关断活门的位置无关。在机身表面的氧气排放口处有绿色的排放指示片（或称机外吹除片，见图 9-3），如果飞行员在飞前检查时发现此指示片被吹掉，则说明氧气瓶已经超压排放。供氧管道中的压力传感器用于给驾驶舱氧气压力表提供信号，方便飞行员判断氧气瓶的剩余氧气量和用氧时间。通常氧气瓶灌充压力较高，不能直接供给氧气面罩，所以，机组氧气系统使用了减压调节器，将供氧压力降低到大约 70 psi。有的飞机在驾驶舱内部还设置有系统关断活门控制旋钮，方便飞行员直接控制系统供氧通断。为保证飞行中紧急情况下的快速用氧，系统关断活门需要在飞行前打开。活门下游供氧管道漏气时，飞行员应操纵该活门关闭。机组氧气系统配备的氧气面罩及供氧调节器可满足驾驶舱内飞行员及观察员的用氧需要。

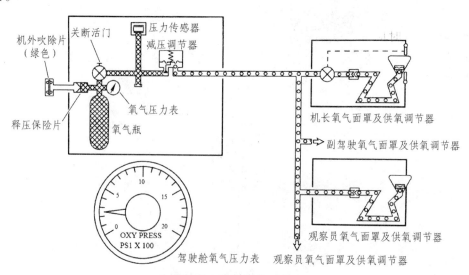

图 9-2 机组氧气系统

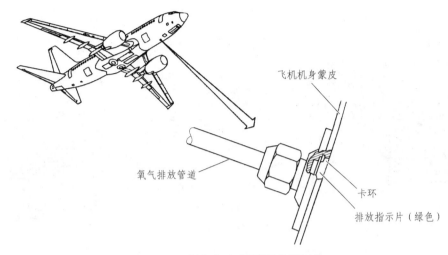

图 9-3　飞机氧气瓶超压排放指示片

飞机氧气瓶所灌充氧气为"航空人员呼吸用氧"（Aviators' Breathing Oxygen），氧气纯度高于 99.5%，每公升含水量不超过 0.005 mg，几乎不含水分。所以，除纯度很高以外，航空人员呼吸用氧与医用、工业用氧的主要区别是其含水量极低，以避免高空用氧过程中水汽凝结成冰导致供氧管路堵塞。

根据充氧压力大小不同，飞机氧气瓶分为高压氧气瓶和低压氧气瓶。为方便识别，高压氧气瓶瓶体表面被漆成绿色，而低压氧气瓶漆成淡黄色。外界气温 70 °F 时，高压氧气瓶的最大充氧压力为 2 000 psi，通常只充到 1 800 ~ 1 850 psi。而低压氧气瓶的最大充氧压力为 450 psi，通常只充到 400 ~ 425 psi。在相同容积条件下，由于高压氧气瓶能比低压氧气瓶储存更多氧气，所以现代飞机通常都安装使用高压氧气瓶，氧气瓶由合金钢、不锈钢或复合材料制造，有些瓶体用金属丝/带加强以提高抗破损能力，并具有过热超压释放的安全保护功能。现代民航运输机机组供氧时间一般可长达 1 h 以上，为保证具有足够的用氧时间，飞行员在飞行前应按手册要求检查机组氧气压力是否满足最低放行要求。

氧气瓶供氧时应注意不能将氧气瓶内的氧气全部用完，一般当瓶内压力下降到 50 psi 就不再继续使用了。因为当氧气瓶内压力过低时，含有水蒸气的空气就能进入气瓶，水分过多则可能导致高空用氧时水汽凝结成冰堵塞供氧管道，同时，水分凝结在氧气瓶中也会导致其内壁腐蚀。

如图 9-4 和 9-5 所示，机组氧气面罩位于机组人员座位旁边的氧气面罩存放盒内。需要用氧时，飞行员用手捏住面罩/调节器两边的手柄将其拔出，挤压头带充气手柄使弹性的面罩束带快速充入氧气而膨胀，形成一个较大的穿戴空间。将氧气面罩套在头上后，飞行员松开充气手柄，头带放气收缩，将面罩紧贴在脸部口鼻处，此时就可以供氧了。这种快戴式氧气面罩保证了紧急情况发生时飞行员可在 5 s 内单手操作戴好氧气面罩。不需要用氧时，重新按压充气手柄使头带充气膨胀即可取下氧气面罩。为方便飞行员观察供氧情况，在氧气面罩存放盒舱门上提供了氧气流动指示器。当有氧气供向氧气面罩时，氧气流动指示器呈现黄色十字标示。另外，氧气面罩还带有麦克风，保证飞行员在吸氧过程中的通话。

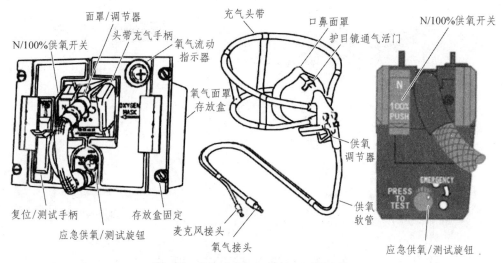

图 9-4　机组氧气面罩及供氧调节器

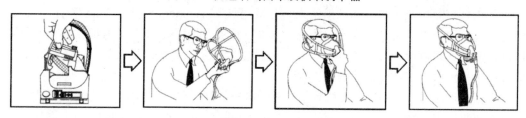

图 9-5　机组氧气面罩的穿戴方法

　　机组氧气系统提供 3 种供氧方式：稀释供氧、100% 供氧和应急供氧。飞行员通过供氧调节器前部的两个控制开关进行选择，即"N/100% 供氧开关"和"应急供氧/测试旋钮"，如图 9-4 所示。

　　当飞行员把"N/100% 供氧开关"置于"N（正常）"位时，即选择了稀释供氧方式。在这种方式下，供氧调节器将座舱空气与氧气混合后供到氧气面罩，氧气在混合供气中的比例与飞机座舱高度成正比，即座舱高度越高，供氧量越大，反之越小。飞行员应注意稀释供氧方式只能在座舱失密情况下选用，而不能在驾驶舱着火时使用，因为它不具有防烟功能。当飞行员把"N/100% 供氧开关"置于"100%"位时，系统则工作在 100% 供氧方式（或称纯氧供应方式）。在该方式下，供氧调节器直接将氧气供向氧气面罩。因为供气中没有混入座舱空气，所以这种供氧方式具备防烟功能，在驾驶舱着火情况下可向飞行员进行保护性供氧，结合使用防烟面罩或防烟眼镜，避免其受到烟雾侵害。稀释供氧和 100% 供氧方式都具有需求供氧（或断续供氧）特点，即只有在使用者吸气时供氧，当使用者呼气或没有人使用氧气面罩时氧气不会流出。由于 100% 供氧方式既能在座舱失密情况下使用，也可应用于驾驶舱着火情况，同时还具备需求供氧特点，所以，为避免氧气漏失并保证紧急情况下的快速用氧，飞行员在起飞前的正常程序中需要将"N/100% 供氧开关"置于"100%"位。

　　如果飞行员把"应急供氧/测试旋钮"转到应急供氧位，供氧调节器将对氧气面罩进行连续供氧，而不管使用者是否在吸气或是否有人在使用氧气面罩。这种供氧方式的耗氧速率大，能持续供氧的时间短，可用于飞机高空增压飞行过程中遭遇爆炸减压而导致座舱高度太高时向机组人员进行正压强迫式供氧，也可在 N/100% 供氧控制失效的情况下使用。同时，这种方式也具备防烟功能，即向面罩的供气中不含有座舱空气，所以也可在驾驶舱灭火过程中对飞行员进行保护性供氧，防止其吸入有毒烟雾。

9.3　旅客氧气系统

现代民航运输机旅客氧气系统通常采用化学氧气发生器供氧，整个系统由若干个独立的供氧组件构成。如图 9-6 所示，化学氧气发生器安装在客舱座椅上方的旅客服务组件内，每个化学氧气发生器通常给 3 ~ 4 个氧气面罩同时供氧。在飞机盥洗室和乘务员工作位置上方也安装有化学氧气发生器，每个发生器可同时给两个氧气面罩供氧。化学氧气发生器芯子（或称氧烛）的主要成分是氯酸钠和铁粉，该混合物在低温下是惰性的，但当其被加热到 478 °F 左右时则会发生化学反应，产生氧气。

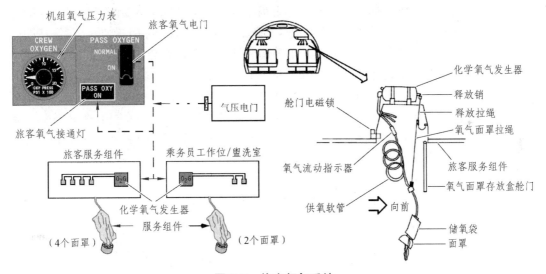

图 9-6　旅客氧气系统

如图 9-6 所示，当飞行员操作驾驶舱内的旅客氧气电门启动旅客氧气系统时，各服务组件的氧气面罩存放盒舱门电磁锁开锁，舱门在重力作用下打开，氧气面罩掉下，琥珀色的旅客氧气接通灯亮。当使用者下拉氧气面罩将其套在头上时，也会通过面罩拉绳和释放拉绳作动释放销，从而产生局部高温触发化学氧气发生器，使其开始产生化学反应，进而向所连接的几个氧气面罩同时进行连续供氧，不管氧气面罩是否戴上。氧气发生器一旦被触发，化学反应就不能中断，直至整个氧烛燃烧完成。由于氧气发生器芯子的容量有限，所以化学氧气发生器的持续供氧时间远远小于机组氧气系统的供氧时间，通常只有 10 ~ 12 min。另外，现代民航运输机旅客氧气系统通常都采用稀释供氧方式工作，用氧者吸入的气体中因含有客舱空气而不具备防烟功能，所以，与机组氧气系统不同，旅客氧气系统只能在座舱失密的情况下使用，而不能在座舱着火时使用。

如图 9-6 所示，现代运输机旅客氧气系统除了可以由飞行员通过把旅客氧气电门置于"ON（接通）"位来电控启动外，当座舱高度达到 14 000 ft 时，一气压高度电门也将控制旅客氧气系统自动启动，氧气面罩会自动掉下。考虑到可能发生氧气面罩存放盒舱门门锁机构电控失效的情况，系统通常还提供一种人工机械开锁方式来应急打开舱门。

9.4　便携式供氧设备

便携式供氧设备安放在飞行员和乘务人员工作位置附近，方便其快速使用。便携式供氧设备由手提式氧气瓶或化学氧气发生器提供氧气，每个供氧设备都是一个独立的氧气系统，可供飞机机组人员使用，方便其在工作位置移动过程中用氧，也可在飞行时给座舱旅客提供移动医疗救助。

如图 9-7（a）所示，手提式氧气瓶（或称便携式氧气瓶）通常为高压氧气瓶，在 70 °F时正常氧气压力为 1 800 psi。氧气瓶压力表用于判断剩余氧气量，关断活门用于控制高压氧气供氧通断，充氧活门用于地面充氧，安全塞用于当气瓶超压时迅速释放氧气压力。氧气瓶头部连接组件内有压力调节器，用于调节供氧压力和流量。气瓶头部有两个定流量连续供氧接头：一个低流量（2 L/min）和一个高流量（4 L/min）接头。低流量主要用于使用者走动过程中供氧，而高流量主要用于医疗急救供氧。有的便携式氧气瓶具有 3种流量接头，配合使用防烟面罩还可提供防烟断续供氧功能。要注意只有在氧气面罩接头插入时才有氧气流到氧气面罩。不用氧时，需要将氧气面罩接头脱开，并关闭氧气瓶关断活门。瓶体表面的指示标牌上提供了使用说明。

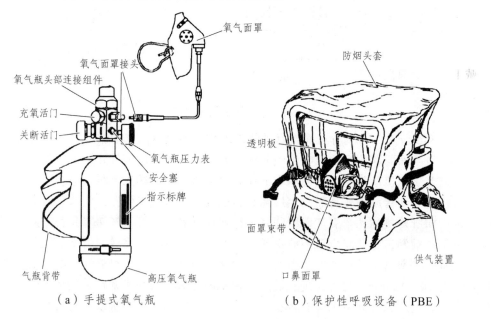

（a）手提式氧气瓶　　　　　　（b）保护性呼吸设备（PBE）

图 9-7　便携式供氧设备

图 9-7（b）所示保护性呼吸设备（Protective Breathing Equipment，PBE）是另外一种便携式供氧设备，通常存放在座舱灭火瓶旁边的一个盒子里，供机组人员在进行座舱灭火时用氧，保护其免受烟雾或毒气侵害。保护性呼吸设备由防火材料制造，主要由方便穿戴的防烟头套、供气装置和带束带的口鼻面罩组成。头套前部有一块透明板，可给使用者提供良好视野。束带用于拴紧口鼻面罩。在使用者拉动束带时，供气装置（化学氧气发生器或气态压缩氧气瓶）开始向面罩供氧，可提供大约 15 min 的氧气。PBE 的外部包装盒上提供了使用说明。

9.5 氧气系统使用注意事项

作为一个重要的飞机应急设备系统，氧气系统在使用中应注意下列事项：

（1）在每次飞行的起飞之前，每个飞行机组成员应当对其所使用的氧气设备进行飞行前检查，以确保氧气面罩功能正常、固定合适并连接到适当的供氧接头上，且供氧源适于使用、氧气瓶压力表的指示满足最低放行标准。

（2）为保证安全，氧气瓶具有过热释放功能，机外有氧气瓶过热释放指示膜片（或称机外吹除片），飞机飞行前驾驶员应检查膜片的完整性。

（3）飞行中出现座舱高度警告时，机组人员应及时用氧，并检查旅客氧气系统是否已经启动，并立即按程序应急下降到安全高度。

（4）机组人员带上氧气面罩后，应将音频控制面板上的话筒转换电门扳至"面罩"位，以建立内话。

（5）应注意部分供氧方式不具有防烟功能，例如驾驶员的正常稀释供氧方式以及旅客连续供氧方式，只能用于座舱失密情况下的供氧。

（6）当在飞行高度 7 600 m（25 000 ft）以上运行时，如果由于任何一种原因，在任一时刻，操纵飞机的一名驾驶员需要离开其工作位置时，则操纵飞机的另一名驾驶员应当戴上并使用氧气面罩，直至那名驾驶员回到其工作位置。

另外，氧气是助燃剂，使用氧气就有发生着火和爆炸的可能，并且氧气瓶通常是高压容器，所以在使用氧气系统时还应注意下列安全事项：

（1）用氧过程中和用氧后都不准吸烟或使用明火，飞行员应打开"禁止吸烟"警告灯。

（2）用氧时避免检查电气和无线电设备。

（3）化学氧气发生器工作时表面温度很高，切勿直接触摸以避免烫伤。

（4）搬动手提式氧气瓶时要小心避免碰撞，开关瓶口关断活门要柔和。

（5）应注意氧气与气态、液态洗涤剂接触时易起火，要保持氧气设备清洁，避免以油脂为基本原料的面霜、唇膏或其他化妆品与纯氧接触，防止烧伤皮肤。

（6）定期对氧气系统进行泄漏试验。

（7）在地面对氧气系统进行维护时，机组与机务人员要彼此沟通协调，注意防火、防烫伤，必须严格按照维护手册的规定进行操作，避免发生人员伤亡、设备损坏和财产损失等灾难性后果。

思 考 题

1. 飞机氧气系统可在什么情况下使用？
2. 现代民航运输机机组氧气系统的供氧来源通常是什么？
3. "航空人员呼吸用氧"与工业用氧的主要区别是什么？
4. "航空人员呼吸用氧"的规格是什么？
5. 高压氧气瓶和低压氧气瓶的区别有哪些？
6. 机组氧气面罩上供氧调节器的供氧方式有哪些？各有什么特点？
7. 现代民航运输机旅客氧气系统的供氧来源通常是什么？
8. 与机组供氧相比，旅客氧气系统的工作有什么不同？
9. 安全使用飞机氧气系统的注意事项有哪些？

10 飞机防火系统

10.1 防火系统概述

所有飞机都有可燃物和高温热源，因此存在着火的危险。飞机着火可能导致机载设备损坏甚至机毁人亡，即使是座舱着火产生的烟雾也可致机上人员窒息而死。所以，不管在空中飞行还是在地面上，火灾对飞机来说都是最严重的安全威胁之一。现代飞机都装备了防火系统，对发动机、辅助动力装置（Auxiliary Power Unit，APU）、货舱、卫生间等容易着火部位进行重点防控，以保证安全。

飞机防火系统包括火警探测系统和灭火系统两部分。火警探测系统对监控部位的温度变化或烟雾浓度进行实时监控，当其到达警告值时，则发出目视和声响警告，提醒机组人员及时采取相应措施。确认着火部位后，机组人员控制灭火系统启动，有些灭火系统可由火警探测装置发出的信号自动控制启动，以迅速有效地实施灭火。

10.1.1 飞机着火种类

燃烧是物质产生剧烈氧化反应并伴随发光、发热的现象。燃料、热源和氧气是燃烧的 3 个要素，只要将其中部分要素去掉或消除，例如降低燃烧物温度或隔绝氧气，则可使燃烧停止，达到灭火的目的。

国际防火协会把火分为 3 种基本类型：A 类火、B 类火和 C 类火。A 类火为纸、木材、纤维、橡胶及某些塑料等易燃物着火；B 类火为汽油、煤油、润滑油、油脂、油漆、溶剂等易燃液体或气体着火；C 类火为电气设备短路、漏电、超温、跳火等引发的着火。除此之外，3 种基本类型的着火还可能引起某些金属在高温下氧化起火，称为 D 类火。

10.1.2 灭火剂

灭火剂是能够有效破坏燃烧条件从而抑制燃烧或终止燃烧的物质。常用的灭火剂主要有水、卤代烃、干粉和惰性冷却气体。

水是最常使用的灭火剂，具有蒸发散热降温、隔绝空气断氧、阻止热量传递、防止火势蔓延的作用。水对 A 类火的灭火效果最好，但不能用于其他类型的着火，水对 B 类火无效且会使火焰扩散，用于 C 类火则可能导致人员触电，用于 D 类火则可能使燃烧更剧烈甚至引起爆炸。在现代民航运输机座舱当中，水作为灭火剂除了可以从手提式水灭火瓶获得之外，航班飞行携带的饮用矿泉水以及飞机水系统也可以提供水用于灭火或阻止复燃。

卤代烃（氟利昂）灭火剂也是在飞机上广泛使用的灭火剂，它通过抑制燃烧的化学反应过程来进行灭火。卤代烃灭火剂毒性低，灭火后无残留物，适用于 A、B、C 类火，尤其对 B、C 类火的灭火效果很好。飞机上使用的卤代烃灭火剂主要有两种类型：HALON 1301 和 HALON 1211。HALON 1301（溴三氟甲烷，简称 BTM）通常用于飞机固定式灭火瓶，而 HALON 1211（溴氯二氟甲烷，简称 BCF）通常用于座舱手提式灭火瓶。

干粉灭火剂为干燥的化学粉末（如碳酸氢钠等），储存在干粉灭火瓶中。灭火时靠加压气体（二氧化碳或氮气）将干粉从喷嘴喷出，遇火焰受热即发生一系列物理化学反应，释放出二氧化碳，使着火部位隔绝氧气并降温而将火扑灭。理论上，干粉灭火剂可用于 A、B、C 类火情，D 类干粉灭火剂适用于 D 类火情，尤其适用于机轮刹车起火。实际使用中，由于灭火后的残留物很难清除，并且对铝有腐蚀作用，干粉灭火剂主要用于机库等地面设施灭火，在飞机上仅限于货舱灭火。并且由于干粉的绝缘性，它也不用于电气设备的灭火，否则可能因为灭火残留物未清除干净导致电触点和开关工作不正常。

惰性冷却气体（如二氧化碳和氮气）灭火剂平常以液态形式储存在灭火瓶中，喷出后会吸热气化并剧烈膨胀（约 500 倍），导致喷出区域温度急剧下降，一部分灭火剂凝结成雪片状固体，当其喷射到燃烧物上时，可起到降温和隔绝氧气的作用，从而使火熄灭。惰性冷却气体灭火剂不含水分、不导电、无腐蚀、无残留、不污损灭火区域及设备，可用于 A、B、C 类火情，特别适用于扑灭 C 类火，但二氧化碳灭火剂不能用于 D 类火。另外，如果在座舱中使用惰性冷却气体灭火剂，应注意避免过多吸入灭火瓶喷出气体以防止窒息，也不能对人喷射灭火剂以防止冻伤。

针对不同种类的着火选用适当类型的灭火剂进行灭火非常重要，错误选用灭火剂可能导致火势蔓延或直接的人身伤害。各种着火类型适用及禁止使用的灭火剂如表 10-1 所示。

表 10-1　不同着火种类的灭火剂应用

着火种类	适用的灭火剂	禁止使用的灭火剂
A	水、卤代烃、干粉、惰性冷却气体	
B	卤代烃、干粉、惰性冷却气体	水
C	卤代烃、惰性冷却气体	水
D	D 类干粉	水、二氧化碳

10.2　火警探测系统

火警探测系统主要由火警探测器、火警监控组件和火警信号装置组成，用以探测火警或过热条件，并发出灯光和声响警告，以提醒机组人员及时处置。有的火警探测系统在发出警告的同时还能自动启动灭火系统。

10.2.1 火警探测器

火警探测器主要是通过温度和烟雾来探测火情,通常用温度敏感探测器监测发动机、APU、起落架舱和热空气管道的过热及火警,用烟雾探测器监测货舱、电子设备舱和厕所的火警。根据探测原理的不同,火警探测器可分为热电偶式温度上升率探测器、双金属片热敏电门、电阻型火警探测器、气体式火警探测器、光电烟雾探测器、离子型烟雾探测器和一氧化碳烟雾探测器等。

热电偶式温度上升率探测器利用热电偶传感器探测防火区域的温度变化快慢,当其温度上升率过大时,则输出火警信号。双金属片热敏电门利用双金属片传感器感受防火区域的温度高低,当其温度过高时,双金属片变形作动电触点闭合,导致火警信号电路通电而报警。热电偶式温度上升率探测器和双金属片热敏电门都只能进行单点探测,即只能探测一个小区域内的火警或过热情况,统称单点式火警探测器,实际应用中通常采用多个探测器组合工作。

电阻型火警探测器及其工作原理如图 10-1 所示。探测器壳体为一根接地的合金管,管内装有半导体内芯,内芯中嵌有一根导线(称为芬沃尔 Fenwal 环线)与飞机热电瓶汇流条及火警信号装置(火警灯和火警铃)电路相通。在正常温度下,半导体内芯的电阻很大,火警灯和火警铃电路没有电流流动。而在探测器周围过热或着火的情况下,当温度升高到一特定值时,半导体内芯的电阻下降,使得导线与地线之间有电流流过,从而导致火警灯和火警铃电路通电,发出火警信号。火警测试电门用于在未发生过热或着火的情况下进行火警信号测试。为确保火警装置工作可靠,飞行员应于飞行前进行火警测试。在接通火警测试电门时,火警灯亮,火警铃响,表明火警装置工作正常。除芬沃尔(Fenwal)火警探测器之外,另外还有一种基德(Kidde)火警探测器,在探测器壳体内嵌有两根导线,其中一根与壳体管壁相连,工作原理与芬沃尔火警探测器类似。气体式火警探测器利用传感元件内部气体受热膨胀或内芯材料受热释放气体来作动弹性膜片,

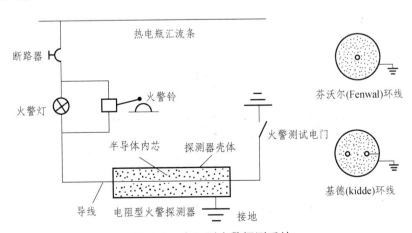

图 10-1　电阻型火警探测系统

从而接通电触点和警告信号电路。电阻型火警探测器和气体式火警探测器也称为火警线，具有一定长度，可探测沿其长度方向附近区域的火警或过热情况，统称连续型火警探测器，在现代民航运输机发动机、APU和起落架舱的火警及过热探测中得到了非常广泛的应用。

烟雾探测器用于监测飞机货舱、设备舱、座舱等区域是否有着火产生的烟雾存在，如有则发出火警信号。烟雾探测器主要有光电烟雾探测器、离子型烟雾探测器和一氧化碳烟雾探测器等。图10-2所示为一光电烟雾探测系统。在风扇抽吸作用下，烟雾探测区域的空气流过探测器腔室。在正常监测过程中，火警测试电门处于"OFF（关断）"位，工作灯通电，灯光经1号凸透镜聚光后直接照射到正对面的腔室内壁上。如果空气中没有烟雾，光电元件不输出电信号。当被探测区域着火产生烟雾时，被吸入探测器腔室的烟雾会使得一部分工作灯光线反射到光电元件上，光电元件电阻大幅下降并输出电信号，触发火警警告。火警测试电门放"TEST（测试）"位时，测试灯亮，灯光通过2号凸透镜直接照射光电元件，从而进行火警信号测试。离子型烟雾探测器是利用烟雾对空气电离产生的正负离子运动造成干扰从而影响电流来工作的，如图10-3所示，在正负极之间加上电压后，由于放射源对空气的电离作用，正负极之间会产生一定浓度的正负离子，正负离子的规则运动导致一定的电流流过探测器，当有烟雾流过正负极之间时，烟雾的微小粒子使得正负离子浓度降低，通过探测器的电流下降，当电流下降到预定值时，发出警告。光电烟雾探测器和离子型烟雾探测器在现代飞机的货舱和设备舱等区域应用比较多，离子型烟雾探测器也应用于飞机的厕所。一氧化碳烟雾探测器通常安装在飞机驾驶舱和客舱舱壁易见处，通过感受剂颜色的变化来显示座舱空气中的一氧化碳浓度，以此可判断是否存在不完全燃烧。一氧化碳烟雾探测器有两种：黄色硅胶指示管和棕黄色纽扣状指示盘。当空气中含有一氧化碳时，黄色硅胶指示管内的硅胶会变为绿色，绿色的深浅与一氧化碳浓度成正比。而棕黄色纽扣状指示盘在接触一氧化碳后会逐渐变为深灰色、黑色，颜色变化的时间与一氧化碳浓度相关。

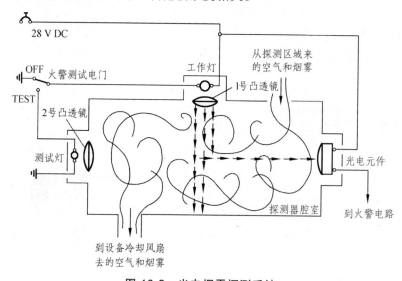

图 10-2 光电烟雾探测系统

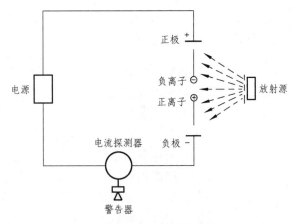

图 10-3　离子型烟雾探测器

10.2.2　火警信号装置

火警信号装置将火警监控组件的输出信号转换为目视和声响警告信息，包括红色的火警灯和火警铃/喇叭以及 ECAM（Electronic Centralized Aircraft Monitoring）或 EICAS（Engine Indication and Crew Alerting System）上的文字警告信息，使飞行员能够快速确认火警及其部位，以便及时有效地执行灭火程序。图 10-4 所示为 A320 飞机 1 号发动机火警信号，包括飞机主警告灯、发动机火警灯、发动机灭火电门灯、声响警告、E/WD上的火警及灭火程序、SD 上的发动机短舱温度显示，飞行员可据此综合判断、确认火警的真实性与部位，并按程序及时进行灭火操作。

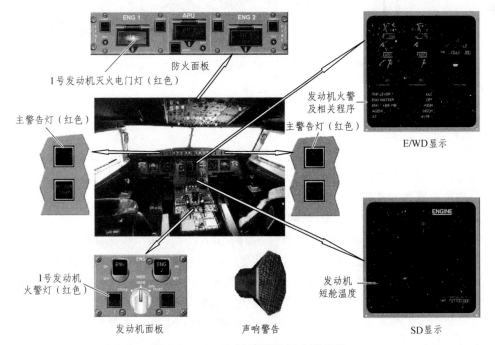

图 10-4　A320 飞机发动机火警信号

10.3 飞机灭火系统

现代飞机的重点防火部位包括发动机、APU、货舱、卫生间、座舱等，如图 10-5 所示。发动机、APU、货舱、卫生间通常采用固定式灭火系统，由灭火瓶、喷射导管和灭火控制组件组成，而座舱采用手提式灭火瓶进行灭火。除此之外，为防止刹车温度过高导致轮胎受热爆炸，在没有单独安装刹车温度指示系统或警告系统的飞机上需要进行轮舱火警探测，通常采用单环路连续型火警探测器系统，当飞行中轮舱火警信号发出时，机组人员通常采取放下起落架的方法来降温灭火。为防止飞机气源系统管道热引气泄漏对相邻部附件工作造成影响，很多飞机沿着气源管道外侧安装了电阻型火警探测器或双金属片热敏开关，当引气泄漏时报警，提醒飞行员关断相应引气来源。另外，有些飞机还安装了电子设备舱烟雾探测系统对其进行监控。

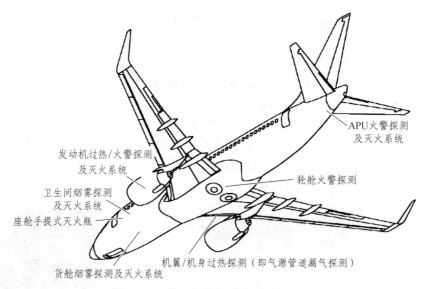

APU火警探测
及灭火系统

发动机过热/火警探测
及灭火系统

卫生间烟雾探测
及灭火系统

座舱手提式灭火瓶

轮舱火警探测

机翼/机身过热探测（即气源管道漏气探测）

货舱烟雾探测及灭火系统

图 10-5 典型运输机防火系统的组成

10.3.1 发动机灭火系统

发动机是现代飞机最重要的防火对象，采用连续型火警探测系统和固定式灭火系统。

发动机火警探测系统通常采用双环路连续型（电阻型或气体式）火警探测器，具备过热和火警两种告警功能。当被探测区域温度异常升高到某预定值时，系统发出过热警告，到达更高温度时系统才发出火警警告。如图 10-6 所示，每个探测环路有多个传感器，对发动机附件齿轮箱、燃烧室和涡轮机匣以及吊架等区域进行监控。双环路正常工作时，只有在两个探测环路都探测到过热或火警时，驾驶舱内的过热或火警信号才会发出，这种设计可提高告警的准确性，避免虚警和误关发动机。

发动机灭火系统通常采用固定式灭火瓶，灌充 HALON 1301 或惰性冷却气体灭火剂。根据发动机数量和机型不同，灭火瓶一般有 2~8 个，安装在起落架舱、货舱、机翼前缘

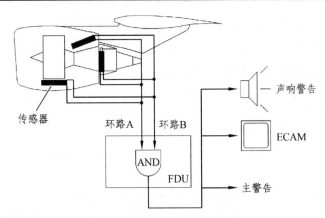

图 10-6 发动机双环路火警探测器

内侧整流罩或发动机吊架内，各灭火瓶由某台发动机专用或多台发动机共用。灭火瓶一般为钢制球形高压容器，具备过热超压释放功能，通常在机体表面的释放口处设置有红色的过热释放指示膜片，以便机务或机组人员及时发现并处理。有些飞机在过热释放指示的旁边还设置了黄色的灭火瓶正常释放指示膜片。

以 B737 飞机发动机灭火系统为例，如图 10-7 所示，该飞机的两台发动机共用两个安装在飞机主起落架舱当中的氟利昂灭火瓶，每个灭火瓶各有两个排放口，分别可向两台发动机喷射灭火剂。灭火瓶的每个排放口处都安装有一个带电控排放爆管（爆炸帽）的排放活门，当爆炸帽通电爆炸时，排放活门打开，灭火剂在压力作用下沿管道排放到相应发动机进行灭火。由于排放活门打开后不能关闭，所以各灭火瓶都是一次性使用的。各爆炸帽的电控信号来自于驾驶舱中的两个发动机火警电门。为保证其可靠工作，爆炸帽采用了热电瓶汇流条供电。

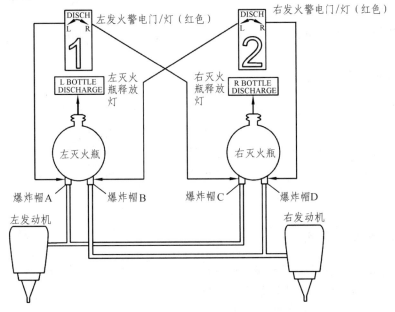

图 10-7 B737 发动机灭火系统

　　图 10-8 所示为位于中央操纵台上的 B737 防火系统控制面板。发动机过热探测电门可用于选择过热及火警探测环路（环路 A 或 B 或 A＋B），在正常情况下都选择双环路探测。探测器自身具有故障监控功能，探测器故障时有故障警告灯指示。测试电门既用于发动机和 APU 的过热及火警测试，也用于探测器故障监控电路测试。火警铃切断电门用于火警铃止响并复位主火警灯。发动机火警电门通常是被锁定的，以防误操作导致发动机停车。当发动机火警灯或过热警告灯亮时，火警电门自动开锁可拔起，该电门也可人工开锁。灭火瓶测试电门和灯用于发动机和 APU 灭火瓶爆炸帽电路测试。

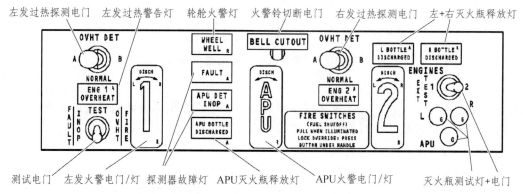

图 10-8　B737 防火系统控制面板

　　以 B737 飞机左发灭火为例。当飞行员听到火警铃，并观察核实飞机主警戒灯、主火警灯、过热/探测系统信号牌灯以及左发过热警告灯和左发火警电门/灯亮时，可确认左发着火，从而执行左发灭火程序。灭火时，飞行员首先拔起左发火警电门，这将导致一系列动作：爆炸帽 A 和 C 预位；左发燃油供应中断；左发电机停止工作；左发驱动液压泵断开；左发引气活门关闭；左发反推停止工作。然后飞行员向左或右转动火警电门，电控引爆相应爆炸帽 A 或 C，从而相应释放左或右灭火瓶对左发进行灭火，过热警告灯和左发火警电门/灯熄灭即表示灭火成功。灭火瓶快速释放后，相应灭火瓶释放灯亮。

10.3.2　APU 灭火系统

　　APU 火警探测系统通常采用单环路连续型火警探测器，当被探测区域温度异常升高到某预定值时系统发出火警警告。灭火瓶安装在 APU 位置附近，灭火系统的操作与发动机灭火类似。B737 飞机 APU 火警探测器故障灯、APU 火警电门/灯和 APU 灭火瓶释放灯如图 10-8 所示。有些飞机在地面时，APU 可自动灭火。地面人员也可通过起落架舱当中的 APU 地面控制面板进行人工灭火操作。

10.3.3　货舱灭火系统

　　飞机货舱或行李舱是否设置烟雾探测系统和固定式灭火系统由货舱类型决定。例如内部不通风的小体积货舱就不需要火警探测及灭火系统，火会因为氧气很快耗完而自动熄灭，而对于飞行中人员不能进入的通风货舱就需要烟雾探测系统和灭火系统。以 B737

飞机为例，如图 10-9 所示，飞机前、后货舱安装了双环路烟雾探测器，探测及告警类似于发动机双环路火警探测器。安装于飞机机身中部的灭火瓶可通过释放管道和多个喷嘴向前后货舱喷射灭火剂。图 10-10 所示为飞机货舱灭火系统控制面板，两个探测器选择电门分别用于选择前、后货舱的火警探测环路，货舱火警测试电门用于货舱火警测试及灭火瓶爆炸帽电路测试。当某货舱着火时，相应货舱火警灯亮，按压相应货舱灭火预位电门可预位灭火瓶。然后，按压灭火瓶释放电门即可将灭火瓶内的所有灭火剂都喷射到所选货舱。灭火瓶释放后，灭火瓶释放灯亮。

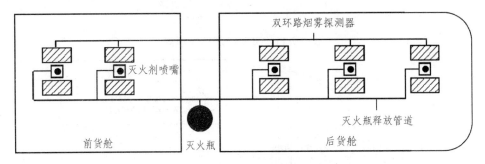

图 10-9　B737 飞机货舱灭火系统

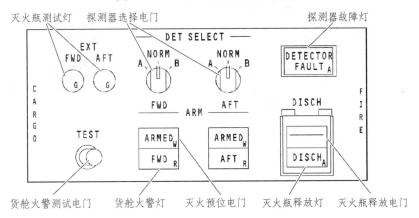

图 10-10　B737 飞机货舱灭火系统控制面板

10.3.4　卫生间灭火系统

飞机卫生间都在天花板上安装有烟雾探测器。如图 10-11 所示，当探测到烟雾时探测器面板上的红色警告灯亮，同时发出声响警告。有的飞机在驾驶舱和客舱乘务员工作位置还提供了相关警告指示。

在卫生间内有一个自动灭火系统，如图 10-12 所示。灭火瓶安装在洗手盆下方的舱壁上，具有两个热敏感易熔喷嘴。当喷嘴所在区域温度过高时，灭火瓶向废纸箱自动喷出灭火剂。在灭火瓶旁边还提供了一个温度指示标牌，如果该区域温度曾经达到过某特定值，对应的圆形热敏感温度指示盘会由白色变为黑色，由此可判断灭火瓶是否已释放。该灭火瓶的工作在驾驶舱中无指示。

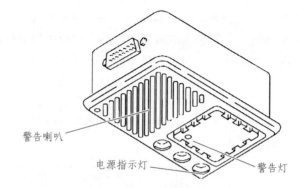

警告喇叭

电源指示灯　　　　　　　　　　警告灯

图 10-11　卫生间烟雾探测器

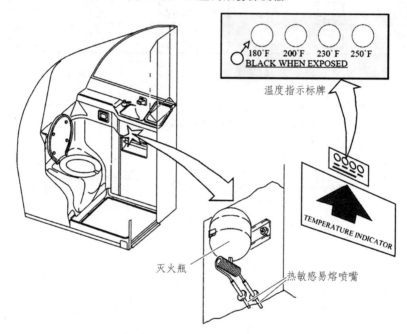

温度指示标牌

TEMPERATURE INDICATOR

灭火瓶　　　　　　　热敏感易熔喷嘴

图 10-12　卫生间自动灭火系统

10.3.5　座舱灭火设备

现代飞机驾驶舱、客舱、厨房通常都配备有手提式灭火瓶，放置在飞行员和乘务员工作位置附近易于取用的位置，用于扑灭座舱着火。在某些情况下，手提式灭火瓶也可用于卫生间和部分货舱灭火。根据所灌充的灭火剂不同，飞机座舱手提式灭火瓶通常有两种：水灭火瓶和氟利昂灭火瓶。水灭火瓶灌充了水与防冻剂的混合溶液，用于 A 类火情的灭火，但不能用于 B 类和 C 类火。氟利昂灭火瓶灌充了 HALON 1211，所以它也被称为溴氯二氟甲烷灭火瓶、BCF 灭火瓶或 HALON 灭火瓶，通常用于扑灭 B 类和 C 类火，用于 A 类火的灭火效果不如水灭火瓶。

如图 10-13 所示，水灭火瓶的使用方法是先顺时针方向转动手柄到底，再将喷嘴对准火源底部，下压释放扳机，即可从喷嘴释放出灭火剂。氟利昂灭火瓶的使用方法是将灭火瓶直立，先拔出带有拉环的安全销，再对准火源底部下压释放手柄，即可从喷嘴释放出灭火剂。灭火时应注意保持适当的灭火距离，既要保证灭火效果也要避免吸入有毒烟雾。如果在驾驶舱内释放灭火瓶，所有机组人员应戴上防烟氧气面罩，采用100%纯氧供应或应急供氧方式。另外，只要有可能，在对 C 类火进行灭火之前，应先将电气设备电源切断。

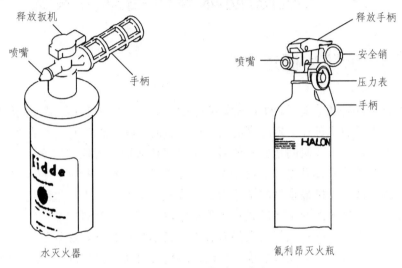

图 10-13　手提式灭火瓶

思 考 题

1. 飞机的着火种类及适用的灭火剂分别是什么？
2. 各种灭火剂适用的火情类型是什么？
3. 飞机火警信号有哪些形式？
4. 火警探测器有哪些类型？
5. 各种类型火警探测器的基本工作原理是什么？
6. 飞机固定式灭火系统的主要应用部位有哪些？
7. 发动机采用双环路火警探测器的目的是什么？
8. 发动机灭火瓶过热释放指示和正常释放指示有何不同？
9. 机组人员进行座舱灭火时应注意什么？

11 飞机除/防冰与风挡排雨系统

11.1 飞机除/防冰概述

现代飞机飞行高度范围大，外界气象条件复杂多变。当飞机在低温天气环境下飞行，或者具有低温表面的飞机在一定湿度的大气中飞行时，就可能发生飞机结冰现象。另外，飞机在寒冷天气条件下长时间地面停放后，飞机机体表面也可能积结冰、霜、雪等。飞机结冰分为 3 种形式：滴状结冰、凝华结冰和干结冰。飞机飞行中接触到过冷水滴时会出现滴状结冰，这是飞机最常见的结冰形式。大气中的水蒸气不经过液化过程而直接凝华为冰并冻结在飞机表面的结冰形式称为凝华结冰。当飞机遭遇冰晶云时则会产生干结冰现象。任何形式的结冰对飞行安全都有影响，特别是在起飞着陆阶段，如果飞行员处置不当则很可能会引发严重飞行事故。所以，现代飞机通常都具有一定的除/防冰措施，飞机飞行中的除冰或防冰由飞行员操作飞机除/防冰系统完成，而飞机在起飞前的地面除/防冰则由机务人员按照规定程序操作地面除/防冰设备和工具来完成。对于某些无除/防冰保护的通用飞机，在意外进入结冰区时，飞行员应立即打开座舱加温，并尽快脱离结冰区。

11.1.1 飞机常见结冰部位及危害

在结冰气象条件下飞行时，若无防冰措施，飞机的所有迎风面，特别是结构曲率半径较小的部位，都可能结冰。飞机常见结冰部位包括机翼和尾翼前缘、发动机进气道、螺旋桨、风挡和大气数据探头等，如图 11-1 所示。除增加飞机质量之外，机翼和尾翼前缘结冰还会导致翼型阻力增加，升力下降，临界迎角（或称失速迎角）减小，飞机操纵性和稳定性恶化。发动机进气道结冰会影响到发动机进气流场，引起发动机振动，进气流量减小，发动机功率下降，如冰层脱落还会造成发动机机械损伤，严重时甚至导致发动机损坏或熄火。螺旋桨桨叶结冰会破坏其气动外形，增加翼型阻力，降低螺旋桨效率，各桨叶结冰/除冰不对称还会引起振动，冰层脱落也可能损坏飞机结构，甚至有击穿蒙皮导致气密座舱释压的危险。驾驶舱风挡玻璃结冰会降低其抵抗冲击破坏的强度并影响飞行员的视线。空速管、静压口、总温探头、迎角传感器等大气数据探头结冰会导致驾驶舱相关仪表、警告指示出现异常，从而影响飞行安全。另外，飞机的水/污水系统管道也可能在低温条件下结冰导致供/排水不畅。

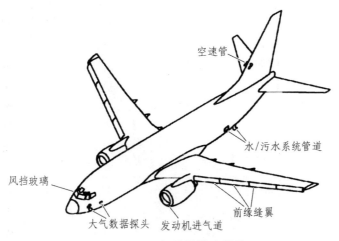

图 11-1 飞机常见结冰部位

11.1.2 飞机结冰探测装置

　　飞机结冰探测装置用于探测、显示飞机、发动机结冰情况，有的还可自动接通除/防冰系统。根据工作原理不同，结冰探测装置可分为直观式和自动式结冰探测器两类。

　　探冰棒是最简单的直观式结冰探测器，可靠性高，安装在迎风的驾驶舱风挡窗框附近等飞行员容易看到的区域，如图 11-2（a）所示。探冰棒为圆柱形或薄翼形，因尺寸小而容易结冰，飞行员可直接目视观察判断飞机结冰情况，并根据需要人工接通飞机除/防冰系统。探冰棒内有电加温元件用于除冰，以保证飞机再次进入结冰状态时的观察判断。为方便夜间观察，在探冰棒内设置有照明灯，有的飞机是在探冰棒底座旁边安装有聚光灯，如图 11-2（b）所示。

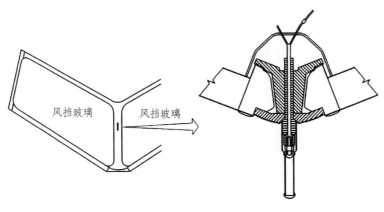

（a）

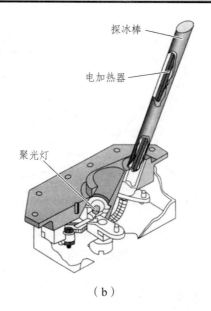

（b）

图 11-2　直观式结冰探测器（探冰棒）

　　自动式结冰探测器用于监控结冰状态，及时发出结冰信号，有的可自动接通除/防冰系统，通常安装在飞机机头左右两侧。根据探测原理不同，自动式结冰探测器分为振荡式结冰探测器、压差式结冰探测器、导电式结冰探测器等。图 11-3 所示为在 A330、A340、B747、B777 等现代民航运输机上广泛使用的振荡式结冰探测器，它是根据超声波轴向振荡探头结冰后振荡频率发生变化的原理来工作的。振荡式结冰探测器是一个数字式电气装置。探测器通电时，在探测器内部控制电路和电磁力作用下，暴露在机身外部气流当中的探头以 40 kHz 的频率轴向振动。探头结冰后，由于质量增加将导致其振荡频率降低，0.5 mm 厚的冰层可使探头的振荡频率下降 133 Hz。当探头的振荡频率下降到 39 867 Hz 时，探头内部加温器通电加温，5~7 s 后断电，以融化探头的冰层。若加温器连续出现 2 次或以上的通断电循环，探测器发出发动机结冰信号，自动接通发动机防冰系统。若加温器连续出现 10 次或以上的通断电循环，探测器发出机翼结冰信号，自动接通飞机机翼除/防冰系统。自动除/防冰功能通常在飞机起飞离地以后才能生效。

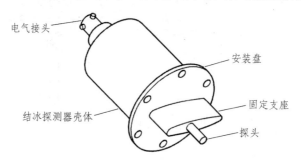

图 11-3　振荡式结冰探测器

　　压差式结冰探测器又称为冲压空气式结冰探测器，它利用测量迎面气流的全压与静压的差值的原理工作。而导电式结冰探测器采用了双翼型传感探头，探头未结冰时双翼间空气间隙不能导通，探头结冰后双翼之间的间隙被导通，从而发出结冰信号。

　　与直观式结冰探棒不同，自动式结冰探测器所发出的是间接结冰信号，有时会因电路故障而失效，所以有的飞机两种探测装置都采用。并且由于飞机实际结冰的分布情况很不规律，探测器只能探测到飞机的局部结冰状况，所以在遭遇结冰时，飞行员应综合气象条件和各方面的结冰症候对飞机结冰情况进行判断。为方便夜间观察飞机结冰情况，有些飞机在机身左右两侧设置了探冰灯（见图 11-4），飞行员可通过打开探冰灯观察飞机机翼前缘和发动机整流罩前缘的结冰情况。

图 11-4　探冰灯

11.1.3　飞机除/防冰方法及应用部位

　　飞机除冰是指在对飞行安全影响不大的前提下，允许某些部位发生一定程度的结冰，然后采用某种方法（例如电加热、气动除冰等）将冰除去。飞机防冰是指对飞机上某些不允许发生结冰的部位，设置某种装置（通常是电热防冰或气热防冰装置），保证这些部位在任何气象条件下，在飞行的任何时刻，都不会结冰。根据工作原理不同，飞机除/防冰方法可分为机械除冰、液体除/防冰、气热除/防冰和电热除/防冰。

　　机械除冰方法是利用机械能将冰层破碎，然后借助冲压气流作用力等使破碎的冰层脱落。图 11-5 所示的膨胀管式除冰带（或称气动除冰带）是一种典型的机械除冰装置，除冰带内有多个沿翼面展向或弦向排布的橡胶管。不除冰时，除冰系统通过真空引射泵将橡胶管中的空气抽出，胶管收缩紧贴翼面前缘，保证正常的气动外形。当翼面前缘结冰到达一定厚度时，飞行员按压除冰电门，控制除冰系统将气源提供的压力空气充入橡胶管，胶管膨胀顶碎冰层，然后由外界冲压气流将碎冰吹除。这种除冰方法需要足够的气源引气压力，通常也被称为气动除冰。为保证除冰效果，这些膨胀管的充放气是周期性交替进行的，由除冰系统自动控制其工作流程。膨胀管式除冰装置结构简单，能量消耗不大，除冰效果好，但其不具备防冰功能，并且工作时会改变翼型和飞机气动性能，所以通常只应用在某些中小型通用飞机的机翼和尾翼前缘。飞行员在使用膨胀管式除冰装置时应注意飞行手册规定的结冰厚度要求，除冰前冰层厚度太大或太小都会影响除冰效果，甚至可能因飞机气动性能恶化带来严重后果。同时，飞行员还应注意膨胀管式除冰

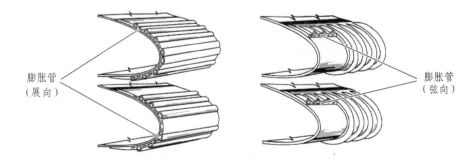

图 11-5　膨胀管式除冰装置

装置的使用温度限制，因为橡胶管在气温过低时膨胀变形容易损坏。另外，飞行前也应检查除冰带清洁、无损坏且紧贴翼面。

液体除/防冰方法是将某种冰点较低的液体（如乙烯乙二醇、乙醇和甲醇）喷洒在除/防冰部位，以降低水在飞机表面的冻结温度或减小冰与飞机表面的附着力而除冰或防冰。液体除/防冰方法的除/防冰能力有限，在严重结冰条件下的除/防冰效果较差，通常只应用于小型低速飞机的螺旋桨、风挡玻璃和汽化器防冰。

气热除/防冰方法是利用热空气对除/防冰部位进行加温，从而达到除冰或防冰的目的。热空气的来源包括发动机压气机引气、APU 引气、发动机废气加温器和燃烧加温器。现代民航运输机通常采用发动机压气机引气或 APU 引气对机翼或水平安定面前缘、发动机整流罩等大面积区域进行加温防冰。活塞式发动机飞机通常采用废气加温器获得热空气，有些飞机采用专门的燃烧加温器为飞机除/防冰提供热空气。

电热除/防冰方法是通过向埋设在除/防冰部位的加温元件通电而发热进行除/防冰的。现代运输机的驾驶舱风挡玻璃、空速管、静压口、总温探头、迎角传感器以及水/污水系统管道等小部件、小面积区域都广泛采用了电热除/防冰方法，有些飞机的螺旋桨也采用了电热防冰方法。图 11-6 所示为某飞机电加温防冰的污水排放管道。

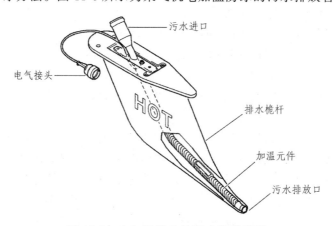

图 11-6 电加温防冰的污水排放管道

11.2 飞机除/防冰系统

飞机除/防冰系统的作用是防止飞机某些关键部位或部件结冰。根据除/防冰对象不同，现代飞机除/防冰系统可分为翼面除/防冰、发动机进气道防冰、风挡防冰和大气数据探头防冰等子系统。

11.2.1 飞机翼面除/防冰系统

除部分中小型通用飞机采用膨胀管式除冰装置（或称气动除冰带）外，绝大多数现代飞机的机翼和尾翼前缘均采用了气热除/防冰方法。图 11-7 所示为某飞机机翼前缘气热防冰管道，具有一定压力的热空气在防冰管道内沿展向流动时，从管道上的小孔高速喷出，对翼面前缘蒙皮进行加温防冰，加温后的气体经下表面排气口排出机外。飞机翼面采用气热除/防冰方法工作可靠、防冰效果好，但能量需求较大，如果从发动机压气机引气防冰，对发动机的功率和燃油消耗影响较大。

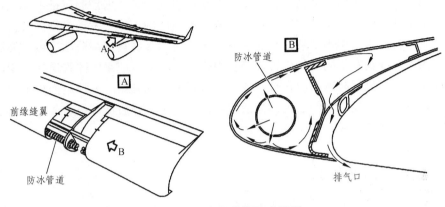

图 11-7　机翼前缘防冰管道

飞机机翼防冰活门由机翼防冰电门人工控制或由机翼防冰计算机自动控制。以 B737飞机机翼防冰系统为例（见图 11-8），当飞机在地面时，空地安全电门处于"地面"位，

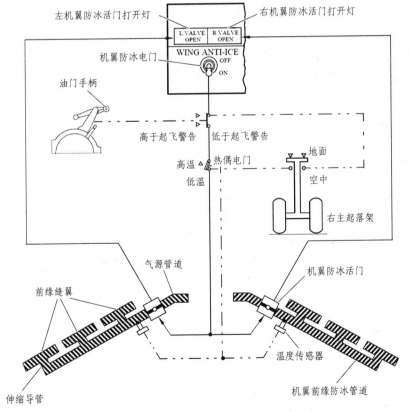

图 11-8　B737 飞机机翼防冰系统

只有在发动机推力低于起飞警告且机翼前缘温度低于一定值的前提下，飞行员才能通过机翼防冰电门控制机翼防冰活门打开，将气源系统的热引气供入机翼前缘防冰管道。如果发动机推力高于起飞警告或机翼前缘温度较高，机翼防冰活门则无法打开，以防止系统过热而损坏飞机结构。若飞行员在起飞前已打开机翼防冰系统，当飞机起飞离地时，机翼防冰电门将自动关闭防冰活门，以减少发动机引气需求，保证起飞推力。飞机起飞离地后，空地安全电门处于"空中"位，机翼防冰活门的工作与发动机推力及机翼前缘温度无关，飞行员可根据需要打开机翼防冰系统，对前缘缝翼加温防冰。由于缝翼是可动翼面，为保证缝翼在不同工作位置都能获得热引气，机翼前缘防冰管道还在相应位置使用了伸缩套管。机翼防冰活门在打开或关闭过程中，驾驶舱防冰控制面板上的"机翼防冰活门打开"灯呈现明亮的蓝色，当活门按指令完全打开后该灯呈暗蓝色，当活门按指令完全关闭时该灯熄灭。

11.2.2　发动机防冰系统

与机翼防冰类似，现代飞机发动机进气道通常也采用气热防冰方法，发动机防冰活门由发动机防冰电门人工控制或由发动机防冰计算机自动控制。以 B737 飞机发动机整流罩防冰系统为例（见图 11-9），当飞机遭遇结冰状况时，飞行员通过发动机防冰电门控制整流罩防冰活门打开，发动机压气机的热引气供入整流罩内的防冰管道，对整流罩加温防冰。蓝色的"整流罩活门打开"灯供飞行员判断整流罩防冰活门的开关状态。如果该活门下游的加温空气超压，琥珀色的"整流罩防冰"灯亮。飞行中应注意按飞行手册要求（大气温度和湿度条件）及时打开发动机防冰系统，以避免冰块掉入进气道损坏发动机，同时还需要控制发动机点火器持续工作以防止发动机熄火。

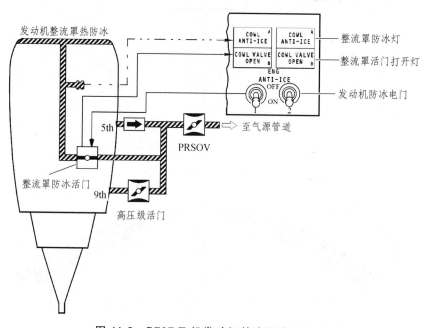

图 11-9　B737 飞机发动机整流罩防冰系统

除图 11-8 和图 11-9 所示拨动式电门外，有些飞机采用了按压式防冰电门[见图 11-10（a）]或旋钮式防冰电门［见图 11-10（b）]。对于有自动式结冰探测器的飞机，旋钮式防冰电门通常有 3 个位置：关断（OFF）、自动（AUTO）和打开（ON）。当防冰电门置于"AUTO"位时，机翼或发动机防冰系统将根据结冰探测器所发出的结冰信号自动工作。飞行员也可根据需要将防冰电门扳至"ON"位来人工控制机翼或发动机防冰活门打开。

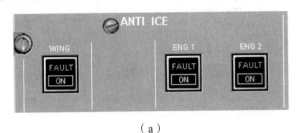
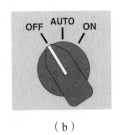

（a）　　　　　　　　　　　　　　　　　（b）

图 11-10　按压式和旋钮式防冰电门

11.2.3　风挡玻璃防冰系统

飞机驾驶舱风挡玻璃结冰会直接影响驾驶员视线。有些早期的小型通用飞机风挡玻璃采用了液体防冰方法，而现代飞机通常采用电热加温方法，兼具风挡玻璃外表面防冰、内表面除雾和提高风挡玻璃抗冲击韧性的功能。除此以外，有少数飞机将气热防冰方法应用于驾驶舱侧风挡玻璃，或作为电加温失效后的备用防冰方法。

驾驶舱风挡玻璃电热加温是依靠风挡玻璃夹层中嵌入的电加温元件（电阻丝或电热膜）来实现的。图 11-11 所示为一种风挡玻璃结构，外层玻璃内侧的透明导电薄膜通电时，对外层玻璃加温防冰，对内层玻璃加温除雾。有些风挡玻璃还在内层玻璃外侧设置了独立的导电膜以提高除雾能力。

图 11-12 所示为 B737 飞机驾驶舱风挡电热防冰系统。该飞机驾驶舱共有 10 块风挡玻璃，左侧风挡编号为 1L-5L，右侧风挡编号为 1R-5R。除 3 号风挡外，1、2、4、5 号风挡玻璃均采用了电加温防冰，由驾驶舱顶部 P5 面板上的 4 个风挡加温电门控制，其中 1 号风挡加温受前风挡加温电门单独控制，而 2、4、5 号风挡加温受侧风挡加温电门控制。当

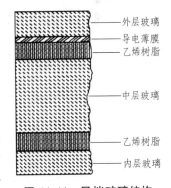

外层玻璃
导电薄膜
乙烯树脂

中层玻璃

乙烯树脂
内层玻璃

图 11-11　风挡玻璃结构

飞行员将加温电门置于"ON"位时，位于飞机电子电气设备舱内的风挡加温控制组件（WHCU）开始工作，控制 1、2 号风挡玻璃夹层中的导电膜断续通电，自动调节风挡玻璃保持一定温度。在导电膜通电过程中，绿色的风挡加温"接通"灯亮。如果出现玻璃超温，琥珀色的风挡"过热"警告灯亮，此时风挡加温电路会自动断开，等温度下降后，飞行员可操作加温电门重新接通该系统。1 号风挡电加温失效时，飞行员还可选择备用的气热加温方式。4、5 号风挡由热偶电门控制以防止超温。3 号风挡玻璃由于相对不容易结冰，所以只采用了气热加温防冰方法。

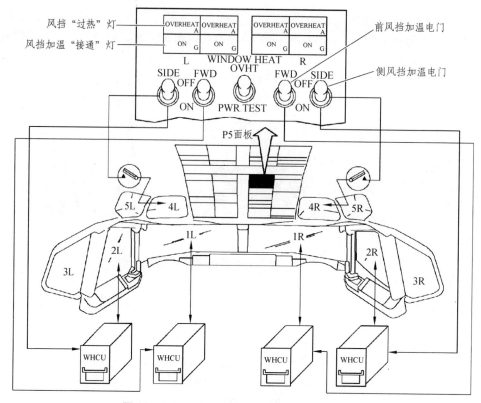

图 11-12 B737 飞机风挡玻璃电热防冰系统

11.2.4 大气数据探头防冰

现代飞机的空速管、静压口、总温探头、迎角传感器等大气数据探头通常采用了电热方法来进行防冰，在这些探头内部安装有加温电阻。为保证电加温防冰效果并避免探头温度过高，有的探头不能在地面加温，有的可在地面低加温和空中高加温方式之间自动转换电功率。

大多数民航客机的大气数据探头加温都是自动控制的，加温系统根据空-地感应信号自动工作。有的飞机采用了人工控制方式，如图 11-13 所示，飞行员需要人工操作探头加温控制电门来启动加温系统，如果某探头未加温，琥珀色的探头加温未工作灯亮。

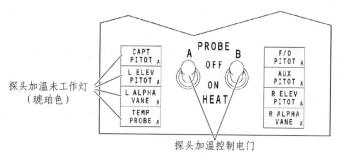

图 11-13 大气数据探头加温控制面板

11.3 飞机地面除/防冰

　　飞机在低温冰雪天气条件下长时间地面停放后，或在有雪水的道面上滑行过之后，机身、机翼、尾翼、操纵面、发动机进气道、起落架等暴露在外的区域或部件可能积结冰、霜、雪等。针对这种情况，为保证飞行安全，局方规章要求：禁止在机翼、螺旋桨、操纵面、发动机进气口以及飞机其他关键表面黏着有雪、冰或霜的情况下起飞；机长应确保在距起飞较短的时刻目视和/或物理检查飞机关键表面和部件无冰、雪或霜的情况；机长对确认飞机是否清洁以及飞机是否处于能够安全飞行的状态负最终责任。同时，局方规章还要求运营人必须建立地面除防冰操作程序和必要的飞机外部检查程序，在飞行前对飞机进行除冰操作，在放行前必须确保机翼、螺旋桨、飞行操纵面、发动机进气口和其他关键表面没有冰、霜和雪。所以，在低温冰雪天气条件下运行时，除执行飞行前飞机外部检查的例行项目之外，飞行员还应按照机型使用手册或运行手册的要求对飞机翼面前缘及上表面、螺旋桨、发动机和 APU 进气口、各操纵舵面及传动机构间隙、驾驶舱风挡、各大气数据探头、起落架及机轮等部位加强检查，确认是否有冰、霜或雪存在。当机组决定需要进行飞机地面除/防冰操作时，应及时通知相关部门和人员，并按手册要求做好驾驶舱准备，配合具有从事飞机地面除/防冰操作资质的机务人员，采用经批准的飞机地面除冰程序和方法（包括使用除冰液、利用热空气加热机体、人工手动除冰），完成除/防冰工作，彻底除去飞机表面和受污染区域的冰、霜和雪等，并保持一定的防冰时间，以确保飞机安全起飞。飞行员应熟知相关程序，并经过适当培训。

　　飞机地面除/防冰用到的材料有热水以及各种类型的除/防冰液。目前普遍采用的飞机除/防冰液以乙二醇、乙醇等为主要原料，可有效降低冰点，起到溶解冰雪和防止再次结冰的作用。同时除/防冰液中还添加有表面活性剂、缓蚀剂等成分，可提高飞机表面疏水性和除冰效率，抑制金属腐蚀。飞机地面除/防冰操作可能使用到的工具和设备包括具有除/防冰液加热和喷洒功能的可移动升降平台车、软毛刷、扫帚等。

　　飞机地面除/防冰方法是用热水或水与除/防冰液的混合液经加热后喷洒在需要除/防冰的部位，将该部位的冰、霜、雪彻底清除，并保证一段防冰保持时间，使飞机可以安全起飞。具体操作程序包括单步骤和双步骤两种，单步骤程序是将除冰和防冰操作合并完成，其防冰能力有限，而双步骤程序是将除冰和防冰操作分开实施，它可以提供最大可能的防冰能力。在使用时应根据天气条件和飞机积冰类型、飞机型号、可用的除/防冰液类型以及能达到的防冰保持时间来选择合适的除/防冰程序。

　　除冰/防冰液的保持时间表由航空公司综合考虑 AEA、ISO 等相关国际标准和民航维修行业标准以及除/防冰液生产厂家的推荐来制订，经局方批准后实施。经局方批准的防冰保持时间表，作为航空公司法定技术文件列入航空公司《除/防冰大纲》中，飞行、签派、航线维修人员和地面除/防冰操作人员应熟悉和掌握保持时间表的使用要求、限制条件和注意事项。除冰/防冰液的预计保持时间从除冰/防冰操作的开始时刻计算（单步骤程序）或从第二步操作开始时刻计算（双步骤程序）。除/防冰操作之后，由于不同类型除/防冰液的防冰保持时间不同，并受到除/防冰液的存放控制、使用方法以及当时的天气条件等多种因素影响，所以，只要存在地面结冰条件，无论是否超出预计的防冰保持时间，在起飞前机组人员都应再次进行必要的检查，以确保飞机可以安全起飞。另外，在进行地面除/防冰操作时，除/防冰液可能会污染停机坪或滑行道面。污染的道面会使机轮摩擦力减小，飞机地面转弯和刹车都会受到影响。在这种污染道面上滑行时要注意防止飞机打滑或侧偏，以免造成飞机滑出滑行道。

11.4　飞机除/防冰注意事项

现代飞机虽然具有一定的防冰能力，但在恶劣天气条件下飞行时仍然可能发生因结冰引发的飞行事故，所以飞行员应了解以下除/防冰注意事项：

（1）飞行前和飞行中应尽可能收集分析飞行区域详尽的气象信息，在已知存在结冰条件的情况下，尽可能不要在结冰区域飞行；飞行中应注意观察外界气温变化及飞机结冰情况，如风挡边角处或雨刷是否有结冰迹象；当遭遇可能导致飞机结冰的大气温度和湿度条件时，飞行员应提前打开发动机和大气数据探头防冰；飞行员应熟悉飞机防除冰系统的控制、指示、使用限制与操作程序。

（2）当机长或者飞行签派员（仅在国内定期和国际定期运行时）认为，在航路或者机场上，预料到的或者已遇到的结冰状况会严重影响飞行安全时，任何人不得签派或者放行飞机继续在这些航路上飞行或者在这些机场着陆。

（3）禁止在大翼、螺旋桨、操纵面、发动机进气口、以及飞机其他关键的表面黏着有雪、冰或霜的情况下起飞；任何时候只要有理由认为霜、冰和雪可能会附着在飞机上，飞机就不得起飞。但经过检查确认没有霜、冰和雪附着在机翼、操纵面和其他关键表面上时除外。该检查应当在开始起飞之前 5 min 之内进行，并且应当在飞机外部完成。

（4）除配备有满足运输类飞机型号合格审定要求的防冰装置的飞机外，驾驶员不得按照仪表飞行规则飞入已知的或者预报的轻度或者中度结冰区；不得按照目视飞行规则飞入已知的轻度或者中度结冰区，除非航空器具有起作用的除冰或者防冰设备，可以保护每个旋翼叶片、螺旋桨、风挡、机翼、安定面或者操纵面，以及每个空速、高度、爬升率或者飞行姿态仪表系统；除配备有满足运输类飞机型号合格审定要求的防冰装置的飞机外，任何驾驶员不得将航空器飞入已知的或者预报的严重结冰区。

（5）飞行员应熟知飞机表面粗糙对飞机性能和飞行特性带来的不利影响；熟知飞机所使用的地面除冰和防冰工作以及程序，无论此程序是由航空公司、服务承包方、固定操作员，还是其他人执行；熟知飞机的重要区域，确保这些区域已妥善地除/防冰；熟知飞机上配备的积冰防护系统的功能、能力、限制以及工作状况；熟知会缩短防冰液有效时间的变量以及这些变量带来的影响。

（6）仅当飞行员对地面服务机构的除冰工作和质量控制程序熟悉时方可进行除冰与防冰程序；飞行员应确保在除冰程序开始之前已采取合适的防范措施，以防止对飞机部件与蒙皮造成损坏；确保在飞行前已进行全面的除冰/防冰后检查，即使此项检查可能是其他组织或人员的职责；确保在距飞机滑行至起飞位置之前尽可能短的时间执行除冰和防冰程序；如有需要或有要求，执行与除冰或防冰相关的额外除冰后检查。

（7）注意防冰液的保持时间受到多种因素的影响，因此防冰液除冰或防冰处理有效时间（保持时间）只能预估。

（8）注意在确认所有积冰沉积物被清除之前，禁止起动发动机或转动桨叶，转动部件甩出的冰粒可能会损坏飞机或者对地面人员造成伤害；注意有些操作会使得冰晶、雪、水滴再次产生；注意在临近其他飞机的位置执行程序会使雪、冰晶或者水滴吹到重要的飞机部件上，或者会引起干雪融化并再次冻结；若在滑行时观察到有雪或雪泥溅到飞机的重要区域，例如机翼前缘，禁止起飞；若没有明显的证据表明飞机清洁，禁止起飞；在除冰和防冰的过程当中应关闭所有客舱空气入口，以便将乘客和机组从所有防冰液的蒸气中隔离开。

11.5　飞机风挡排雨系统

飞机有时需要在雨天飞行，雨水落在风挡玻璃上会影响飞行员目视飞行视线，所以现代飞机驾驶舱风挡通常都采取了一些排雨措施，以保证飞机雨天飞行安全。

大多数小型通用飞机采用给风挡玻璃打蜡的方法来进行排雨，雨水落在这种风挡玻璃表面时会形成大水滴，容易被外界气流吹除，从而保持风挡玻璃干燥。有些小型高速飞机采用了气动排雨方法，利用飞机气源系统引气从风挡玻璃外侧流过，形成空气屏蔽层，从而吹除雨水或阻挡雨滴落在风挡表面。现代运输机通常采用较复杂的风挡排雨系统，根据排雨方法不同，可分为风挡雨刷系统、化学排雨剂系统和永久性防水涂层。

11.5.1　风挡雨刷系统

雨刷是最为常见的飞机风挡排雨装置，按动力分为电动和液压驱动两种，现代运输机风挡雨刷通常采用电动机驱动。图 11-14 所示为 B737 飞机驾驶舱左、右 1 号风挡安装的电动雨刷系统。雨刷驱动组件包括直流电机和齿轮箱等部件，通过摇臂驱动雨刷在风挡玻璃表面往复运动而刷掉雨水。雨刷由驾驶舱顶板上的雨刷旋钮控制，该旋钮有 4 个位置：PARK（停靠）、INT（间歇）、LOW（低速）和 HIGH（高速）。"PARK" 位用于控制雨刷回到不影响飞行员视线的停靠位并停止运动。"INT" 位用于控制雨刷断续工作，即每隔几秒钟刷动一次。"LOW" 位控制雨刷连续低速刮刷，而 "HIGH" 位则控制雨刷连续高速刮刷。有些飞机的风挡雨刷控制旋钮只有 3 个位置：OFF（关断）、LO/LOW/SLOW（低速）和 HI/HIGH/FAST（高速），如 B747、B757、B767 和 A320 等机型，如图 11-14 所示。

应注意不能在干风挡上使用雨刷，并且风挡玻璃表面和雨刷必须保持清洁，以免损坏风挡玻璃。如果在地面进行雨刷工作测试，应先在风挡上洒上水，并保持雨刷湿润。在飞行中，驾驶员根据雨量大小选择雨刷的工作挡位。雨刷一般在低速小雨条件下使用效果较好，飞机飞行速度过大或雨量太大时雨刷的排雨效果会减弱甚至失去作用。有些飞机安装有专门的驾驶舱风挡冲洗系统，供飞行员在需要时清洗风挡玻璃。

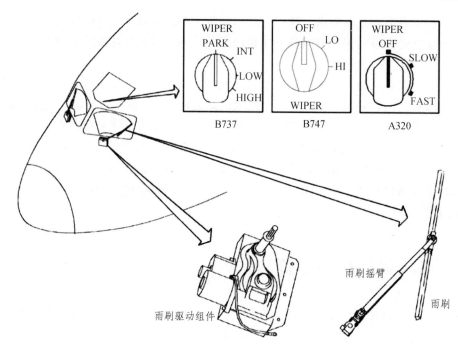

图 11-14　电动风挡雨刷及控制旋钮

11.5.2　化学排雨剂系统

在很多民航运输机上都安装了化学排雨剂系统。图 11-15 所示为 A320 飞机驾驶舱

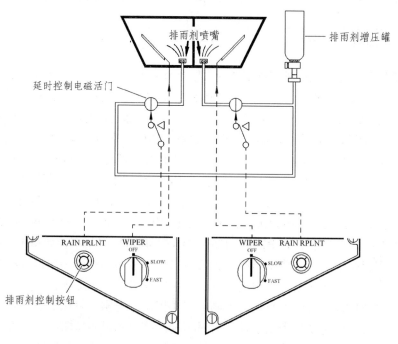

图 11-15　A320 飞机驾驶舱风挡化学排雨剂系统

左、右 1 号风挡安装的化学排雨剂系统，排雨剂储存在一个增压罐当中。飞机在中到大雨天气条件下飞行时，飞行员按压驾驶舱顶板上的某个排雨剂控制按钮，相应延时控制电磁活门打开一段时间（约 0.4 s），一定体积的排雨剂从风挡外侧底部的喷嘴喷出，经雨水稀释和雨刷的来回刮刷，在风挡玻璃外表面就会形成一层透明的排雨剂薄膜，雨水落在该薄膜上会形成水珠（类似于水银滴落在玻璃上），而水珠很容易在外界气流及雨刷的作用下被冲刷掉，从而达到风挡排雨的目的。飞机在大雨中持续飞行时，喷出的排雨剂会被雨水逐渐冲掉，飞行员可根据需要多次重复使用排雨剂系统。

由于排雨剂本身比较黏稠，在喷出后需要大量雨水对其进行稀释，所以排雨剂系统一般只在中到大雨天气条件下使用，而在小雨天气甚至干燥的风挡上禁止使用排雨剂，否则风挡玻璃的透明度会更低且排雨剂很难清除。基于同样原因，排雨剂系统在地面进行工作测试时也必须不断向风挡玻璃浇水。在飞行中，为避免化学排雨剂排雨效果不理想对机组人员视线造成过大影响，建议先喷射某一边风挡的排雨剂，证明效果良好之后再使用另一边风挡的排雨剂。除此以外，为了在风挡玻璃表面形成均匀透明的排雨剂薄膜，在使用排雨剂之前，飞行员还应确认雨刷能正常工作。

11.5.3　永久性防水涂层

出于环境保护和维护性的原因，风挡玻璃化学排雨剂系统在越来越多的飞机上逐渐被永久性防水涂层（或称厌水涂层）所替代。如图 11-16 所示，在驾驶舱风挡玻璃的外表面涂装一层不吸附雨水、对雨水有强排斥作用的透明防水涂层，雨水落在涂层上时会形成水珠而容易被外界气流和雨刷除去。防水涂层不影响风挡玻璃的强度和透明度。

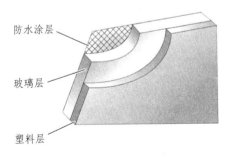

防水涂层

玻璃层

塑料层

图 11-16　永久性防水涂层

与化学排雨剂薄膜相比，防水涂层的有效寿命要长得多，所以被称为永久性防水涂层。但随着使用时间的增长，防水涂层也会逐渐磨损，磨损速度与雨刷的使用频率和风挡玻璃及雨刷系统的维护状况有关。使用中应注意对防水涂层的保护，例如保持风挡清洁并避免雨刷干刷，以免损坏涂层。当涂层磨损到一定程度导致排雨效果不理想时，需要对防水涂层进行重新涂装。

思 考 题

1. 飞机常见结冰部位有哪些？各有什么危害？
2. 飞机防冰和除冰有什么区别？
3. 飞机的主要除/防冰方法有哪些？分别应用于哪些部位？
4. 飞机结冰如何探测？现代民航运输机主要采用什么类型的飞机结冰探测装置？
5. 现代民航运输机发动机防冰系统通常采用何种防冰方法？
6. 飞机地面除/防冰的防冰保持时间从哪一时刻开始计算？
7. 飞机地面除/防冰要求及注意事项有哪些？
8. 使用风挡雨刷和化学排雨剂系统有哪些注意事项？
9. 飞机座舱风挡玻璃厌水涂层的排雨原理是什么？

参考文献

[1] 航线运输驾驶员执照理论考试大纲（飞机）（DOC NO.FS-ATS-004AR3）[S]. 中国民用航空局飞行标准司，2016.

[2] 航线运输驾驶员执照理论考试知识点（飞机）（DOC NO.FS-ATSR-004AR1）[S]. 中国民用航空局飞行标准司，2017.

[3] 商用驾驶员执照理论考试大纲（DOC NO.FS-ATS-002AR1）[S]. 中国民用航空局飞行标准司，2016.

[4] 商用驾驶员执照理论考试知识点（DOC NO.FS-ATSR-002AR1）[S]. 中国民用航空局飞行标准司，2016.

[5] 私用驾驶员执照理论考试大纲（飞机）（DOC NO.FS-ATS-001AR1）[S]. 中国民用航空局飞行标准司，2014.

[6] 私用驾驶员执照理论考试知识点（飞机）（DOC NO.FS-ATSR-001A）[S]. 中国民用航空局飞行标准司，2015.

[7] 段维祥，郝劲松. 飞机系统[M]. 成都：西南交通大学出版社，2002.

[8] 龙江，刘峰，张中波. 现代飞机结构与系统[M]. 西安：北工业大学出版社，2016.

[9] 任仁良，张铁纯. 涡轮发动机飞机结构与系统（ME-TA）[M]. 北京：兵器工业出版社，2006.

[10] 郑连兴，任仁良. 涡轮发动机飞机结构与系统（AV）[M]. 北京：兵器工业出版社，2006.

[11] 宋静波. 飞机构造基础[M]. 北京：航空工业出版社，2011.

[12] 郝劲松. 活塞发动机飞机结构与系统（ME-PA）[M]. 北京：兵器工业出版社，2007.

[13] 陈闵叶，么娆. 飞机系统[M]. 北京：国防工业出版社，2014.

[14] 黄仪方，朱志愚. 航空气象[M]. 成都：西南交通大学出版社，2011.

[15] 钟长生，阎成鸿. 航空器系统与动力装置[M]. 成都：西南交通大学出版社，2010.12

[16] 王志瑾，姚卫星. 飞机结构设计[M]. 北京：国防工业出版社，2004.

[17] 牛春匀. 实用飞机结构工程设计[M]. 程小全，译. 北京：航空工业出版社，2008.

[18] 陶梅贞. 现代飞机结构综合设计[M]. 西安：西北工业大学出版社，2003.

[19] 李艳军. 飞机液压传动与控制[M]. 北京：科学出版社，2009.

[20] 王海涛. 飞机液压元件与系统[M]. 北京：国防工业出版社，2012.

[21] 左健民. 液压与气压传动[M]. 北京：机械工业出版社，2013.

[22] 王积伟，章宏甲，黄谊. 液压传动[M]. 北京：机械工业出版社，2007.

[23] 高金源，焦宗夏，张平. 飞机电传操纵系统与主动控制技术[M]. 北京：北京航空
      航天大学出版社，2005.

[24] Aviation Maintenance Technical Handbook-Airframe[M]. U.S. Department of
      Transportation Federal Aviation Administration, 2012.

[25] Ian Moir and Allan Seabridge. Aircraft Systems: Mechanical, electrical, and avionics
      subsystems integration[M]. John Wiley & Sons, Ltd, 2008.

[26] Aircraft General Knowledge: Aircraft Systems[M]. Oxford Aviation Academy Limited,
      2009.

[27] Airframes and Systems[M]. Jeppesen Sanderson Inc., 2004.

[28] B737-300/400/500 Aircraft Maintenance Manual[M]. Boeing Company, 2006.

[29] B737-600/700/800/900 Aircraft Maintenance Manual[M]. Boeing Company, 2003.

[30] B737-700/800 System Schematic Manual[M]. Boeing Company, 2006.

[31] B737 Flight Crew Operations Manual[M]. Boeing Company, 2006.

[32] B747-400 Aircraft Maintenance Manual[M]. Boeing Company, 2000.

[33] B757 Aircraft Maintenance Manual[M]. Boeing Company, 2015.

[34] B777 Aircraft Maintenance Manual[M]. Boeing Company, 2012.

[35] A319/A320/A321 Aircraft Maintenance Manual[M]. Airbus S.A.S., 1995.

[36] A319/A320/A321 Flight Crew Operating Manual[M]. Airbus Company, 2004.

[37] A319/A320/A321 Technical Training Manual[M]. Airbus Industrie, 2000.

[38] Model 172 Maintenance Manual[M]. Cessna Aircraft Company, 2012.

[39] Airplane Maintenance Manual for the Cirrus Design SR20[M]. Cirrus Design
      Incorporated, 1999.

[40] Commercial Aviation Accidents 1958-2014：A Statistical Analysis[M]，AIRBUS
      COMPANY, 2014.

[41] Statistical Summary of Commercial Jet Airplane Accidents 1959-2015[M]，BOEING
      COMPANY, 2015.

[42] Gulfstream G450 Maintenance Training Materials[M]，FlightSafety International, Inc.,
      2013.